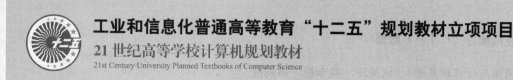

工业和信息化普通高等教育"十二五"规划教材立项项目

21 世纪高等学校计算机规划教材

21st Century University Planned Textbooks of Computer Science

计算思维 与计算机基础

Computational Thinking and Fundamentals of Computer

周美玲 熊李艳 雷莉霞 主编

吴昊 张恒 副主编

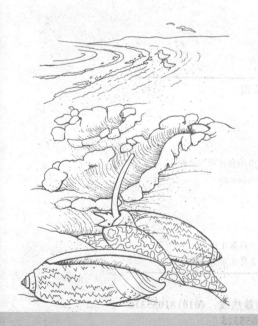

高校系列

人 民 邮 电 出 版 社

北 京

图书在版编目（CIP）数据

计算思维与计算机基础 / 周美玲，熊李艳，雷莉霞
主编. -- 北京：人民邮电出版社，2015.7（2017.2重印）
21世纪高等学校计算机规划教材. 高校系列
ISBN 978-7-115-39687-7

Ⅰ. ①计… Ⅱ. ①周… ②熊… ③雷… Ⅲ. ①电子计
算机－高等学校－教材 Ⅳ. ①TP3

中国版本图书馆CIP数据核字(2015)第177096号

内 容 提 要

本书共分 12 章，内容主要包括计算机与计算思维、计算机系统基础、中文 Windows 7 操作系统、文字处理软件 Word 2010、电子表格处理软件 Excel 2010、演示文稿处理软件 PowerPoint 2010、数据结构与算法、程序设计基础、计算机网络基础、基础信息管理与数据库、多媒体技术、网页制作技术等。本书提供多媒体教学课件。

本书通过基本理论讲解和大量的实例对计算机基础知识进行了全面系统、重点突出的解读，对应用环节给出了清晰的操作步骤；与之配套的实验教程还提供了实验示例及大量的习题供读者练习。读者通过本套教材的学习，易于掌握计算机的基本知识及各种操作。

本书可作为高等院校计算机基础课程的教学用书，也适用于各类计算机基础培训者、计算机等级考试者和计算机爱好者自学使用。

◆ 主　编　周美玲　熊李艳　雷莉霞

副主编　吴　昊　张　恒

责任编辑　刘　博

责任印制　沈　蓉　彭志环

◆ 人民邮电出版社出版发行　　北京市丰台区成寿寺路 11 号

邮编　100164　电子邮件　315@ptpress.com.cn

网址　http://www.ptpress.com.cn

北京艺辉印刷有限公司印刷

◆ 开本：787×1092　1/16

印张：20　　　　　　　　　　2015 年 7 月第 1 版

字数：526 千字　　　　　　　2017 年 2 月北京第 4 次印刷

定价：45.00 元

读者服务热线：(010)81055256　印装质量热线：(010)81055316
反盗版热线：(010)81055315
广告经营许可证：京东工商广字第 8052 号

前　言

　　计算机应用能力已经成为社会各行各业的从业人员基本工作技能要求之一，计算机基础也成为高校非计算机专业学生的必修课。自从教育部高教司颁发"加强非计算机专业计算机基础教学工作的几点意见"以来，全国高校的计算机基础教育逐步走上规范化的道路。进入 21 世纪以来，大学新生的计算机知识起点逐年提高，计算机应用能力已成为衡量大学生基本素质的突出标志之一。在此形势下，教育部大学计算机课程教学指导委员会发布了"关于进一步加强高等学校计算机基础教学的意见"（简称白皮书）。据此我们修订了计算机基础课程的教学大纲，并编写了本套教材，以满足计算机基础教学的需要。

　　本套教材在内容的选取上，依照着重培养学生的计算机知识、能力、素质和计算思维的指导思想，选择最基本的内容加以讲解，让计算机基础教学起到基础性和先导性的作用。

　　本套教材使读者在了解计算思维基本内涵的前提下，全面、系统地了解计算机基础知识，具备计算机实际操作能力，并能够将计算机应用到各个专业领域的学习与研究中。教材以计算思维统领全书，兼顾不同专业、不同层次学生对计算机基础知识的需要，内容较全面。本套教材的主教材和实验教材相互配合，在主教材中注重理论知识的讲授，在实验教材中突出应用，强调实践动手能力的训练和培养。实验教材提供了大量的演示示例和上机实验，同时还提供了大量的习题，方便学生考前训练和复习。本套教材既方便老师课堂讲授，也注重学生在无辅导环境下自学。

　　本书由长期在教学一线从事计算机基础教学具有丰富教学经验和较高教学水平的多位老师参与编写。本书由周美玲、熊李艳、雷莉霞担任主编，由吴昊、张恒担任副主编。全书共分 12 章，其中第 1 章、第 2 章、第 9 章由熊李艳编写，第 3 章、第 8 章由周美玲编写，第 4 章、第 7 章由吴昊编写，第 5 章、第 6 章由雷莉霞编写，第 10 章、第 11 章、第 12 章由张恒编写。本书由周美玲负责统稿。

　　在编写过程中，还得到很多同仁的帮助和支持，在此一并对他们表示由衷的感谢！

　　由于编者水平有限，书中疏漏和不足之处在所难免，敬请读者批评指正。

编　者

2015 年 7 月

目　录

第1章
计算机与计算思维

1.1　计算机概述

1.1.1　计算机的概念

计算机是 21 世纪人类最伟大、最卓越的技术发明之一，它标志着人类又开始了一个新的信息革命时代。计算机是一种能够在其内部指令控制下运行的，并能够自动、高速而又准确地对信息进行自动加工和处理的电子设备。它通过输入设备接收字符、数字、声音、图片和动画等数据，通过 CPU 进行数据处理，通过存储器将处理结果和程序存储起来以后备用。它是当代社会人类从事生产、科研、生活等活动的一种电子工具，计算机已成为人们分析问题、解决问题的重要工具，运用计算机的能力是现代人文化素质的重要标志之一。

1.1.2　计算机发展简史

在人类历史上，计算工具的发明和创造走过了漫长的道路。在原始社会，人们曾使用绳结、垒石或枝条作为计数和计算的工具。我国在春秋战国时期有了筹算法的记载，到了唐朝已经有了至今仍在使用的计算工具——算盘。16 世纪欧洲出现了对数计算尺和机械计算机。

在 20 世纪 50 年代之前，算盘、对数计算尺、手摇或电动的机械计算机一直是人们使用的主要计算工具。到了 20 世纪 40 年代，一方面由于近代科学技术的发展，对计算量、计算精度、计算速度的要求不断提高，原有的计算工具已经满足不了应用的需要；另一方面，计算理论、电子学以及自动控制技术的发展，也为现代电子计算机的出现提供了可能。

1621 年，英国人威廉·奥特瑞发明了计算尺。

1642 年法国数学家布莱斯·帕斯卡发明了机械计算器（见图 1.1）。首次确立了计算机器的概念。机械计算器用纯粹机械代替了人的思考和记录，标志着人类已开始向自动计算工具领域迈进。他制造出的机械式加法机是一种系列齿轮组成的装置，外形像一个长方盒子，用钥匙旋紧发条后才能转动，利用齿轮传动原理，通过手工操作，来实现加、减运算。

1674 年莱布尼茨改进了帕斯卡的计算机，发明了"乘法器"（见图 1.2），"乘法器"约 1 米长，内部安装了一系列齿轮机构，除了体积较大之外，基本原理继承于帕斯卡。莱布尼茨为计算机增添了"步进轮"的装置。除了能够连续重复地做加减法之外，还可以通过手工操作，实现乘除运算。莱布尼茨还提出了"二进制"数的概念。

图 1.1　帕斯卡机械计算机　　　　　　　　　　　　图 1.2　乘法器

1822 年英国科学家巴贝奇制造出了第一台差分机（见图 1.3）。它可以处理 3 个不同的 5 位数，计算精度达到 6 位小数。所谓"差分"的含义，是把函数表的复杂算式转化为差分运算，用简单的加法代替平方运算，快速编制不同函数的数学用表。机械计算机在程序自动控制、系统结构、输入输出和存储等方面为现代计算机的产生奠定了技术基础。

图 1.3　第一台差分机

制造电子计算机的关键性技术是采用电子元件代替机电式计算机中的继电元件和机械设备。

进入 20 世纪，电子技术有了飞速的进展，1906 年，美国人弗斯特发明了电子管。电子三极管控制电流的开关速度，比电磁继电器快 1 万倍，而且可靠性高得多。人们用电子管取代继电器制作计算机。后来，把一对三极管用电路连接起来，制成电子触发器，为电子计算机的产生作了进一步的技术准备。

1930 年，美国科学家范内瓦·布什造出世界上首台模拟电子计算机。

第二次世界大战进行期间，当时激战正酣，各国的武器装备还很差，占主要地位的战略武器就是飞机和大炮，因此研制和开发新型大炮和导弹就显得十分必要和迫切。为此美国陆军军械部在马里兰州的阿伯丁设立了"弹道研究实验室"。军方要求该实验室每天为陆军炮弹部队提供 6 张火力表以便对导弹的研制进行技术鉴定。千万别小瞧了这区区 6 张火力表，它们所需的工作量大得惊人！事实上每张火力表都要计算几百条弹道，而每条弹道的数学模型是一组非常复杂的非线性方程组。按当时的计算工具，实验室即使雇用 200 多名计算员加班加点工作，也大约需要两个多月的时间，才能算完一张火力表。在"时间就是胜利"的战争年代，为了改变这种不利的状况，当时任职宾夕法尼亚大学莫尔电机工程学院的莫希利（John Mauchly）于 1942 年提出了试制第一台电子计算机的初始设想"高速电子管计算装置的使用"，期望用电子管代替继电器以提高机器的计算速度。美国军方得知这一设想，马上拨款大力支持，成立了一个以莫希利、埃克特（John Eckert）为首的研制小组开始研制工作。十分幸运的是，当时任弹道研究所顾问、正在参加美国第一颗原子弹研制工作的数学家冯·诺依曼（v·n weumann，1903－1957，美籍匈牙利人）带着原子弹研制（1944 年）过程中遇到的大量计算问题，在研制过程中期加入了研制小组。1945 年，冯·诺依曼和他的研制小组在共同讨论的基础上，发表了一个全新的"存储程序通用电子计算机方案"——EDVAC（Electronic Discrete Variable Automatic Computer）在此过程中他对计算机的许多关键性问题的解决作出了重要贡献，从而保证了计算机的顺利问世。

1946 年 2 月 14 日，由美国军方定制的世界上第一台电子多用途计算机"电子数字积分计算机"ENIAC（Electronic Numerical And Calculator）在美国宾夕法尼亚大学问世了。

ENIAC 长 30.48 米，宽 1 米，高 2.4 米，占地面积约 170 平方米，30 个操作台，重达 50 英吨，耗电量 150 千瓦，造价 48 万美元。它包含了 17468 只真空电子管 7200 只二极管，70000 个电阻器，10000 个电容器，1500 个继电器，6000 多个开关，每秒执行 5000 次加法或 400 次乘法，是继电器计算机的 1000 倍、手工计算的 20 万倍。ENIAC 的问世具有划时代的意义，表明电子计算机时代的到来。在以后 60 多年里，计算机技术以惊人的速度发展，没有任何一门技术的性能价格比能在 30 年内增长 6 个数量级。

图 1.4 电子数字积分计算机

图 1.5 电子管计算机

计算机从发明至今，主要经历以下几代。

第 1 代：电子管计算机（1946-1957 年）

1904 年，世界上第一只电子管在英国物理学家弗莱明的手下诞生了。弗莱明为此获得了这项发明的专利权。人类第一只电子管的诞生，标志着世界从此进入了电子时代。世界上第一台计算机体积庞大，并且属于程序外插型，使用起来并不方便。计算机运算几分钟或几小时，需要用几小时到几天的时间来编程序。当 ENIAC 的研制接近成功时，曾任职伯丁试炮场顾问的冯·诺依曼知道了这一消息。他在仔细研究过 ENIAC 的优缺点后，在别人的协助下，于 1946 年给出了一个新机 EDVAC 的设计方案，这个方案中的计算机包括计算器、控制器、存储器、输入输出装置，为提高运算速度首次在电子计算中采用了二进制，并实现了程序内存。它使全部运算真正成为自动过程。到目前为止，它是一切电子计算机设计的基础。英国剑桥大学于 1949 年最先制成了世界第一台用电子延迟存储的程序内存电子计算机 EDSAC。冯·诺依曼的 EDVAC 几经周折，在 1952 年终于制成。另外，由于美籍华人王安在 1950 年提出了用磁芯存储数据的思想，麻省理工学院的福雷斯特发明了磁芯存储器，这种存储器在 50~70 年代一直被用作几乎所有电子计算机的主存储器。

硬件方面，逻辑元件采用的是真空电子管，主存储器采用汞延迟线、阴极射线示波管静电存储器、磁鼓、磁芯；外存储器采用的是磁带。软件方面采用的是机器语言、汇编语言。应用领域以军事和科学计算为主。

第一代计算机的特点是体积大、功耗高、可靠性差。速度慢（一般为每秒数千次至数万次）、价格昂贵，但为以后的计算机发展奠定了基础。UNIVAC-I 是第一代计算机的代表。

第 2 代：晶体管计算机（1958-1964 年）

晶体管计算机是第二代电子计算机。晶体管被用来作为计算机的元件。晶体管不仅能实现电子管的功能，又具有尺寸小、重量轻、寿命长、效率高、发热少、功耗低等优点。使用晶体管后，电子线路的结构大大改观，制造高速电子计算机就更容易实现了。

第一代计算机（电子管计算机）使用的是"定点运算制"，参与运算数的绝对值必须小于 1；而第二代计算机（晶体管计算机）增加了浮点运算，使数据的绝对值可达 2 的几十次方或几百次方，计算机的计算能力实现了一次飞跃。同时，用晶体管取代电子管，使得第二代计算机体积减小，寿命大大延长，价格降低，为计算机的广泛应用创造了条件。

1954 年，美国贝尔实验室研制成功第一台使用晶体管线路的计算机，取名"催迪克"（TRADIC），装有 800 只晶体管。

1955 年，美国在阿塔拉斯洲际导弹上装备了以晶体管为主要元件的小型计算机。10 年以后，在美国生产的同一种型号的导弹中，由于改用集成电路元件，重量只有原来的 1/100，体积与功耗减少到原来的 1/300。

1958 年，美国的 IBM 公司制成了第一台全部使用晶体管的计算机 RCA501 型。由于第二代计算机采用晶体管逻辑元件及快速磁芯存储器，计算速度从每秒几千次提高到几十万次，主存储器的存储量，从几千 Byte 提高到 10 万 Byte 以上。1959 年，IBM 公司又生产出全部晶体管化的电子计算机 IBM7090。

1958～1964 年，晶体管电子计算机经历了大范围的发展过程。从印刷电路板到单元电路和随机存储器，从运算理论到程序设计语言，不断的革新使晶体管电子计算机日臻完善。

1961 年，世界上最大的晶体管电子计算机 ATLAS 安装完毕。

1964 年，中国制成了第一台全晶体管电子计算机 441—B 型。

第 2 代计算机，软件方面出现了操作系统、高级语言及其编译程序。应用领域以科学计算和事务处理为主，并开始进入工业控制领域。它的特点是体积缩小、能耗降低、可靠性提高、运算速度提高（一般为每秒数 10 万次，可高达 300 万次）、性能比第 1 代计算机有很大的提高。

第 3 代：集成电路计算机（1965-1970 年）

这一代计算机仍然以存储器为中心，机种多样化、系列化，外部设备不断增加、功能不断扩大，软件的功能进一步完善，除了用于数值计算机和数据处理外，已经可以处理图像、文字等资料。

60 年代中期，半导体工艺的发展使得集成电路被成功制造。计算机也开始采用中小规模集成电路作为计算机的主要元件，第三代计算机诞生。

硬件方面，逻辑元件采用中、小规模集成电路（MSI、SSI），主存储器仍采用磁芯。软件方面出现了分时操作系统以及结构化、规模化程序设计方法。特点是速度更快（一般为每秒数百万次至数千万次），而且可靠性有了显著提高，价格进一步下降，产品走向了通用化、系列化和标准化等。应用领域开始进入文字处理和图形图像处理领域。此外，软件在这个时期形成了产业。操作系统在规模和功能上发展很快，提出了结构化、模块化的程序设计思想，出现了结构化的程序设计语言。这一时期的计算机同时向标准化、多样化、通用化、机种系列化发展。IBM-360 系列是最早采用集成电路的通用计算机，也是影响最大的第三代计算机的代表。

同上两代相比，由于采用了中小规模集成电路，计算机的体积和功耗进一步减小，可靠性和运算速度进一步提高；不仅用于科学计算，还用于企业管理、自动控制、辅助设计和辅助制造等领域。

IBM 公司在 1964 年推出 360 系列大型机是美国进入第三代计算机时代的标志，我国到 70 年代初期才陆续推出大、中、小型采用集成电路的计算机。1973 年，北京大学与北京有线电厂等单位合作研制成功运算速度每秒 100 万次的大型通用计算机。进入 20 世纪 80 年代，我国高速计算机，特别是向量计算机有新的发展。1983 年中国科学院计算所完成我国第一台大型向量机——757 机，计算速度达到每秒 1000 万次。这一记录同年就被国防科大研制的银河-I 亿次巨型计算机打破。银河-I 巨型机是我国高速计算机研制的一个重要里程碑。

第 4 代：大规模集成电路计算机（1971 年至今）

由于集成技术的发展，半导体芯片的集成度更高，每块芯片可容纳数万乃至数百万个晶体管，并且可以把运算器和控制器都集中在一个芯片上，从而出现了微处理器，并且可以用微处理器和大规模、超大规模集成电路组装成微型计算机，就是我们常说的微电脑或 PC。微型计算机体积小，价格便宜，使用方便，但它的功能和运算速度已经达到甚至超过了过去的大型计算机。另一方面，利用大规模、超大规模集成电路制造的各种逻辑芯片，已经制成了体积并不很大，但运算速度可达一亿甚至几十亿次的巨型计算机。这一时期还产生了新一代的程序设计语言以及数据库管理系统和网络软件等。

硬件方面，逻辑元件采用大规模和超大规模集成电路（LSI 和 VLSI）。软件方面出现了数据库管理系统、网络管理系统和面向对象语言等。特点是 1971 年世界上第一台微处理器在美国硅谷诞生，开创了微型计算机的新时代。应用领域从科学计算、事务管理、过程控制逐步走向家庭。计算机的性能价格比基本上以每 18 个月翻一番的速度上升。IBM4300 系列，3080 系列、3090 系列和 9000 系列是这一代计算机的代表性产品。

和国外一样，我国第四代计算机研制也是从微机开始的。80 年代初我国不少单位也开始采用 Z80，X86 和 M6800 芯片研制微机。1983 年 12 月电子部六所研制成功与 IBM PC 兼容的 DJS-0520 微机。几十年来我国微机产业走过了一段不平凡道路，现在以联想微机为代表的国产微机已占领一大半国内市场。

1992 年国防科技大学研究成功银河-II 通用并行巨型机，峰值速度达每秒 4 亿次浮点运算(相当于每秒 10 亿次基本运算操作)，总体上达到 80 年代中后期国际先进水平。

从 90 年代初开始，国际上采用主流的微处理机芯片研制高性能并行计算机已成为一种发展趋势。国家智能计算机研究开发中心于 1993 年研制成功曙光一号全对称共享存储多处理机。1995 年，国家智能机中心又推出了国内第一台具有大规模并行处理机(MPP)结构的并行机曙光1000(含 36 个处理机)，峰值速度每秒 25 亿次浮点运算，实际运算速度上了每秒 10 亿次浮点运算这一高性能台阶。

1997 年国防科技大学研制成功银河-III 百亿次并行巨型计算机系统，采用可扩展分布共享存储并行处理体系结构，由 130 多个处理结点组成，峰值性能为每秒 130 亿次浮点运算，系统综合技术达到 90 年代中期国际先进水平。

国家智能机中心与曙光公司于 1997 至 1999 年先后在市场上推出具有机群结构的曙光1000A，曙光 2000-I，曙光 2000-II 超级服务器，峰值计算速度已突破每秒 1000 亿次浮点运算，机器规模已超过 160 个处理机，2000 年推出每秒浮点运算速度 3000 亿次的曙光 3000 超级服务器。2004 年上半年推出每秒浮点运算速度 1 万亿次的曙光 4000 超级服务器。

综观 40 多年来我国高性能通用计算机的研制历程，从 103 机到曙光机，走过了一段不平凡的历程。总的来讲，国内外标志性计算机推出的时间，其中国外的代表性机器为 ENIAC，IBM 7090，IBM 360，CRAY-1，Intel Paragon，IBM SP-2；国内的代表性计算机为 103，109 乙，150，银河-I，曙光 1000，曙光 2000。

2014 年国防科技大学研制的"天河二号"超级计算机，以每秒 33.86 千万亿次的浮点运算速度，第四次摘得全球运行速度最快的超级计算机桂冠。

尽管人们早已谈论第五代、第六代计算机了，但一些专家认为，新一代计算机系统的本质是智能化，它具有知识表示和推理能力，可以模拟或部分代替人的智能，具有人-机自然通信能力。

从 1946 年第一台计算机诞生起，计算机已经走过了半个世纪的发展历程。60 多年来，计算机在提高速度、增加功能、缩小体积、降低成本和开拓应用等方面不断发展。未来的计算机在朝着巨型化、微型化、多媒体化、网络化、智能化的方向发展。

1.1.3　计算机的特点

计算机问世之初，主要用于数值计算，"计算机"也因此得名。但随着计算机技术的迅猛发展，它的应用范围迅速扩展到自动控制、信息处理、智能模拟等各个领域，能处理包括数字、文字、表格、图形、图像在内的各种各样的信息。与其他工具和人类自身相比，计算机具有存储性、通用性、高速性、自动性和精确性等特点。计算机的主要特点表现在以下几个方面。

1. 运算速度快

运算速度是计算机的一个重要性能指标。计算机的运算速度通常用每秒钟执行定点加法的次数或平均每秒钟执行指令的条数来衡量。运算速度快是计算机的一个突出特点。计算机的运算速度已由早期的每秒几千次（如 ENIAC 机每秒钟仅可完成 5000 次定点加法）发展到现在的最高可达每秒几千亿次乃至千万亿次。这样的运算速度是何等的惊人！计算机高速运算的能力极大地提高了工作效率，把人们从浩繁的脑力劳动中解放出来。过去用人工旷日持久才能完成的计算，而计算机在"瞬间"即可完成。曾有许多数学问题，由于计算量太大，数学家们终其毕生也无法完成，使用计算机则可轻易地解决。

2. 计算精度高

在科学研究和工程设计中，对计算的结果精度有很高的要求。一般的计算工具只能达到几位有效数字（如过去常用的四位数学用表、八位数学用表等），而计算机对数据的结果精度可达到十几位、几十位有效数字，根据需要甚至可达到任意的精度。

3. 存储容量大

计算机的存储器可以存储大量数据，这使计算机具有了"记忆"功能。目前计算机的存储容量越来越大，已高达千兆数量级的容量。计算机具有"记忆"功能，是与传统计算工具的一个重要区别。

4. 具有逻辑判断功能

计算机的运算器除了能够完成基本的算术运算外，还具有进行比较、判断等逻辑运算的功能。这种能力是计算机处理逻辑推理问题的前提。

5. 自动化程度高，通用性强

由于计算机的工作方式是将程序和数据先存放在机内，工作时按程序规定的操作，一步一步地自动完成，一般无须人工干预，因而自动化程度高。这一特点是一般计算工具所不具备的。

　　计算机通用性的特点表现在几乎能求解自然科学和社会科学中一切类型的问题，能广泛地应用于各个领域。

1.1.4　计算机的分类

　　计算机及相关技术的迅速发展带动计算机类型不断分化，形成了各种不向种类的计算机。按照计算机的结构原理可分为模拟计算机、数字计算机和混合式计算机。按计算机用途可分为专用计算机和通用计算机。较为普遍的是按照计算机的运算速度、字长、存储容量等综合性能指标，可分为巨型机、大型机、中型机、小型机、微型机。

　　但是，随着技术的进步，各种型号的计算机性能指标都在不断地改进和提高，以致于过去一台大型机的性能可能还比不上今天一台微型计算机。按照巨、大、中、小、微的标准来划分计算机的类型也有其时间的局限性，因此计算机的类别划分很难有一个精确的标准。在此可以根据计算机的综合性能指标，结合计算机应用领域的分布将其分为如下 5 大类。

1.　高性能计算机

　　高性能计算机也就是俗称的超级计算机，或者以前说的巨型机。目前国际上对高性能计算机的最为权威的评测是世界计算机排名(即 TOP500)，通过测评的计算机是目前世界上运算速度和处理能力均堪称一流的计算机。我国生产的曙光 4000A、联想深腾 6800 都进入了排行榜，这标志着我国高性能计算机的研究和发展取得了可喜的成绩。在 2004 年公布的全球高性能计算机 TOP500 排行榜中，曙光 4000A 以 11 万亿次/s 的峰值速度和 80 610 亿次/s Linpack 计算值位列全球第十。至此，中国已成为继美国、日本之后的第 3 个进入世界前十位的高性能计算机应用的国家。目前曙光 4000A 落户上海超级计算中心。

2.　微型计算机

　　大规模集成电路及超大规模集成电路的发展是微型计算机得以产生的前提。通过集成电路技术将计算机的核心部件运算器和控制器集成在一块大规模或放大规模集成电路芯片上，统称为中央处理器(CPU，Central Processing Unit)。中央处理器是微型计算机的核心部件，是微型计算机的心脏。目前微型计算机已广泛应用于办公、学习、娱乐等社会生活的方方面面，是发展最快、应用最为普及的计算机。我们日常使用的台式计算机、笔记本计算机、掌上型计算机等都是微型引算机。

3.　工作站

　　工作站是一种高档的微型计算机，通常配有高分辨率的大屏幕显尔器及容量很大的内存储器和外部存储器，主要面向专业应用领域，具备强大的数据运算与图形、图像处理能力。工作站主要是为满足工程设计、动画制作、科学研究、软件开发、金融管理、信息服务、模拟仿真等专业领域而设计开发的同性能微型计算机。

　　需要指出的是，这里所说的工作站不同于计算机网络系统中的工作站概念，计算机网络系统中的工作站仅是网络中的任何一台普通微型机或终端，只是网络中的任一用户节点。

4.　服务器

　　服务器是指在网络环境下为网上多个用户提供共享信息资源和各种服务的一种高性能计算机。服务器需要安装网络操作系统、网络协议和各种网络服务软件。服务器主要为网络用广提供文件、数据库、应用及通信方面的服务。

5. 嵌入式计算机

嵌入式计算机是指嵌入到对象体系中，实现对象体系智能化控制的专用计算机系统。嵌入式计算机系统是以应用为中心，以计算机技术为基础，并且软硬件可裁剪，适用于应用系统对功能、可靠性、成本、体积、功耗有严格要求的专用计算机系统。它一般由嵌入式微处理器、外围硬件设备、嵌入式操作系统以及用户的应用程序等 4 个部分组成，用于实现对其他设备的控制、监视或管理等功能。例如，我们日常生活中使用的电冰箱、全自动洗衣机、空调、电饭煲、数码产品等都采用嵌入式计算机技术。

1.1.5 计算机的应用领域

在当今信息化的社会中，计算机的应用十分广泛，可以说各行各业都需要使用计算机。 主要可分为以下几个方面。

● 科学计算

在航空、航天、天文、军事及核物理等许多科学领域，都需要进行复杂的运算、而计算机的运算速度和精度是其他任何计算工具所无法比拟的，如卫星轨迹的计算等。

● 数据处理

计算机可以在短时间内对大量数据集各种各样的数据进行处理，以满足信息时代化的要求。如，在生物工程中，对大型基因库数据的分析与处理等。

● 自动控制

在自动控制又叫"过程控制"，是指在工业生产过程中，对控制对象进行"自动控制"和"自动调节"的控制方式。如在化工、电力等生产过程中，使用计算机自动采集各种参数检测并及时生产设备的工作状态。

● 计算机辅助系统

计算机辅助系统（Computer-aided system）是利用计算机辅助完成不同类任务的系统的总称。比如，利用计算机辅助进行工业设计的系统称为计算机辅助设计（CAD），利用计算机辅助进行翻译的系统称为计算机辅助翻译（CAT）。

计算机辅助系统还有计算机辅助教学（CAI）、计算机辅助工程（CAE）、计算机辅助制造（CAM）、计算机集成制造（CIMS）等系统。

● 计算机网络

计算机网络是利用通信线路和通信设备将分布在不同地理上的具有独立功能的多台计算机或终端连接在一起，在软件的控制下，实现计算机资源共享和通信。Internet 是全球最大的、最开放的、由众多的网络互连而成的计算机网络。

● 人工智能

人工智能是使计算机能模拟人类的感知等某些智能行为，实现自然语言理解与生成、定力机器证明、自动程序设计、自动翻译、图像识别、声音识别、疾病诊断，并能用于各种专家系统和机器人构造等。近年来人工智能的研究开走向实用化。人工智能是计算机应用研究的前沿学科。

● 多媒体技术

这里的媒体是指表示和传播信息的载体，例如文字、声音、图像等。随着 80 年代以来数字化音频和视频技术的发展，逐渐形成了集声、文、图、像一体化的多媒体计算机系统。它不仅使计算机应用更接近人类习惯的信息交流方式，而且将开拓许多新的应用领域。

1.2　计算思维

1.2.1　计算思维的定义

从 20 世纪 70 年代中期开始，在诺贝尔物理学奖得主肯·威尔逊（Ken Wilson）等人的积极倡导下，基于大规模并行数值计算与模拟的"计算科学"（Computing Science）开创了科学研究的第三种范例（理论、实验、计算机模拟）。

计算科学协同其他科学领域（如基因组工程、天体物理等）取得了一系列重要的突破性进展，受到传统科学界的重视和接纳。

1991 年，美国联邦政府立法将建立联网的大规模超级计算中心（资源）作为保持美国科学技术领先地位的一项重要措施。

今天我们所熟悉的大数据、可视化及云计算等均源自于这场运动。

国内很多大学数学学院中的"信息与计算"专业也是在这个时期出现的。

这场运动对于"计算机科学"的普及和政府决策部门的重视起到了一定的推进作用（像之前的"人工智能"一样！）。

由于相对片面地理解和宣扬所谓的"计算科学"，也带来很多副作用，至今学术界仍有相当多的人混淆"计算科学"与"计算机科学"（或"信息科学"）。

更传统意义上、更广义的计算机科学（Computer Science，指围绕计算现象和计算对象的研究）受到冷落甚至质疑。

进入 21 世纪后，美国报考各大学计算机科学相关专业的优秀学生数量开始呈明显下降趋势，高规格科研资助的力度和水平降低，这标志学科的影响力和社会认知度出现了危机。

计算机科学界开始再次反思并宣扬自身学科的核心价值，有关计算思维的探讨和研究就是在这样的背景下产生的。

2006 年 3 月，美国卡内基梅隆大学计算机科学系主任周以真（Jeannette M. Wing）教授在美国计算机权威期刊《Communications of the ACM》杂志上定义了计算思维（Computational Thinking）。周教授认为：计算思维是运用计算机科学的基础概念进行问题求解、系统设计、以及人类行为理解等涵盖计算机科学之广度的一系列思维活动。

计算机作为一种计算工具发展到今天，已逾半个世纪，如何进一步发展，是我们必须考虑的问题。对此，可在两个层面上思考：一是基本和哲学的，二是需求和现实的。

在第一个方面，计算大师迪杰斯特拉曾说过："我们所使用的工具影响着我们的思维方式和思维习惯，从而也将深刻地影响着我们的思维能力。"电动机的出现引发了自动化的思维，计算机的出现催生了智能化的思维。Wing 教授更是把计算机这一从工具到思维的发展提升到与"读、写、算"同等的基础重要性，成为适合于每一个人的"一种普遍的认识和一类普适的技能"。一定程度上，这也意味着计算机科学从前沿高端到基础普及的转型。

在第二个方面，涉及计算机的发展，催生大学计算机系的 IBM 早已开始鼓吹今天的计算机系将"消失"，并被服务科学系取而代之。此话尽管危言耸听，但发人深省。刚刚兴起的万维学更是有希望将人文社会等"软"科学融入计算机科学，利用社会计算，在"虚"的万维空间里开拓出新且有价值的"实"疆域。显然，这将促进实现 Wing 的目标："一个人可以主修计算机科学，接着从事医学、法律、商业、政治，以及任何类型的科学和工程，甚至艺术工作。而且，当我们行动起来去改变计算机的社会形象时，计算思维就是一个引导着计算机教育家、研究者和实践者的宏大愿景。"

两种考虑的结合，或许表明了计算机科学将发生"涅槃"般的重生，而计算思维的提出，就是未来升华的前奏。

对上述定义我们可以进一步解释计算思维。

① 求解问题中的计算思维

利用计算手段求解问题的过程是：首先要把实际的应用问题转换为数学问题，可能是一组偏微分方程，其次将 PDE 离散为一组代数方程组，然后建立模型、设计算法和编程实现，最后在实际的计算机中运行并求解。

前两步是计算思维中的抽象，后两步是计算思维中的自动化。

② 设计系统中的计算思维

R.Karp 认为：任何自然系统和社会系统都可视为一个动态演化系统，演化伴随着物质、能量和信息的交换，这种交换可以映射为符号变换，使之能用计算机进行离散的符号处理。

当动态演化系统抽象为离散符号系统后，就可以采用形式化的规范描述，建立模型、设计算法和开发软件来揭示演化的规律，实时控制系统的演化并自动执行。

③ 理解人类行为中的计算思维

王飞跃认为(中科院)：计算思维是基于可计算的手段，以定量化的方式进行的思维过程。计算思维就是应对信息时代新的社会动力学和人类动力学所要求的思维。在人类的物理世界、精神世界和人工世界等三个世界中，计算思维是建设人工世界需要的主要思维方式。

利用计算手段来研究人类的行为，可视为社会计算，即通过各种信息技术手段，设计、实施和评估人与环境之间的交互。

1.2.2　计算思维的内容

计算思维建立在计算过程的能力和限制之上，由机器执行。计算方法和模型使我们敢于去处理那些原本无法由任何个人独自完成的问题求解和系统设计。计算思维直面机器智能的不解之谜：什么人类比计算机做得好？什么计算机比人类做得好？最基本的问题是：什么是可计算的？迄今为止我们对这些问题仍是一知半解。

计算思维可以做什么？

计算思维是每个人的基本技能，不仅仅属于计算机科学家。我们应当使每个孩子在培养解析能力时不仅掌握阅读、写作和算术（Reading,　writing,　and arithmetic--3R），还要学会计算思维。正如印刷出版促进了 3R 的普及，计算和计算机也以类似的正反馈促进了计算思维的传播。

计算思维是运用计算机科学的基础概念去求解问题、设计系统和理解人类的行为。它包括了涵盖计算机科学之广度的一系列思维活动。

当我们必须求解一个特定的问题时，首先会问：解决这个问题有多么困难？怎样才是最佳的解决方法？计算机科学根据坚实的理论基础来准确地回答这些问题。表述问题的难度就是工具的基本能力，必须考虑的因素包括机器的指令系统、资源约束和操作环境。

为了有效地求解一个问题，我们可能要进一步问：一个近似解是否就够了，是否可以利用一下随机化，以及是否允许误报（false positive）和漏报（false negative）？计算思维就是通过约简、嵌入、转化和仿真等方法，把一个看起来困难的问题重新阐释成一个我们知道怎样解决的问题。

计算思维是一种递归思维。它是并行处理的。它是把代码译成数据又把数据译成代码。它是由广义量纲分析进行的类型检查。对于别名或赋予人与物多个名字的做法，它既知道其益处又了解其害处。对于间接寻址和程序调用的方法，它既知道其威力又了解其代价。它评价一个程序时，不仅仅根据其准确性和效率，还有美学的考量，而对于系统的设计，还考虑简洁和优雅。

计算思维采用了抽象和分解来迎接庞杂的任务或者设计巨大复杂的系统。它是关注的分离（SOC 方法）。它是选择合适的方式去陈述一个问题，或者是选择合适的方式对一个问题的相关方面建模使其易于处理。它是利用不变量简明扼要且表述性地刻画系统的行为。它是我们在不必理解每一个细节的情况下就能够安全地使用、调整和影响一个大型复杂系统的信息。它就是为预期的未来应用而进行的预取和缓存。

计算思维是按照预防、保护及通过冗余、容错、纠错的方式从最坏情形恢复的一种思维。它称堵塞为"死锁"，称约定为"界面"。计算思维就是学习在同步相互会合时如何避免"竞争条件"（亦称"竞态条件"）的情形。

计算思维利用启发式推理来寻求解答，就是在不确定情况下的规划、学习和调度。它就是搜索、搜索、再搜索，结果是一系列的网页，一个赢得游戏的策略，或者一个反例。计算思维利用海量数据来加快计算，在时间和空间之间，在处理能力和存储容量之间进行权衡。

考虑下面日常生活中的事例：当你女儿早晨去学校时，她把当天需要的东西放进背包，这就是预置和缓存；当你儿子弄丢他的手套时，你建议他沿走过的路寻找，这就是回推；在什么时候停止租用滑雪板而为自己买一付呢？这就是在线算法；在超市付帐时，你应当去排哪个队呢？这就是多服务器系统的性能模型；为什么停电时你的电话仍然可用？这就是失败的无关性和设计的冗余性；完全自动的大众图灵测试如何区分计算机和人类，即 CAPTCHA 程序是怎样鉴别人类的？这就是充分利用求解人工智能难题之艰难来挫败计算代理程序。

计算思维代表着一种普遍的认识和一类普适的技能，每一个人，而不仅仅是计算机科学家，都应热心于它的学习和运用。

1.2.3　计算思维的特点

1. 概念化，不是程序化

计算机科学不是计算机编程。像计算机科学家那样去思维意味着远远不仅限于计算机编程，还要求能够在抽象的多个层次上思维。计算机科学不只是关注计算机，就像音乐产业只是关注麦克风一样。

2. 根本的，不是刻板的技能

根本技能是每一个人为了在现代社会中发挥职能所必须掌握的。刻板技能意味着机械的重复。具有讽刺意味的是，当计算机像人类一样思考之后，思维可就真的变成机械的了。

3. 是人的，不是计算机的思维

计算思维是人类求解问题的一条途径，但决非要使人类像计算机那样地思考。计算机枯燥且沉闷，人类聪颖且富有想象力。是人类赋予计算机激情。配置了计算设备，我们就能用自己的智慧去解决那些在计算时代之前不敢尝试的问题，实现"只有想不到，没有做不到"的境界。

4. 是思想，不是人造物

不只是将生产的软硬件等人造物到处呈现给我们的生活，更重要的是计算概念，它被人们用来问题求解、日常生活的管理，以及与他人进行交流和互动。

5. 数学和工程思维的互补与融合

计算机科学又从本质上源自工程思维，因为我们建造的是能够与实际世界互动的系统，基本计算设备的限制迫使计算机学家必须计算性地思考，不能只是数学性地思考。构建虚拟世界的自由使我们能够设计超越物理世界的各种系统。

6. 面向所有的人，所有地方

许多人将计算机科学等同于计算机编程。有些家长为他们主修计算机科学的孩子看到的只是一个狭窄的就业范围。许多人认为计算机科学的基础研究已经完成，剩下的只是工程问题。当我们行动起来去改变这一领域的社会形象时，计算思维就是一个引导着计算机教育家、研究者和实践者的宏大愿景。我们特别需要抓住尚未进入大学之前的听众，包括老师、父母和学生，向他们传送下面两个主要信息：智力上的挑战和引人入胜的科学问题依旧亟待理解和解决。这些问题和解答仅仅受限于我们自己的好奇心和创造力；同时一个人可以主修计算机科学而从事任何行业。

计算机科学的教授应当为大学新生开一门称为"怎么像计算机科学家一样思维"的课程，面向所有专业，而不仅仅是计算机科学专业的学生。我们应当使入大学之前的学生接触计算的方法和模型。我们应当设法激发公众对计算机领域科学探索的兴趣，而不是悲叹对其兴趣的衰落或者哀泣其研究经费的下降。所以，我们应当传播计算机科学的快乐、崇高和力量，致力于使计算思维成为常识。

当计算思维真正融入人类活动的整体时，它作为一个问题解决的有效工具，人人都应当掌握，处处都会被使用。

1.2.4　计算思维对非计算机学科的影响

计算思维将渗透到我们每个人的生活之中，到那时诸如算法和前提条件这些词汇将成为每个人日常语言的一部分，对"非确定论"和"垃圾收集"这些词的理解会和计算机科学里的含义驱近，而树已常常被倒过来画了。

1. 经济学

最近三四十年，经济学经历了一场"博弈论革命"，就是引入博弈论的概念和方法改造经济学的思维，推进经济学的研究。诺贝尔经济学奖授予包括美国普林斯顿大学的纳什博士在内的 3 位博弈论专家，可以看作是一个标志，这自然也激发了人们了解博弈论的热情。博弈论作为现代经济学的前沿领域，已成为占据主流的基本分析工具。

博弈论是研究决策主体的行为发生直接相互作用时的决策以及这种决策的均衡，也就是说，当一个主体的选择受到其他主体选择的影响，而且反过来影响到其他主体选择时的决策问题和均衡问题。

一个完整的博弈应当包括五个方面的内容：第一，博弈的参加者，即博弈过程中独立决策、独立承担后果的个人和组织；第二，博弈信息，即博弈者所掌握的对选择策略有帮助的情报资料；第三，博弈方可选择的全部行为或策略的集合；第四，博弈的次序，即博弈参加者做出策略选择的先后；第五，博弈方的收益，即各博弈方做出决策选择后的所得和所失。

"囚徒困境"是博弈论里最经典的例子之一。讲的是两个嫌疑犯（A 和 B）作案后被警察抓住，隔离审讯；警方的政策是"坦白从宽，抗拒从严"，如果两人都坦白则各判 8 年；如果一人坦白另一人不坦白，坦白的放出去，不坦白的判 10 年；如果都不坦白则因证据不足各判 1 年。

在这个例子里，博弈的参加者就是两个嫌疑犯 A 和 B，他们每个人都有两个策略即坦白和不坦白，判刑的年数就是他们的支付。可能出现的四种情况：A 和 B 均坦白或均不坦白、A 坦白 B 不坦白或者 B 坦白 A 不坦白。A 和 B 均坦白是这个博弈的纳什均衡。这是因为，假定 A 选择坦白的话，B 最好是选择坦白，因为 B 坦白判 8 年而抵赖却要判十年；假定 A 选择抵赖的话，B 最好还是选择坦白，因为 B 坦白判不被判刑而抵赖确要被判刑 1 年。即是说，不管 A 坦白或抵赖，B 的最佳选择都是坦白。反过来，同样地，不管 B 是坦白还是抵赖，A 的最佳选择也是坦白。结果，两个人都选择了坦白，各判刑 8 年。在（坦白、坦白）这个组合中，A 和 B 都不能通过单方面的改变行动增加自己的收益，于是谁也没有动力游离于这个组合，因此这个组合是纳什均衡。

囚徒困境反映了个人理性和集体理性的矛盾。如果 A 和 B 都选择抵赖，各判刑 1 年，显然比都选择坦白各判刑 8 年好得多。当然，A 和 B 可以在被警察抓到之前订立一个"攻守同盟"，但是这可能不会有用，因为它不构成纳什均衡，没有人有积极性遵守这个协定。

"囚犯困境"在经济学上有很多应用，也有力地解释了一些经济现象。

（1）电信价格竞争

根据我国电信业的实际情况，我们来构造电信业价格战的博弈模型。假设此博弈的参加者为电信运营商 A 与 B，他们在电信某一领域展开竞争，一开始的价格都是 P0。A（中国电信）是老牌企业，实力雄厚，占据了绝大多数的市场份额；B（中国联通）则刚刚成立不久，翅膀还没有长硬，是政府为了打破垄断鼓励竞争而筹建起来的。

正因为 B 是政府扶植起来鼓励竞争的，所以 B 得到了政府的一些优惠，其中就有 B 的价格可以比 P0 低 10%。这一举动，还不会对 A 产生多大的影响，因为 A 的根基实在是太牢固了。在这样的市场分配下，A、B 可以达到平衡，但由于 B 在价格方面的优势，市场份额逐步壮大，到了一定程度，对 A 造成了影响。这时候，A 该怎么做？不妨假定：

A 降价而 B 维持，则 A 获利 15，B 损失 5，整体获利 10；

A 维持且 B 也维持，则 A 获利 5，B 获利 10，整体获利 15；

A 维持而 B 降价，则 A 损失 10，B 获利 15，整体获利 5；

A 降价且 B 也降价，则 A 损失 5，B 损失 5，整体损失 10。

A 角度看，显然降价要比维持好，降价至少可以保证比 B 好，在概率均等的情况下，A 降价的收益为 $15 \times 50\% - 5 \times 50\% = 5$，维持的收益为 $5 \times 50\% - 10 \times 50\% = -2.5$，为了自身利益的最大化，A 就不可避免地选择了降价。从 B 角度看，效果也一样，降价同样比维持好，其降价收益为 5，维持收益为 2.5，它也同样会选择降价。在这轮博弈中，A、B 都将降价作为策略，因此各损失 5，整体损失 10，整体收益是最差的。这就是此博弈最终所出现的纳什均衡。我们构造的这一电信业价格战博弈模型是典型的囚徒困境现象，各个局部都寻求利益的最大化，而整体利益却不是最优，甚至是最差。

许多其他行业的价格竞争都是典型的囚徒困境现象，如可口可乐公司和百事可乐公司之间的竞争、各大航空公司之间的价格竞争等。

（2）OPEC 组织成员国之间的合作与背叛

"囚徒困境"告诉我们，个人理性和集体理性之间存在矛盾，基于个人理性的正确选择会降低大家的福利，也就是说，基于个人利益最大化的前提下，帕累托改进得不到进行，帕累托最优得不到实现。

上述我们在对电信价格竞争的博弈分析中，只是一次性的"囚徒困境"博弈，因此得到了互相降价的纳什均衡。而在现实生活当中，信任与合作很少达到如此两难的境地，无论在自然界还是在人类社会，"合作"都是一种随处可见的现象。比如中东石油输出国组织（Organization of Petroleum Exporting Countries，OPEC）的成立，本身就是要限制各石油生产国的产量，以保持石油价格，以便获取利润，是合作的产物。OPEC 之所以能够成立，各组织成员国之间之所以能够合作，是因为囚徒困境如果是一次性博弈（One shot game）的话，基于个人利益最大化，得到纳什均衡解，但如果是多次博弈，人们就有了合作的可能性，囚徒困境就有可能破解，合作就有可能达成。连续的合作有可能成为重复的囚徒困境的均衡解，这也是博弈论上著名的"大众定理"（Folk Theorem）的含义。

但合作的可能性不是必然性。博弈论的研究表明，要想使合作成为多次博弈的均衡解，博弈的一方（最好是实力更强的一方）必须主动通过可信的承诺（Credible commitment），向另一方表示合作的善意，努力把这个善意表达清楚，并传达出去。如果该困境同时涉及多个对手，则要在博弈对手中形成声誉，并用心地维护这个声誉。这里"可信的承诺"是一个很牵强的翻译，"Credible commitment"并不是什么空口诺言，而是实实在在的付出。所以合作是非常困难的。 所以 OPEC 组织经常会有成员国不遵守组织的协定，私自增加石油产量。每个成员国都这样想，只要他们不增加产量，我增加一点点产量对价格没什么影响，结果每个国家都增加产量，造成石油价格下跌，大家的利润都受到损失。当然，一些产量增加较少的国家损失更多，于是也更加大量生产，造成价格进一步下降--结果，陷入一个困境：大家都增加产量，价格下跌，大家再增加产量，价格再下跌……

以上是运用博弈论中的经典案例"囚徒困境"对现实经济生活的一些简单的理论上的分析，虽然在现实生活当中影响人们决策和态度的因素很多，但是，博弈论作为现代经济学的前沿领域，始终是一个强有力的分析工具。

在经济学中的计量经济学和数理经济学，它们就是建立在数理分析上的计算思维的广泛应用。而这种经济上的最优价值分析却也能应用于计算机上的矩阵不同行列元素和最大的求解中，这是奇妙的学科之间的融汇与交叉。

2. 社会科学

习惯性地收发邮件、随时随地拨打手机、刷公交卡、网上购物……人们的个体行为在网络信息社会都会留下大量数字足迹。对于计算社会科学家而言，大数据时代不仅需要"记录"，更需要"计算"，从看似日常而随机的个体行为与社会运转中获得对人类社会、经济、政治等更深刻、更具前瞻性的解读。

一些观点认为，个体行为与社会活动规律如此复杂，很难运用严谨的科学进行逻辑推理或进行精确的定量计算。"在当今网络社会，人类行为较之于相对独立的个体决策行为发生了显著变化。"中国社会科学院数量经济与技术经济研究所研究员王国成认为，通过全面分析反映历史行为的数据，原本难以捉摸的人类社会活动变得可被量化、解析和洞见，甚至有可能被预知、得到预先处理。

计算社会科学将社会科学的定量研究带向了新的高度。传统社会科学一般通过问卷调查的方式收集数据，以这种方式收集的数据往往不具有时间上的连续性，以此对连续的、动态的社会过程进行的推断准确性有限。计算社会科学以数据挖掘与机器学习为核心技术，使用机器智能从大量数据中发现有趣的模式和知识，在数据的驱动之下，进行探索式的知识发现和数据管理。正是通过数据挖掘，社会科学家可以处理非线性、有噪音、概念模糊的数据，分析数据质量，从而聚焦于社会过程和关系，分析复杂社会系统。在中国人民大学信息学院副教授余力看来，计算社会科学在很大程度上提高了揭示个体和群体行为模式的数据收集和分析能力。

计算社会科学能够利用先进的计算机和信息技术等对人类行为与社会运行进行深入精细的跨学科研究，彻底打破了人们对人文社会科学的传统观念和原有的学科划分。王国成认为，计算社会科学的产生既是由于日趋复杂的人类活动和网络社会提出的迫切现实需求，也得益于计算（机）技术及学科交融等方法工具强有力的支持。

伴随现代信息技术的发展，当代社会、经济与工程系统的复杂性问题日趋凸显，计算社会科学在应对复杂的新型社会问题上，显示出其广泛的应用价值，受到了国内外学术界的青睐。

美国圣塔菲研究所、谷歌研究院、惠普社会计算实验室等跨学科研究机构，以及哈佛、斯坦福、康奈尔等大学都开始用计算社会科学的方法来研究社会系统中的复杂现象，并提出了一系列新理论。其应用领域则涉及情报与安全信息学、公共卫生事件、军事虚拟演练、网络社区等不同研究项目。

"计算社会科学为人文社会科学研究开辟了新的道路，正在成为继工程科学计算和生物生命计算之后新的理论前沿和应用方向，其核心因素是计算思维的渗透。"国内学者也在积极捕捉前沿领域。复旦大学国际关系学院教授唐世平将生物进化思维以及数据分析方法引入社会科学，应用于对制度变迁、国际政治等领域的研究；清华大学科技与社会研究所教授吴彤将复杂性科学引入人文社会科学，拓展科学哲学的研究视野；中国科学院自动化研究所研究员王飞跃则在社会计算领域对理论、方法进行了较早的探讨；西安交通大学公共管理与复杂性科学研究中心执行主任杜海峰则正在主持国家社科基金重点项目"个体与集体行为分析及其在公共安全中的应用——基于社会计算与大规模网络数据的研究"，以计算社会科学的理论与方法研究公共安全与集群行为。

这里，通过几个例子来说明社会科学也需要计算，社会现象中蕴含着计算的观念，也就是跨学科计算思维观念的一个侧面。

这样的例子很多，包括社会关系网络平衡的考量，布雷斯悖论在交通网络上的体现，拍卖市场中的最优出价策略，匹配市场中蕴含的计算，中介市场中网络结构与行为策略的互动，均衡人际关系价值的计算，事物火起来的缘由与结果，线粒体夏娃存在的必然，"小世界"中的优化，市场上的财富动力学，投票选举中的推理，等等。下面是其中几个例子的大体含义。

国际关系中的计算。网络平衡是一个图论的结果，但结合标记（＋，－）网络可能刻画的丰富含义，我们可以讨论人和人之间关系的稳定性，以及国家和国家之间关系的稳定性，从而可以体会到一种动态性。

匹配市场中蕴含的计算。从市场根据供需关系调整价格的常识出发，得到启示：市场经济中的一些基本概念，如价值、价格、物以稀为贵，等等，可以通过匹配市场的简单模型得到生动的表达。而一旦这么做了，也隐含着一个计算问题的高效解决，亦即市场无形之手扮演了一个高效的问题求解器的角色。

大数据与小世界。我们从米尔格拉姆的实验出发，讨论几十年来人们在探求小世界现象背后原因的不懈努力，得到启示：大量微观社交关系的建立总体上呈现一种最优化特征，或者说大量人群的一类随机社会活动相当于一台计算机，完成了一种优化计算，实现了一个最优参数。

这样一些例子，是计算思维在社会科学中的生动体现，也是社会计算的具体案例。理解其中的精神，不仅给我们的研究带来启发，也给我们的教学带来新意。

通过分析自己在社会中所处的地位来做出正确的决策，我们用计算思维解决着生活中乃至国际关系上的博弈问题。小到从 39 楼走路到哪个食堂吃什么性价比最高，大到对美国国债的持有量，通过对自身所处环境的分析与把握，确定不同选择的效用并把它们量化，那么自然就可以根据计算来得出效用最高，也就是对自己最有利的决策。同样的，我们可以根据一个行业其他企业的垄断程度，利用纳什议价解来计算出我的预期收益。

3. 脑科学

本世纪初，随着互联网的发展，不断有新的应用和概念诞生，其中物联网、云计算和大数据得到了研究者的重点关注，并引起广泛的研究热潮。

研究者已经从不同方面对物联网、云计算、大数据进行了深入研究并取得诸多成果。但还存在一些问题等待解决，例如，物联网、云计算、大数据与互联网是怎样的关系，它们之间又是如何区分和关联的。本世纪初开始的互联网与脑科学的交叉对比研究，为分析物联网、云计算、大数据与互联网的关系奠定了基础。

如果我们观察近 20 年来互联网出现的新应用和新功能，可以直观地发现互联网与大脑结构具有越来越多的相似性。这些现象包括：打印机，复印机的远程操控，医生通过远程网络进行手术；中国水利部门在土壤，河流，空气中安放传感器，及时将气温，湿度，风速等数据通过互联网传输到信息处理中心，形成报告供防汛抗旱决策使用；Google 推出了 "街景" 服务，在城市中安装多镜头摄像机，互联网用户可以实时观看丹佛、拉斯维加斯、迈阿密、纽约和旧金山等城市的风貌等。

这些新互联网现象分别具备了运动神经系统，躯体感觉神经系统，视觉神经系统的萌芽，基于以上互联网新现象，2008 年 9 月刘锋发表论文 "互联网进化规律的发现与分析"，从神经学的角度分析互联网的成熟结构，将其抽象为一个与人类大脑高度相似的组织结构-互联网虚拟大脑。寻找并定位互联网的虚拟听觉、视觉、感觉、运动神经系统、虚拟中枢神经系统等。绘制出互联网的类大脑结构图。

脑科学是研究人脑结构与功能的综合性学科它以揭示人脑高级意识功能为宗旨，与心理学、人工智能、认知科学和创造学等有着交叉渗透。

美国神经生理学家罗杰·斯佩里进行了裂脑实验，提出大脑两半球功能分工理论。他认为：大脑左右半球完全可以以不同的方式进行思维活动，左脑侧重于抽象思维，如逻辑抽象、演绎推理和语言表达等；右脑侧重于形象思维，如直觉情感、想象创新等。

随着博客、社交网络、以及云计算、物联网等技术的兴起，互联网上的数据正以前所未有的速度在不断的增长和累积，学术界、工业界甚至于政府机构都已经开始密切关注大数据问题，应该说大数据是互联网发展到一定阶段的必然产物，互联网用户的互动，企业和政府的信息发布，物联网传感器感应的实时信息每时每刻都在产生大量的结构化和非结构化数据，这些数据分散在整个网络体系内，体量极其巨大。这些数据中蕴含了对经济，科技，教育等等领域非常宝贵的信息，大数据的研究就是通过数据挖掘，知识发现和深度学习等方式将这些数据整理出来，形成有价值的数据产品。提供给政府，行业企业和互联网个人用户使用和消费。

4. 化学

有了计算机，化学中的数据处理也变得简单多了。

计算机科学在化学中的应用包括：化学中的数值计算、化学模拟、化学中的模式识别、化学数据库及检索、化学专家系统等。

基于非结构网格和分区并行算法，为求解多组分化学反应流动守恒方程组开发了单程序多数据流形式的并行程序，对已有的预混可燃气体中高速飞行的弹丸的爆轰现象进行了有效的数值模拟。

5. 艺术

计算机艺术是科学与艺术相结合的一门新兴的交叉学科，它包括绘画、音乐、舞蹈、影视、广告、书法模拟、服装设计、图案设计、产品和建筑造型设计以及电子出版物等众多领域。

6. 其他领域

工程学(电子、土木、机械、航空航天等)中通过计算高阶项可以提高精度，进而降低重量、减少浪费并节省制造成本；波音 777 飞机完全是采用计算机模拟测试的，没有经过风洞测试。

7. 生物学

计算机科学许多领域渗透到生物信息学中的应用研究，包括数据库、数据挖掘、人工智能、算法、图形学、软件工程、并行计算和网络技术等都被用于生物计算的研究。

从各种生物的 DNA 数据中挖掘 DNA 序列自身规律和 DNA 序列进化规律，可以帮助人们从分子层次上认识生命的本质及其进化规律。

1.3　面向 21 世纪的计算机技术展望

1.3.1　计算机技术的最新进展

跨入 21 世纪，知识经济、信息时代的脚步已清晰可闻，在这样的时代里传统计算机技术还将持续发展，新兴的计算机技术的发展更是一日千里。

1. 云计算技术的飞速发展

（1）云计算的提出

著名的美国计算机科学家、图灵奖(Turing Award)得主麦卡锡(John McCarthy， 1927-)在半个世纪前就曾思考过这个问题。1961 年，他在麻省理工学院(MIT)的百年纪念活动中做了一个演讲。在那次演讲中，他提出了像使用其他资源一样使用计算资源的想法，这就是时下 IT 界的时髦术语"云计算"(Cloud Computing)的核心想法。

（2）云计算的含义

云计算是基于互联网的相关服务的增加、使用和交付模式，通常涉及通过互联网来提供动态易扩展且经常是虚拟化的资源。云是网络、互联网的一种比喻说法。过去在图中往往用云来表示电信网，后来也用来表示互联网和底层基础设施的抽象。狭义云计算指 IT 基础设施的交付和使用模式，指通过网络以按需、易扩展的方式获得所需资源；广义云计算指服务的交付和使用模式，指通过网络以按需、易扩展的方式获得所需服务。这种服务可以是 IT 和软件、互联网相关，也可是其他服务。它意味着计算能力也可作为一种商品通过互联网进行流通。

（3）云计算的特点

① 资源配置动态化。根据消费者的需求动态划分或释放不同的物理和虚拟资源，当增加一个需求时，可通过增加可用的资源进行匹配，实现资源的快速弹性提供；如果用户不再使用这部分资源时，可释放这些资源。云计算为客户提供的这种能力是无限的，实现了 IT 资源利用的可扩展性。

② 需求服务自助化。云计算为客户提供自助化的资源服务，用户无需同提供商交互就可自动得到自助的计算资源能力。同时云系统为客户提供一定的应用服务目录，客户可采用自助方式选择满足自身需求的服务项目和内容。

③ 网络访问便捷化，客户可借助不同的终端设备，通过标准的应用实现对网络访问的可用能力，使对网络的访问无处不在。

④ 服务可计量化。在提供云服务过程中，针对客户不同的服务类型，通过计量的方法来自动控制和优化资源配置。即资源的使用可被监测和控制，是一种即付即用的服务模式。

⑤ 资源的虚拟化。借助于虚拟化技术，将分布在不同地区的计算资源进行整合，实现基础设施资源的共享

（4）云计算技术的发展应用

云计算的发展也给我们的生活方面带来各种各样的的变化，主要包括基础设施即服务，平台即服务和软件即服务三方面的服务。这些服务应用在很多领域，如云物联、云安全、云存储、私有云、云游戏、云教育等方面。

2. 虚拟化技术

（1）虚拟化技术的提出

1959 年，克里斯托弗（Christopher Strachey）发表了一篇学术报告，名为"大型高速计算机中的时间共享"（Time Sharing in Large Fast Computers），他在文中提出了虚拟化的基本概念，这篇文章也被认为是虚拟化技术的最早论述。可以说虚拟化作为一个概念被正式提出即是从此时开始。

（2）虚拟化技术的定义

虚拟化是一个广义的术语，在计算机方面通常是指计算元件在虚拟的基础上而不是真实的基础上运行。虚拟化技术可以扩大硬件的容量，简化软件的重新配置过程。CPU 的虚拟化技术可以单 CPU 模拟多 CPU 并行，允许一个平台同时运行多个操作系统，并且应用程序都可以在相互独立的空间内运行而互不影响，从而显著提高计算机的工作效率。

（3）虚拟化技术的特点

① 更高的资源利用率。虚拟可支持实现物理资源和资源池的动态共享，提高资源利用率，特别是针对那些平均需求远低于需要为其提供专用资源的不同负载。

② 降低管理成本。虚拟可通过减少物理资源的数量，隐藏其部分复杂性，实现自动化以简化公共管理任务等方式来提高工作人员的效率。

③ 使用灵活性。通过虚拟可实现动态的资源部署和重配置，满足不断变化的业务需求。

④ 安全性。提高桌面的可管理性和安全性，用户都可以在本地或以远程方式对这种环境进行访问。虚拟可实现较简单的共享机制无法实现的隔离和划分，可实现对数据和服务进行可控和安全的访问。

⑤ 更高的可用性。提高硬件和应用程序的可用性，进而提高业务连续性：可安全地迁移和备份整个虚拟环境而不会出现服务中断。

⑥ 更高的可扩展性。根据不同的产品，资源分区和汇聚可支持实现比个体物理资源小得多或大得多的虚拟资源，这意味着你可以在不改变物理资源配置的情况下进行规模调整。

⑦ 互操作性和投资保护。虚拟资源可提供底层物理资源无法提供的与各种接口和协议的兼容性，实现了运营灵活性。

（4）虚拟化技术的发展应用

虚拟化技术的发展很大程度上来自于云计算技术，是在其基础上的，虚拟化技术可以说是云计算时代的核心技术。虚拟技术在很多方面都有应用，如服务器虚拟化技术应用，应用程序虚拟化技术应用，桌面虚拟化技术应用，网络虚拟化技术应用，存储虚拟化技术应用等，这些方面已

经很成熟，已经渗透了我们生活的方方面面。

未来的计算机将是微电子技术、光学技术、超导技术和电子仿生技术相互结合的产物。它的运算能力更强，它的存储能力将更加惊人，它的耗能将更小，散热少。

许多有远见的科学家已经把目光投向新一代的计算机研发上，虽然还有很多理论和技术上的困难，但这是一个势不可挡的计算机发展趋势。随着硅芯片技术的高速发展，硅技术越来越接近了其自身的物理发展极限，以此，迫切要求计算机从结构变革，到器件与技术的革命这一系列的技术都要产生一次质的飞跃才行，新型的量子计算机、光子计算机、分子计算机应运而生。

1.3.2 计算机今后的发展方向

基于集成电路的计算机短期内还不会退出历史舞台。但一些新的计算机正在跃跃欲试地加紧研究，这些计算机是：超导计算机、纳米计算机、光计算机、DNA 计算机和量子计算机等。目前推出的一种新的超级计算机采用世界上速度最快的微处理器之一，并通过一种创新的水冷系统进行冷却。IBM 公司 2001 年 08 月 27 日宣布，他们的科学家已经制造出世界上最小的计算机逻辑电路，也就是一个由单分子碳组成的双晶体管元件。这一成果将使未来的电脑芯片变得更小、传输速度更快、耗电量更少。

1. 第 5 代计算机

第 5 代计算机指具有人工智能的新一代计算机，它具有推理、联想、判断、决策、学习等功能。计算机的发展将在什么时候进入第五代？什么是第 5 代计算机事实上并没有一个明确统一的说法。日本在 1981 年宣布要在 10 年内研制"能听会说、能识字、会思考"的第五代计算机，投资千亿日元并组织了一大批科技精英进行会战。这一宏伟计划曾经引起世界瞩目，并让一些美国人恐慌了好一阵子，有人甚至惊呼这是"科技战场上的珍珠港事件"。现在回头看，日本原来的研究计划只能说是部分地实现了。到了今天还没有哪一台计算机被宣称是第五代计算机。

但有一点可以肯定，在未来社会中，计算机、网络、通信技术将会三位一体化。新世纪的计算机将把人从重复、枯燥的信息处理中解脱出来，从而改变我们的工作、生活和学习方式，给人类和社会拓展了更大的生存和发展空间。当历史的车轮驶入 21 世纪时，我们会面对各种各样的未来计算机。

（1）能识别自然语言的计算机

未来的计算机将在模式识别、语言处理、句式分析和语义分析的综合处理能力上获得重大突破。它可以识别孤立单词、连续单词、连续语言和特定或非特定对象的自然语言(包括口语)。今后，人类将越来越多地同机器对话。他们将向个人计算机"口授"信件，同洗衣机"讨论"保护衣物的程序，或者用语言"制服"不听话的录音机。键盘和鼠标的时代将渐渐结束。

（2）高速超导计算机

高速超导计算机的耗电仅为半导体器件计算机的几千分之一，它执行一条指令只需十亿分之一秒，比半导体元件快几十倍。以目前的技术制造出的超导计算机的集成电路芯片只有 3-5 平方毫米大小。

（3）激光计算机

激光计算机是利用激光作为载体进行信息处理的计算机，又叫光脑，其运算速度将比普通的电子计算机至少快 1000 倍。它依靠激光束进入由反射镜和透镜组成的阵列中来对信息进行处理。

与电子计算机相似之处是，激光计算机也靠一系列逻辑操作来处理和解决问题。光束在一般条件下的互不干扰的特性，使得激光计算机能够在极小的空间内开辟很多平行的信息通道，密度大得惊人。一块截面等于 5 分硬币大小的棱镜，其通过能力超过全球现有全部电缆的许多倍。

（4）分子计算机

分子计算机正在酝酿。美国惠普公司和加州大学，于 1999 年 7 月 16 日宣布，已成功地研制出分子计算机中的逻辑门电路，其线宽只有几个原子直径之和，分子计算机的运算速度是目前计算机的 1000 亿倍，最终将取代硅芯片计算机。

（5）量子计算机

量子力学证明，个体光子通常不相互作用，但是当它们与光学谐腔内的原子聚在一起时，它们相互之间会产生强烈影响。光子的这种特性可用来发展量子力学效应的信息处理器件--光学量子逻辑门，进而制造量子计算机。量子计算机利用原子的多重自旋进行。量子计算机可以在量子位上计算，可以在 0 和 1 之间计算。在理论方面，量子计算机的性能能够超过任何可以想象的标准计算机。

（6）DNA 计算机

科学家研究发现，脱氧核糖核酸(DNA)有一种特性，能够携带生物体的大量基因物质。数学家、生物学家、化学家以及计算机专家从中得到启迪，正在合作研究制造未来的液体 DNA 电脑。这种 DNA 电脑的工作原理是以瞬间发生的化学反应为基础，通过和酶的相互作用，将发生过程进行分子编码，把二进制数翻译成遗传密码的片段，每一个片段就是著名的双螺旋的一个链，然后对问题以新的 DNA 编码形式加以解答。

和普通的电脑相比，DNA 电脑的优点首先是体积小，但存储的信息量却超过现在世界上所有的计算机。

2. 第 6 代计算机

（1）神经元计算机

人类神经网络的强大与神奇是人所共知的。将来，人们将制造能够完成类似人脑功能的计算机系统，即人造神经元网络。神经元计算机最有前途的应用领域是国防：它可以识别物体和目标，处理复杂的雷达信号，决定要击毁的目标。神经元计算机的联想式信息存储、对学习的自然适应性、数据处理中的平行重复现象等性能都将异常有效。

（2）生物计算机

生物计算机主要是以生物电子元件构建的计算机。它利用蛋白质有开关特性，用蛋白质分子作元件从而制成的生物芯片。其性能是由元件与元件之间电流启闭的开关速度来决定的。用蛋白质制成的计算机芯片，它的一个存储点只有-个分子大小，所以它的存储容量可以达到普通计算机的十亿倍。由蛋白质构成的集成电路，其大小只相当于硅片集成电路的十万分之一。而且运行速度更快，只有 10 的-11 次方秒，大大超过人脑的思维速度。

据美国趣味科学网站报道，美国国防部高级研究计划局（DARPA）的科学家正在进行一个名为"同计算机交流（CwC）"的新项目。该项目旨在打破人和机器之间的语言壁垒，让计算机可以像人一样通过使用口语、面部表情以及手势来表达自己。未来，人们或许能像同朋友聊天一样同计算机和机器人交流。

CwC 项目负责人保罗·寇恩在一份声明中表示："现在，人类只是将计算机看做工具，这很大程度上源于我们和计算机之间横亘着的语言壁垒。CwC 的宗旨是桥接这一壁垒，并鼓励科学家借助这一技术推陈出新，研发出更多能解决实际问题的新技术。"

寇恩团队正在计划的另一个任务是所谓的"积木世界"，完成这一任务要求计算机和人能相互交流，使用积木造出一个结构。这个任务更加困难，因为计算机和人都没有被教导如何建造这个结构，它们必须一起想办法。

研究人员指出，未来 CwC 有望大展拳脚的一个领域是癌症研究中的计算机建模。尽管 DARPA 研发出来的计算机现在能很快搭建出导致细胞发生癌变的复杂的分子过程的模型，但它们在判断这些模型是否值得进一步研究方面还是差强人意。如果计算机能更准确地知悉和把握生物学家的想法，它们的工作将对癌症研究人员更有用。寇恩说："人和计算机各有所长，它们携手合作有望为癌症研究带来新气象。"

DARPA 的研究人员希望计算机未来能做得比玩积木更多。如果这一点取得成功，CwC 将大力助推机器人和半自动化系统领域的发展，因为这些领域目前使用的编程和预先配置界面并不能让人和机器进行简单的交流。DARPA 的科学家表示，更好的交流技术有望帮助机器人操作员在操作前和操作中使用自然语言描述任务并向机器发出指令。而且，除了能让人类操作员的工作更加方便之外，CwC 也会使机器人在遇到棘手问题时，能从人类那儿获得建议或者信息。

显然，以上这些新思想和新设计都还不够完美，而且，即使有了工作样机，离真正的商业化应用也还有相当差距，根本无法与硅电子计算机的便利性与有效性相比。但是，谁又能保证，我们未来的生活不会因为它们而发生翻天覆地的变化？

第2章
计算机系统基础

2.1　计算机系统组成

2.1.1　电子计算机的基本组成

计算机系统是一个整体的概念，无论是大型机、小型机，还是微型机，一个完整的计算机系统（如图 2.1 所示）包括硬件系统和软件系统两大部分。

计算机硬件系统是指构成计算机的所有实体部件的集合，通常这些部件由电路（电子元件）、机械等物理部件组成。直观地看，计算机硬件是一大堆设备，它们都是看得见摸得着的，是计算机进行工作的物质基础，也是计算机软件发挥作用、施展其技能的舞台。

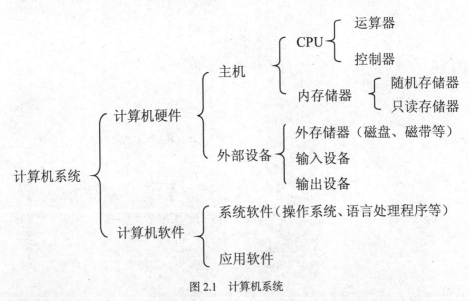

图 2.1　计算机系统

计算机软件是指在硬件设备上运行的各种程序以及有关资料。所谓程序实际上是用户用于指挥计算机执行各种动作以便完成指定任务的指令的集合。用户要让计算机做的工作可能是很复杂的，因而指挥计算机工作的程序也可能是庞大而复杂的，有时还可能要对程序进行修改与完善。因此，为了便于阅读和修改，必须对程序作必要的说明或整理出有关的资料。这些说明或资料（称之为文档）在计算机执行过程中可能是不需要的，但对于用户阅读、修改、维护、交流这些程序却是必不可少的。因此，也有人简单地用一个公式来说明其基本内容：软件=程序+文档。

通常，人们把不装备任何软件的计算机称为硬件计算机或裸机。裸机由于不装备任何软件，所以只能运行机器语言程序，这样的计算机，它的功能显然不会得到充分有效的发挥。普通用户面对的一般不是裸机，而是在裸机之上配置若干软件之后构成的计算机系统。有了软件，就把一台实实在在的物理机器（有人称为实机器）变成了一台具有抽象概念的逻辑机器（有人称为虚机器），从而使人们不必更多地了解机器本身就可以使用计算机，软件在计算机和计算机使用者之间架起了桥梁。正是由于软件的丰富多彩，可以出色地完成各种不同的任务，才使得计算机的应用领域日益广泛。当然，计算机硬件是支撑计算机软件工作的基础，没有足够的硬件支持，软件也就无法正常工作。实际上，在计算机技术的发展进程中，计算机软件随硬件技术的迅速发展而发展；反过来，软件的不断发展与完善又促进了硬件的新发展，两者的发展密切地交织着，缺一不可。

2.1.2 计算机的基本工作原理

与 ENIAC 电子数字计算机研制成功的同时，美籍匈牙利数学家冯•诺依曼研制了 EDVAC 电子数字计算，他提出了重要的设计思想。

（1）计算机应由五个基本部分组成：运算器、控制器、存储器、输入设备和输出设备。

（2）采用存储程序的方式，程序和数据（必须用二进制代码形式表示）存放在同一个存储器中。

（3）指令在存储器中按执行顺序存放，由指令计数器指明要执行的指令所在的单元地址，一般按顺序递增，但可按运算结果或外界条件而改变。

（4）机器以运算器为中心，输入/输出设备与存储器间的数据传送都通过运算器。

这就是著名的冯•诺依曼思想。六十多年来，虽然现在的计算机系统从性能指标、运算速度、工作方式、应用领域和价格等方面与当时的计算机有很大差别，但基本结构没有变，都属于冯•诺依曼计算机，其结构如图 2.2 所示，图中实线为数据流，虚线为控制流。

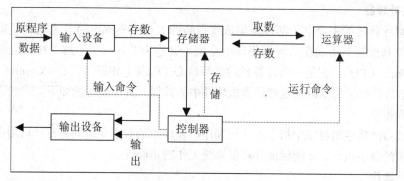

图 2.2　各主要设备之间的关系

输入设备负责把用户的信息（包括程序和数据）输入到计算机中；输出设备负责将计算机中的信息（包括程序和数据）传送到外部媒介，供用户查看或保存；存储器负责存储数据和程序，并根据控制命令提供这些数据和程序，它包括内存（储器）和外存（储器）；运算器负责对数据进行算术运算和逻辑运算（即对数据进行加工处理）；控制器负责对程序所规定的指令进行分析，控制并协调输入、输出操作或对内存的访问。

2.1.3 微型计算机(微机)的硬件组成

在短短的十几年里，微处理器及以它为核心的微型计算机经历了四代变迁，平均每二至三年就更换一代。性能指标、存储容量、运行速度都已大大提高，微型计算机以成为现代信息社会的一个重要角色。其典型结构如图 2.3 所示。

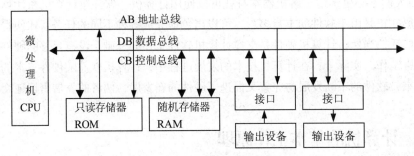

图 2.3　微型计算机典型结构

硬件系统是指由电子元器件和机电装置组成的计算机的物理设备的总称，是计算机完成各种任务、功能的物质基础。

计算机硬件的基本功能是接收计算机程序的控制来实现数据输入、运算、数据输出等一系列根本性的操作。原始数据的程序通过输入设备送入存储器，在运算处理过程中，数据从存储器读入运算器进行运算，运算的结果存入存储器，必要时再经输出设备输出。指令也以数据形式存于存储器中，运算时指令由存储器送入控制器，由控制器控制各部件的工作。

从外观上来看，微型计算机的硬件系统由主机和外部设备（简称外设）两部分组成。

主机有卧式和立式两种机箱。主机内有主板（又称为系统板或母板）、中央处理器（CPU）、内部存储器（简称内存或内存条）、部分外部存储（简称外存，如硬盘、软盘驱动器、光盘驱动器等）、电源、显示适配器（又称显示卡）等。

1. 中央处理器

组成微型计算机的主要电子部件是集成度很高的大规模集成电路及超大规模集成电路。通常，把运算器和控制器集成在大规模集成电路块（又称为芯片）上，称为中央处理器（Central Processing Unit，CPU）。它是一台计算机的运算核心（Core）和控制核心（Control Unit）。它的功能主要是解释计算机指令以及处理计算机软件中的数据，其主要功能如下。

（1）处理指令

中央处理器严格控制程序中指令的执行顺序。程序中的各指令之间是有严格顺序的，必须严格按程序规定的顺序执行，才能保证计算机系统工作的正确性。

（2）执行操作

一条指令的功能往往是由计算机中的部件执行一系列的操作来实现的。CPU 要根据指令的功能，产生相应的操作控制信号，发给相应的部件，从而控制这些部件按指令的要求进行动作。

（3）控制时间

时间控制（Control time）就是对各种操作实施时间上的定时。在一条指令的执行过程中，在什么时间做什么操作均应受到严格的控制。只有这样，计算机才能有条不紊地工作。

（4）处理数据

处理数据即对数据进行算术运算和逻辑运算，或进行其他的信息处理。其功能主要是解释计算机指令以及处理计算机软件中的数据，并执行指令。在微型计算机中又称微处理器，计算机的所有操作都受 CPU 控制，CPU 的性能指标直接决定了微机系统的性能指标。CPU 具有以下 4 个方面的基本功能：数据通信，资源共享，分布式处理，提供系统可靠性。运作原理可基本分为四个阶段：提取（Fetch）、解码（Decode）、执行（Execute）和写回（Writeback）。

CPU 工作过程是从存储器或高速缓冲存储器中取出指令，放入指令寄存器，并对指令译码。它把指令分解成一系列的微操作，然后发出各种控制命令，执行微操作系列，从而完成一条指令的执行。指令是计算机规定执行操作的类型和操作数的基本命令。指令是由一个字节或者多个字节组成，其中包括操作码字段、一个或多个有关操作数地址的字段以及一些表征机器状态的状态字以及特征码。有的指令中也直接包含操作数本身。

中央处理器主要包括运算器（ALU，Arithmetic Logic Unit）和高速缓冲存储器（Cache）及实现它们之间联系的数据（Data）、控制及状态的总线（Bus）。它与内部存储器（Memory）和输入/输出（I/O）设备合称为电子计算机三大核心部件。

衡量 CPU 性能的技术指标有以下几个。

（1）字长

字长就是 CPU 一次所能处理的数据的二进制位数；CPU 字长有 8bit，16bit，32bit，64bit等，目前流行的微机主要采用 32bit 和 64bit。

（2）工作频率

工作频率即 CPU 每秒所能执行的指令条数，常用主频(也叫时钟频率)表示，用来表示 CPU 的运算、处理数据的速度。通常，主频越高，CPU 处理数据的速度就越快。CPU 主频通常以 MHz（兆赫）和 GHz（千兆赫）为单位，1 MHz 指每秒执行 1 百万条指令。目前流行的 CPU 的主频均已达 GHz 数量级。

2. 存储器

存储器是计算机的记忆和存储部件，用来存放信息。对存储器而言，容量越大，存储速度越快越好。计算机中的操作，大量的是与存储器交换信息，存储器的工作速度相对于 CPU 的运算速度要低很多，因此存储器的工作速度是制约计算机运算速度的主要因素之一。

计算机存储器一般分为两部分；一个是包含在计算机主机中的内存储器，它直接和运算器、控制器交换数据，容量小，但存取速度快，用于存放那些正在处理的数据或正在运行的程序；另一个是外存储器，它间接和运算器、控制器交换数据，存取速度慢，但存储容量大，价格低廉，用来存放暂时不用的数据。

（1）内存储器

内存又称为主存，它和 CPU 一起构成了计算机的主机部分。内存由半导体存储器组成，存取速度较快，由于价格上的原因，一般容量较小。

存储器由一些表示二进制数 0 和 1 的物理器件组成，这种器件称为记忆元件或记忆单元。每个记忆单元可以存储一位二进制代码信息（即一个 0 或一个 1）。位、字节、存储容量和地址等都是存储器中常用的术语。

位又称比特（Bit）。用来存放一位二进制信息的单位称为 1 位，1 位可以存放一个 0 或一个 1。位是二进制数的基础单位，也是存储器中存储信息的最小单位。

字节（Byte）。8 位二进制信息称为一个字节，用 Byte 来表示。

内存中的每个字节各有一个固定的编号，这个编号称为地址。CPU 在存取存储器中的数据时是按地址进行的。所谓存储器容量即指存储器中所包含的字节数，通常用 KB、MB、GB 和 TB 作为存储器容量单位。它们之间的关系为：

1KB=1024B　　　　　1MB=1024KB　　　　　1GB=1024MB　　　　　1TB=1024MB

内存储器按其工作方式的不同，可以分为随机存储器 RAM 和只读存储器 ROM 两种。

RAM 是一种可读写存储器，其内容可以随时根据需要读出，也可以随时重新写入新的信息。这种存储器又可以分为静态 RAM 和动态 RAM 两种。静态 RAM 的特点是，存取速度快，但价格也较高，一般用作高速缓存。动态 RAM 的特点是，存取速度相对于静态较慢，但价格较低，一般用作计算机的主存。不论是静态 RAM 还是动态 RAM，当电源电压去掉时，RAM 中保存的信息都将全部丢失。RAM 在微机中主要用来存放正在执行的程序和临时数据。

ROM 是一种内容只能读出而不能写入和修改的存储器，其存储的信息是在制作该存储器时就被写入的。在计算机运行过程中，ROM 中的信息只能被读出，而不能写入新的内容。计算机断电后，ROM 中的信息不会丢失，即在计算机重新加电后，其中保存的信息依然是断电前的信息，仍可被读出。ROM 常用来存放一些固定的程序、数据和系统软件等，如检测程序、BOOT ROM、BIOS 等。只读存储器除了 ROM 外，还有 PROM、EPROM 和 EEPROM 等类型。PROM 是可编程只读存储器，它在制造时不把数据和程序写入，而是由用户根据需要自行写入，一旦写入，就不能再次修改。EPROM 是可擦除可编程只读存储器。与 PROM 器件相比，EPROM 器件是可以反复多次擦除原来写入的内容，重新写入新内容的只读存储器。但 EPROM 与 RAM 不同，虽然其内容可以通过擦除而多次更新，但只要更新固化好以后，就只能读出，而不能像 RAM 那样可以随机读出和写入信息。EEPROM 称为电可擦除可编程只读存储器，也称"Flash 闪存"，目前普遍用于可移动电子硬盘和数码相机等设备的存储器中。不论哪种 ROM，其中存储的信息不受断电的影响，具有永久保存的特点。

高速缓冲存储器的英文名为 cache，简称高速缓存。它是指内存与 CPU 之间设立的一种高速缓冲器(有些 CPU 内部也设置小容量 cache)，完成 CPU 与内存之间信息的自动调度，保存计算机运行过程中重复访问的数据或程序代码。这样，高速运行部件和指令部件就与它建立了直接联系，从而避免了直接到速度较慢的内存中访问信息，实现了内存与 CPU 在速度上的匹配。

缓存大小也是 CPU 的重要指标之一，而且缓存的结构和大小对 CPU 速度的影响非常大，CPU 内缓存的运行频率极高，一般是和处理器同频运作，工作效率远远大于系统内存和硬盘。实际工作时，CPU 往往需要重复读取同样的数据块，而缓存容量的增大，可以大幅度提升 CPU 内部读取数据的命中率，而不用再到内存或者硬盘上寻找，以此提高系统性能。但是由于 CPU 芯片面积和成本的因素来考虑，缓存都很小。

（2）外存储器

外存储器间接和 CPU 交换信息，存取速度慢，但存取容量大，价格低廉，用来存放暂时不用的数据。

内存由于技术及价格上的原因，容量有限，不可能容纳所有的系统软件及各种用户程序，因此，计算机系统都要配置外存储器。外存储器又称为辅助存储器，它的容量一般都比较大，而且大部分可以移动，便于不同计算机之间进行信息交流。

在微型计算机中，常用的外存有磁盘、光盘和磁带，磁盘又可以分为硬盘和软盘。

① 硬盘存储器

硬盘存储器（硬盘）是指记录介质为硬质圆形盘片的磁表面存储设备。在计算机中，硬盘是必备的外存设备。它具有存储容量大、存取速度快等特点。随着硬盘制作工艺水平的提高，其价格越来越低，性价比越来越高。

② 移动存储器

● 移动硬盘

移动硬盘（如图 2.4 所示）是以硬盘为存储介质，强调便携性的存储器。它将微型硬盘封装在硬盘盒内，其数据的读写模式与标准硬盘是相同的。移动硬盘分为 2.5 Inch（用于笔记本电脑）和 3.5 Inch（用于台式机）两种。2.5 Inch 移动硬盘的硬盘盒内一般没有外置电源，3.5 Inch 移动硬盘的硬盘盒内一般都自带外置电源和散热风扇。

● U 盘存储器

U 盘是采用 USB 接口和闪存（Flash Memory）技术结合的一种移动存储器，也称为闪盘。它具有体积小、重量轻（约 20 克）、工作无噪音、无需外接电源，以及支持即插即用和热插拔等优点，成为理想的便携式储存器，如图 2.5 所示。

目前，U 盘的存储容量通常为 4GB、8GB、16GB（甚至更大），可满足不同的需求。它读写速度比磁盘快，重复擦写次数多，且保持数据时间长，不仅适合存储一般的程序和数据，而且可以模拟光驱和硬盘来启动操作系统。

● 存储卡

存储卡（memory card）是一种固态存储器，通常为长方形或正方形。它一般是以闪存作为存储介质，也称为快闪存储卡。存储卡能提供可重复读写，无需外部电源的储存形式。目前，存储卡的类型很多，如 CF 卡（标准存储卡）、MMC 卡（多媒体卡）、SD 卡（安全数码卡）等。存储卡具有体积小巧、携带方便、使用简单等优点，但需要配置读卡器才能读写存储卡中的信息，如图 2.6 所示。

图 2.4 移动硬盘　　　　　图 2.5 U 盘存储器　　　　　图 2.6 存储卡

● 固态硬盘

固态硬盘（Solid State Disk，SSD），也称作电子硬盘或固态电子盘，是由控制单元和固态存储单元（主要是 NAND 闪盘）组成的硬盘。简单地说，就是用固态电子存储芯片阵列而制成的硬盘。

● 光存储器

光盘存储器是利用光学原理读写信息的存储器。它可靠性高、寿命长、存储容量较大、价格较低、可经受住触摸及灰尘干扰、不易被划破，但存取速度和数据传输率比硬盘要低得多。光盘存储器由光盘（光盘片）和光盘驱动器（光驱）组成。光盘用于储存信息，光驱用于读写光盘信息。

3. 输入/输出设备

外部设备是指除主机以外的设备，包括键盘、鼠标、扫描仪等输入设备和显示器、打印机等输出设备。

（1）输入设备

① 键盘

键盘属于计算机硬件的一部分，它是给计算机输入指令和操作计算机的主要设备之一，中文汉字、英文字母、数字符号以及标点符号就是通过键盘输入计算机的。键盘的款式有很多种，我们通常使用的有 101 键、105 键和 108 键的键盘。无论是哪一种键盘，它的功能和键位排列都基本分为功能键区、打字键区、编辑键区、数字键盘（也称小键盘）和指示灯区五个区域。

正确地掌握键盘的操作可以减小输入的错误以及降低疲劳，端坐在计算机前面，手肘贴身躯，手腕要平直，十只手指稍微弯曲放在基本键上，调整好坐姿，身体保持平直放松腰背不要弯曲，才准确快速地敲击按键，输入完成以后手指就返回基本键位，力量要平均，速度则视熟练的程度加以提高。

② 鼠标

鼠标是 Windows 的基本控制输入设备，比键盘更易用。这是由于 Windows 具有的图形特性需要用鼠标指定并在屏幕上移动点击决定的。

③ 笔输入设备

笔输入设备的出现为输入汉字提供了方便，用户不需要再学习其他的输入法就可以很轻松地输入汉字。同时，它还兼有键盘、鼠标和写字笔的功能，可以替代键盘和鼠标输入文字、命令和作图。

④ 扫描仪

在实际工作中可能有大量的图纸、照片和各种各样的图表，需要输入到计算机里进行处理，但是图片、照片等资料也不能直接靠键盘和鼠标输入，即使可以输入，仅仅依靠键盘和鼠标，那将是一个非常繁重的工作。因此，扫描仪就是处理这些工作所必须的，它通过专用的扫描程序将各种图片、图纸、文字输入计算机，并在屏幕上显示出来。然后我们就可以使用一些图形图像处理软件，对图片等资料进行各种编辑及后期加工处理了。

扫描仪的种类很多，通常人们把扫描仪分为手持式、台式和滚筒式 3 种。按扫描图像的类别，又可把它分为黑白扫描仪和彩色扫描仪等。

⑤ 数码相机

数码相机是一种能够进行拍摄，并通过内部处理把拍摄到的景物转换成以数字格式存放的图像的特殊照相机。与传统相机不同，数码相机能够即拍即得，通过 LCD 能即时看到所拍的照片效果，如果效果不好，可以立即删除，进行下一次拍摄。它所拍摄的照片先是被保存在存储介质中，然后按需输出。数码相机可以直接连接到计算机、电视机或者打印机上。在一定条件下，数码相机还可以直接到移动式电话机或者手持 PC 机上。由于图像是内部处理的，所以使用者可以马上检查图像是否正确，而且可以立刻打印出来或是通过电子邮件传送出去。

⑥ 数字摄像机

数字摄像机是指摄像机的图像处理及信号的记录全部使用数字信号完成的摄像机。此种摄像机的最大的特征是磁带上记录的信号为数字信号，而非模拟信号。数字摄像机具有以下的特点。

● 图像质量佳：数字信号的使用可以将电路部分引入噪音的影响忽略不计。重放图像清晰干净，质量极佳；在记录过程中采用纠错编码，使得重放时磁带的信号失落可以得到有效补偿，画面失落少。

● 记录密度高，机器体积小。

● 可靠性高。

● 降低使用成本：由于数字摄像机走带张力很小，因此对磁头及磁带的磨损也相应地较小，使得维修费用相应地降低，从而降低使用成本。

● 完美的录音音质：数字摄像机的音频部分采用数字 PCM 方式记录到磁带上，具有极高的保真度。

（2）输出设备

输出设备（Output Device）是人与计算机交互的一种部件，用于数据的输出。它把各种计算结果数据或信息以数字、字符、图像、声音等形式表示出来。常见的有显示器、打印机、绘图仪、影像输出系统、语音输出系统、磁记录设备等。

控制台打字机、光笔、显示器等既可作输入设备，也可作输出设备。

输入输出设备（I/O）起着人和计算机、设备和计算机、计算机和计算机的联系作用。

① 显示器

显示器是一种输出设备，它通过 15PIN D 型接头，接收 R（红）、G（绿）、B（蓝）信号和场同步信号来达到显示的目的。显示器要兼容多种显示模式、行频的频带宽，如常见的 SVGA 显示器的行频可从 31.5~38kHz，而且显示器要根据不同显示自动调整行频、场频、显示图面的幅度、亮度等参数。

目前，市场上的显示器种类很多，恐怕现在最流行的还要说是无辐射的液晶显示器了。

② 打印机

我们在日常工作中往往需要把我们在电脑里做好的文档和图片打印出来，这就需要依靠打印机，那么打印机一般是针式打印机、喷墨打印机和激光打印机几种最为常用。

目前针式打印机由于速度慢，精度低，已逐步被淘汰出家用打印机市场。但针打耗材成本低，能多层套打，使其在银行、证券等领域有着不可替代的地位。激光打印机具有高质量、高速度、低噪音、易管理等特点，现在已占据了办公领域的绝大部分市场。与前两者相比，喷墨打印机也是现在市场上的主流。

那么，在使用打印机时，我们应该注意以下几点。

● 打印机应该放置在一个比较大的空间里，并且离主机和电源插座不能太远。

● 要了解打印机的峰鸣声，以便随时了解它的工作状态。大多数打印机蜂鸣器以一声长鸣来表示准备就绪可以开始打印了，以急促的短鸣来表示打印机有故障。同时，还有很多打印机还配有指示灯，使使用者准确了解打印机所处的状态，并可根据鸣叫声来判断打印机出了什么故障来帮助用户检查打印机。

● 多张纸同时打印要把纸抖开，避免造成卡纸等现象。

2.2　计算机软件系统

计算机软件（Computer Software）是指计算机系统中的程序及其文档。程序是计算任务的处理对象和处理规则的描述；文档是为了便于了解程序所需的阐述性资料。程序必须装入机器内部才能工作，文档一般是给人看的，不一定装入机器。软件是用户与硬件之间的接口界面。用户主要是通过软件与计算机进行交流。软件是计算机系统设计的重要依据。为了方便用户，为了使计算机系统具有较高的总体效用，在设计计算机系统时，必须通盘考虑软件与硬件的结合，以及用户的要求和软件的要求。

软件的正确含义应该是：

（1）运行时，能够提供所要求功能和性能的指令或计算机程序集合；

（2）程序能够满意地处理信息的数据结构；

（3）描述程序功能需求以及程序如何操作和使用所要求的文档。

计算机软件分为系统软件和应用软件，如果把计算机比喻为一个人的话，那么硬件就表示人的身躯。而软件则表示人的思想、灵魂。一台没有安装任何软件的计算机我们把它称之为"裸机"。

2.2.1 硬件与软件的关系

硬件和软件是一个完整的计算机系统互相依存的两大部分，它们的关系主要体现在以下几个方面。

1. 硬件和软件互相依存

硬件是软件赖以工作的物质基础，软件的正常工作是硬件发挥作用的唯一途径。计算机系统必须要配备完善的软件系统才能正常工作，且充分发挥其硬件的各种功能。

2. 硬件和软件无严格界线

随着计算机技术的发展，在许多情况下，计算机的某些功能既可以由硬件实现，也可以由软件来实现。因此，硬件与软件在一定意义上说没有绝对严格的界面。

3. 硬件和软件协同发展

计算机软件随硬件技术的迅速发展而发展，而软件的不断发展与完善又促进硬件的更新，两者密切地交织发展，缺一不可。

硬件和软件就是相互依存、协同发展和统一进行的计算机组成部分。

现在的计算机软件和硬件的关系如同灵魂与躯体的关系，那么在未来呢？我们不妨做出合理的推测，在未来，计算机的硬件与软件可能不再区分得那么明显，甚至可能会发生相互融合，再无分彼此。在硬件的发展会更加人性化，比如：采用高性能核电池来作为计算机的电源，一辈子只用一块电池；计算机变得如同纸张一般薄，更加便于携带；又如计算机可以与家庭中的所有电器进行远程操控等，这些都将是未来发展的方向。我们应当对计算机的未来充满信心。

软件系统一般指计算机工作的程序和程序运行时所需要的数据，以及与这些数据有关的文档资料，即软件=程序+数据+文档。软件系统由系统软件和应用软件两大部分组成。系统软件包括操作系统、语言处理程序、数据库管理系统、网络通信管理程序等部分。应用软件包括的面非常广，它包括用户利用系统软件提供的系统功能、工具软件和其他实用软件开发的各种应用软件。

2.2.2 系统软件

系统软件是指控制和协调计算机及外部设备的软件，支持应用软件开发和运行的系统，是无需用户干预的各种程序的集合，主要功能是调度，监控和维护计算机系统；负责管理计算机系统中各种独立的硬件，使得它们可以协调工作。系统软件使得计算机使用者和其他软件将计算机当作一个整体而不需要顾及到底层每个硬件是如何工作的。（如 Windows、Linux、DOS、UNIX 等操作系统都属于系统软件）

2.2.3　应用软件

应用软件（application software）是用户可以使用的各种程序设计语言，以及用各种程序设计语言编制的应用程序的集合，分为应用软件包和用户程序。应用软件包是利用计算机解决某类问题而设计的程序的集合，供多用户使用。计算机软件分为系统软件和应用软件两大类。应用软件是为满足用户不同领域、不同问题的应用需求而提供的那部分软件。它可以拓宽计算机系统的应用领域，放大硬件的功能（如 Word、Excel、QQ 等都属于应用软件）。

2.3　计算机中数据的表示及编码

数制也称计数制，是用一组固定的符号和统一的规则来表示数值的方法。十进制即逢十进一，生活中也常常遇到其他进制，如六十进制（每分钟 60 秒、每小时 60 分钟，即逢 60 进 1），十二进制，十六进制等。

2.3.1　数的进位制

虽然计算机能极快地进行运算，但其内部并不像人类在实际生活中使用的十进制，而是使用只包含 0 和 1 两个数值的二进制。当然，人们输入计算机的十进制数被转换成二进制数进行计算，计算后的结果又由二进制数转换成十进制数，这都由操作系统自动完成，并不需要人们手工去做，学习汇编语言，就必须了解二进制（还有八进制/十六进制）。人们通常采用的数制有十进制、二进制、八进制和十六进制。

计算机为什么采用二进制呢？总的来说，有以下三点：

（1）二进制数容易表示。二进制数只含有两个数字 0 和 1，因此可用两个不同的稳定物理状态来表示。例如，指示灯的"亮"和"不亮"，继电器的"接通"和"断开"，磁性的"有"和"无"，电压的"高"和"低"等，都能分别表示二进制数字 1 和 0。

计算机中采用具有两个稳定的电子或磁性元件状态表示二进制数，比十进制的每一位要用 10 个不同的稳定状态来表示，实现起来要容易得多，所以用二进制表示的数据在存储、传输时不易出错，直接保证了计算机的可靠性。

（2）二进制数的运算规则简单，大大简化了电路设计。

二进制数的加法和乘法的运算规则，都比十进制简单得多。它的加法规则和乘法规则都只有四条：

$0+0=0$　　　　　$0+1=1$　　　　　$1+0=1$　　　　　$1+1=10$（有进位）

$0×0=0$　　　　　$0×1=0$　　　　　$1×0=0$　　　　　$1×1=1$

而十进制，有 81 条乘法规则，仅仅 10 以内的加法规则就有 45 条。

二进制数的运算规则简单，使得计算机中的电路设计也比较简单。

（3）逻辑性

由于二进制 0 和 1 正好和逻辑代数的假（false）和真（true）相对应，有逻辑代数的理论基础，用二进制表示二值逻辑很自然。

1. 基数

基数是指该进制中允许选用的基本数码的个数。

十进制：基数为 10，有 10 个计数符号：0、1、2、……9。运算规则是"逢十进一"。

二进制：基数为 2，有 2 个计数符号：0 和 1。运算规则是"逢二进一"。

八进制：基数为 8，有 8 个计数符号：0、1、2、……7。运算规则是"逢八进一"。

十六进制：基数为 16，有 16 个计数符号：0~9，A，B，C，D，E，F。其中 A~F 对应十进制的 10~15。运算规则是"逢十六进一"。

2. 位权

一个数码处在不同位置上所代表的值不同，如数字 6 在十位数位置上表示 60，在百位数上表示 600，而在小数点后 1 位表示 0.6，可见每个数码所表示的数值等于该数码乘以一个与数码所在位置相关的常数，这个常数叫做位权。位权的大小是基数 R 的 i 次幂 R^i（i 为数码所在位置的序号）。不同的进制由于其进位的基数的不同，权值是不同的。十进制的个位数位置的位权是 10^0，十位数位置上的位权为 10^1，小数点后第 1 位的位权为 10^{-1}。

对于十进制数 $(34958.34)_{10}$，在小数点左边，从右向左，每一位对应权值分别为 10^0、10^1、10^2、10^3、10^4；在小数点右边，从左向右，每一位对应的权值分别为 10^{-1}、10^{-2}。

对于二进制数 $(100101.01)_2$，在小数点左边，从右向左，每一位对应的权值分别为 2^0、2^1、2^2、2^3、2^4；在小数点右边，从左向右，每一位对应的权值分别为 2^{-1}、2^{-2}。

3. 数值的按权展开式

十进制数 $(34958.34)_{10}=3\times10^4+4\times10^3+9\times10^2+5\times10^1+8\times10^0+3\times10^{-1}+4\times10^{-2}$

二进制数 $(100101.01)_2=1\times2^5+0\times2^4+0\times2^3+1\times2^2+0\times2^1+1\times2^0+0\times2^{-1}+1\times2^{-2}$

一般而言，对于任意的 R 进制数 $a_{n-1}a_{n-2}...a_1a_0a_{-1}...a_{-m}$（其中 n 为整数位数，m 为小数位数），可以表示为下面的和式，该式称为该数的按权展开式：

$a_{n-1}\times R^{n-1}+a_{n-2}\times R^{n-2}+...+a_1\times R^1+a_0\times R^0+a_{-1}\times R^{-1}+...+a_{-m}\times R^m$（其中 R 为基数）

2.3.2 不同进制数之间的转换

1. 二进制数的算术运算

二进制数的算术运算与十进制数类似，但其运算规则更为简单，其规则见表 2.1。

表2.1　　　　　　　　　　　　二进制数的运算规则

加法	乘法	减法	除法
0+0=0	0×0=0	0-0=0	0÷0=0
0+1=1	0×1=0	1-0=1	0÷1=0
1+0=1	1×0=0	1-1=0	1÷0=（没有意义）
1+1=10（逢二进一）	1×1=1	0-1=1（借一当二）	1÷1=1

2. R 进制数到十进制的转换

任意 R 进制数到十数制数的转换采用写出按权展开式，并按十进制计算方法算出结果的方法。

例　二进制数$(100111.01)_2 = 1×2^5 + 0×2^4 + 0×2^3 + 1×2^2 + 1×2^1 + 1×2^0 + 0×2^{-1} + 1×2^{-2} = (39.75)_{10}$

八进制数$(1325.24)_8 = 1×8^3 + 3×8^2 + 2×8^1 + 5×8^0 + 2×8^{-1} + 4×8^{-2} = (725.3125)_{10}$

十六进制数$(2BA.4)_{16} = 2×16^2 + 11×16^1 + 10×16^0 + 4×16^{-1} = (698.25)_{10}$

3. 十进制数转换为 R 进制数

十数制数到任意 R 进制数的转换采用基数乘除法，整数和小数部分须分别遵守不同的转换规则。对于整数部分：采用除 R 取余，逆序排列的方法，即整数部分不断除以 R 取余数，直到商为 0 为止，最先得到的余数为最低位，最后得到的余数为最高位。对小数部分：采用乘 R 取整，顺序排列的方法，即小数部分不断乘以 R 取整数，直到小数为 0 或达到有效精度为止，最先得到的整数为最高位（最靠近小数点），最后得到的整数为最低位。

为了将一个既有整数部分又有小数部分的十进制数转换成 R 进制数，可以将其整数部分和小数部分分别转换，然后再组合。

例　将$(35.25)_{10}$转换成二进制数。

整数部分：

2	35	取余数	低 ↑
2	17	1	
2	8	1	
2	4	0	
2	2	0	
2	1	0	
2	0	1	高

注意：第一次得到的余数是二进制数的最低位，最后一次得到的余数是二进制数的最高位。

小数部分：

	0.25	取整数	高
	× 2		
	0.50	0	
	× 2		
	1.00	1	低 ↓

所以，$(35.25)10 = (100011.01)_2$

注意：一个十进制小数不一定能完全准确地转换成二进制小数，这时可以根据精度要求只转换到小数点后某一位为止即可。将其整数部分和小数部分分别转换，然后组合起来得到。

例　将十进制数$(1725.32)_{10}$转换成八进制数（转换结果取 3 位小数）。

整数部分：

8	1725	取余数	低 ↑
8	215	5	
8	26	7	
8	3	2	
8	0	3	高

小数部分：

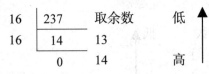

		取整数	高
0.32			
× 8			
2.56		2	
× 8			
4.48		4	
× 8			
3.84		3	低

所以，$(1725.32)_{10}=(3275.243)_8$

例 将$(237.45)_{10}$转换成十六进制数（取 3 位小数）。

整数部分：

16	237	取余数	低
16	14	13	
	0	14	高

小数部分：

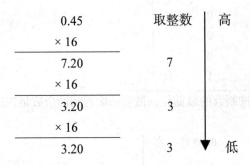

	取整数	高
0.45		
× 16		
7.20	7	
× 16		
3.20	3	
× 16		
3.20	3	低

所以，$(237.45)_{10}=(ED.733)_{16}$

4. 二进制数与为八进制数、十六进制数间的转换

八进制和十六进制的基数 8 和 16 都是 2 的整数次幂，因此 3 位二进制数相当于 1 位八进制数，4 位二进制数相当于 1 位十六进制数（见表 2.2），它们之间的转换关系也相当简单。将二进制数转换成八（或十六）进制数时，以小数点为中心分别向两边分组，每 3（或 4）位为一组，整数部分向左分组，不足位数左补 0。小数部分向右分组，不足部分右边加 0 补足，然后将每组二进制数转化成对应的八（或十六）进制数即可。将八、十六进制数转换为二进制时，方法类似，只需将每位八（或十六）进制数展开为 3（或 4）位二进制数即可。转换结果中，整数前的高位零和小数后的低位零均可取消。

例 将二进制数（11101110.00101011）$_2$转换成八进制和十六进制数。

（ 011　101　110 . 001　010　110 ）$_2$ =（ 356.126 ）$_8$

　　 3　　5　　6 . 1　　2　　6

（ 1110　1110 . 0010　1011 ）$_2$ =（ EE.3B ）$_{16}$

　　 E　　E . 3　　B

表 2.2			二进制数、八进制数、十六进制数的对应关系表		
二进制数	八进制数	二进制数	十六进制数	二进制数	十六进制数
000	0	0000	0	1000	8
001	1	0001	1	1001	9
010	2	0010	2	1010	A
011	3	0011	3	1011	B
100	4	0100	4	1100	C
101	5	0101	5	1101	D
110	6	0110	6	1110	E
111	7	0111	7	1111	F

例　将八进制数（715.531）$_8$和十六进制数（53B.E6）$_{16}$转换为二进制数。

$$（715.531）_8 = （ 111 \quad 001 \quad 101 \quad . \quad 101 \quad 011 \quad 001 ）_2$$
$$7 \quad\ 1 \quad\ 5 \quad\ . \quad 5 \quad 3 \quad 1$$
$$（53B.E6）_{16} = （ 0101 \quad 0011 \quad 1011 . 1110 \quad 0110 ）_2$$
$$\phantom{（53B.E6）_{16} = （}5 \quad\quad 3 \quad\quad B. \quad E \quad\ 5$$

各种进制转换中，最为重要的是二进制数与十进制数之间的转换计算，以及八进制数、十六进数制与二进制数的直接对应转换。

2.3.3　数值数据在计算机内的表示

计算机中的数据包括数值型(numeric)和非数值型(non-numeric)两大类。

数值型数据指可以参加算术运算的数据，例如(193)$_{10}$、(1000.lll)$_2$、(25.34)$_8$ 等都是数值型数据。

非数值型数据不参加算术运算。例如字符串"Hou are you""5 的 3 倍等于 15"等都是非数值型数据，尽管字符串中含有数字 5、3、15 等，但它们不能也不需要进行算术运算，故仍属非数值数据。下面将介绍数值型数据在计算机中的表示形式。

1. 基本概念

在计算机中表示一个数值型数据,需要解决以下 3 个问题。

（1）确定数的长度

在数学中，数的长度一般指用十进制表示时的位。在计算机中，数的长度按"比特（bit）"来计算，称为"二进制位"。但因存储容量常以"字节（byte）"为计量单位，所以数据长度也常按字节计算。

值得指出，在数学中数的长度参差不一，有多少位就写多少位。但是在计算机中，如果数据的长度也随数而异，长短不齐，无论存储或处理都会十分不便。所以在同一计算机中，数据的长度常常是统一的，不足的部分用"0"填充。例如在 PC 中，一个整数可能占 2 或 4 字节，一个非整数（带小数点的数）占 4 或 8 字节等。换言之，同一类型的数据都使用同样的数据长度，与数的实际长度(二进制位数)无关。

（2）确定数的符号

数有正负之分。在计算机中，总是用数的最高位（左边第一位）来表示数的符号，并约定以"0"代表整数，以"1"代表负数。

（3）小数点的表示

在计算机中表示数值型数据,小数点的位置总是隐含的，以便节省存储空间。隐含的小数点位置可以是固定的，也可以是可变的。前者称为定点数（fixed-point number），后者称为浮点数（floating-point number）。以下分别进行介绍。

2. 定点数表示方法

（1）定点整数与定点小数

在定点数中，小数点的位置一旦约定，就不再改变。目前常用的定点数一般有以下两种表示形式：

（1）定点整数。小数点位置约定在最低数值位的后面，用于表示整数。

（2）定点小数。小数点位置约定在最高数值位的前面，用于表示小于1的纯小数。

假设某计算机使用的定点数长度为2字节，其中第一个字节的最高位表示数的符号，则该机定点数的机内表示将如下列例题所显示。

例　用定点数表示$(193)_{10}$。

$(193)_{10}=(11000001)_2$，故机内表示为

图 2.7　定点整数的机内表示

因该二进制数的有效位数仅有8位，故第一字节的后7位均用"0"填充。

例　用定点数表示纯小数$(-0.6876)_{10}$。

$(-0.6876)_{10}=(-0.10110000000001101\cdots)_2$，故机内表示为

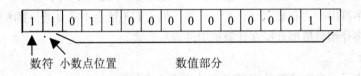

图 2.8　定点数表示纯小数

本例中的二进制数为无限小数故存储时只能截取前15位，第16位以后的略去。

（2）定点数的范围和精度

从上例可知，当数据长度为两个字节时，定点整数可表示的数据范围为

$$-(2^{15}-1)\leqslant N\leqslant(2^{15}-1)\ \text{或}\ -32767\leqslant N\leqslant32767$$

若用来表示定点小数，则最低位的权值为 2^{-15}(在 $10^{-4}\sim10^{-5}$)，即至多准确到小数点后的第4至5位(按十进制计算)。这样的范围和精度，即使在一般应用中也难以满足需要。如果把定点整数的长度扩充为4字节，则整数表示范围可从 ±32767 扩大到 ±2147483647，即 21 亿多。但每个数占用的存储空间也增加了一倍。

3. 浮点数表示方法

浮点表示来源于数学中的指数表示形式，任何一个浮点数可表示为

$$N=\pm s\times2^{\pm j}$$

其中 j 称为 N 的阶码，j 前面的正负号称为阶符，s 称为 N 的尾数，s 前的正负号称为数

符。在浮点表示方法中，小数点的位置是浮动的，阶码 j 可取不同的数值。如二进制数 110.011 可表示为

$$N=110.011=1.10011 \times 2^{+10}=11001.1 \times 2^{-10}=0.110011 \times 2^{+11}$$

为了在计算机中存放方便和提高精度，必须用规格化形式唯一地表示一个浮点数。规格化形式规定尾数值的最高位为 1。对上述二进制数 110.011，其规格化浮点数应表示为：

$$0.110011 \times 2^{+11}$$

一般浮点数存放的形式为

阶符	阶码	数符	尾数

在浮点数表示中，数符和阶码都各占一位，阶码是定点整数，阶码的位数决定了表示数的范围，尾数是定点小数，尾数的位数决定了数的精度，在不同字长的计算机中，浮点数占的字长不同，一般为两个或四个机器字长。

例如，有二进制数 $N=-0.1011211$，在机器中表示形式为

0	11	1	1011

4. 原码、补码和反码

以上介绍的定点和浮点表示，都是用数据的第一位表示数的符号，用其后的各位表示数（包括尾数与阶码）的绝对值。这种方法简明易懂，称为"原码"编码方式。但因运算器既要能作加法，又要能作减法，操作数中既有正数，又有负数，所以原码运算时常伴随许多判断。例如两数相加，若符号不同，实际要作减法；两数相减，若符号相异，实际要作加法等等。其结果是：第一，将增加运算器的复杂性；第二，会增长运算的时间。

为了克服上述缺点，人们在怎样处理负数的问题上提出了"补码"、"反码"等编码方法。补码运算的主要优点，是通过对负数的适当处理，把减法转化为加法。不论求和求差，也不论操作数为正为负，运算时一律只做加法，从而大大简化加减运算。所以对算术运算的完整讨论不仅应包括数制，还应该包括码制(原、反、补码等)。

（1）原码

整数 N 的原码指：其数符位为 0 表示正，1 表示负；其数值部分就是 N 绝对值的二进制表示。通常用$[N]_原$表示 N 的原码。例如：

[+1]原=00000001，[+127]原=01111111
[-1]原=10000001，[-127]原=11111111
[+0]原=00000000，[-0]原=10000000

原码不便于加减运算。

（2）反码

整数 N 的反码指：对于正数与原码相同；对于负数，数符位为 1，其数值部分就是 N 绝对值的二进制数取反。通常用$[N]_反$表示 N 的反码。例如：

[+1]反=00000001，[+127]反=01111111
[-1]反=11111110，[-127]反=10000000
[+0]反=00000000，[-0]反=11111111

反码运算也不方便，它是求补码的过渡码。

（3）补码

整数 N 的补码指：对于正数与原码相同；对于负数，数符位为 1，其数值部分就是 N 绝对值的二进制数取反最右加 1。通常用$[N]_补$表示 N 的补码。例如：

$[+1]_补$=00000001，$[+127]_补$=01111111

$[-1]_补$=11111111，$[-127]_补$=10000001

$[+0]_补$=$[-0]_补$00000000

补码的运算方便，二进制的减法可用补码的加法实现，所以使用较广泛。

2.3.4 常见的信息编码

1. 信息与数据

计算机最主要的功能是处理信息，如处理文字、声音、图形和图像等信息。在计算机内部，各种信息都必须经过数字化编码后才能被传送、存储和处理。

数据是描述客观事物的、能够被识别的各种物理符号，包括字符、符号、表格、声音和图形、图像等。数字化信息编码是把少量二进制符号（代码），根据一定规则组合起来，以表示大量复杂多样的信息的一种编码。一般来说，根据描述信息的不同可分为数字编码、字符编码、汉字编码等。

2. 数据的基本单位

计算机中数据的常用单位有位、字节和字。

（1）位（Bit）

计算机采用二进制，运算器运算的是二进制数，控制器发出的各种指令也表示成二进制数，存储器中存放的数据和程序也是二进制数，在网络上进行数据通信时发送和接收的还是二进制数。显然，在计算机内部到处都是由 0 和 1 组成的数据流。

计算机中最小的数据单位是二进制的一个数位，简称为位（英文名称为 bit，读作比特）。计算机中最直接、最基本的操作就是对二进制位的操作。

（2）字节（Byte）

字节（Byte）是计算机中用来表示存储空间大小的基本容量单位。1 个字节由 8 个二进制数位组成。1Byte（字节）=8Bit（位），1KB（千字节）=1024Byte=2^{10}Byte，1MB（兆字节）=1024KB，1GB（十亿字节）=1024MB。

注意位与字节的区别：位是计算机中最小数据单位，字节是计算机中基本数据单位。

（3）字（word）

在计算机中，一般用若干个二进制位表示一个数或一条指令，把它们作为一个整体来处理、存储和传送。这种作为一个整体来处理的二进制位串，称为计算机字。每个字中二进制位数的长度，称为字长。一个字由若干个字节组成，不同的计算机系统的字长是不同的，常见的有 8 位、16 位、32 位、64 位等，字长越长，计算机一次处理的信息位就越多，精度就越高，字长是计算机性能的一个重要指标。

计算机是以字为单位进行处理、存储和传送的，所以运算器中的加法器、累加器以及一些寄存器，都选择与字长相同位数。字长一定，则计算机数据字所能表示的数的范围也就确定了。例如 8 位字长计算机，它可表示的无符号整数的最大值是（11111111）$_2$=（255）$_{10}$。

注意字与字长的区别，字是单位，而字长是指标，指标需要用单位去衡量。正像生活中重量与公斤的关系，公斤是单位，重量是指标，重量需要用公斤加以衡量。

3. 常用的数据编码

数据要以规定好的二进制形式表示才能被计算机进行处理，这些规定的形式就是数据的编码。对于数值数据，可以方便地将它们转换成二进制数，以便计算机处理，但是对于字符、汉字、声音和图像等非数值数据，在计算机中也必须用二进制来编码。下面介绍几种常用的数据编码。

（1）BCD 码

因为二进制数不直观，于是在计算机的输入和输出时通常还是用十进制数。但是计算机只能使用二进制数编码，所以另外规定了一种用二进制编码表示十进制数的方式，称 BCD 码，又称 8421 码。

BCD 码（Binary-Coded Decimal）亦称二进码十进数或二-十进制代码。用 4 位二进制数来表示 1 位十进制数中的 0~9 这 10 个数码，是一种二进制的数字编码形式，用二进制编码的十进制代码。BCD 码这种编码形式利用了四个位元来储存一个十进制的数码，使二进制和十进制之间的转换得以快捷的进行。这种编码技巧最常用于会计系统的设计里，因为会计制度经常需要对很长的数字串作准确的计算。相对于一般的浮点式记数法，采用 BCD 码，既可保存数值的精确度，又可免却使电脑作浮点运算时所耗费的时间。此外，对于其他需要高精确度的计算，BCD 编码亦很常用。

表 2.3 是十进制数 0 到 9 与其 BCD 码的对应关系。

表 2.3   BCD 编码表

十进制数	BCD 码	十进制数	BCD 码
0	0000	5	0101
1	0001	6	0110
2	0010	7	0111
3	0011	8	1000
4	0100	9	1001

（2）ASCII 编码

ASCII 码于 1961 年提出，用于在不同计算机硬件和软件系统中实现数据传输标准化，在大多数的小型机和全部的个人计算机都使用此码。ASCII 码划分为两个集合：128 个字符的标准ASCII 码和附加的 128 个字符的扩充和 ASCII 码。相比较于 EBCDIC，其中 95 个字符可以显示，另外 33 个不可以显示。标准 ASCII 码为 7 位，扩充为 8 位。

表 2.4   7 位 ASCII 码表

b4	b3	b2	b1	b7b6b5							
				000	001	010	011	100	101	110	111
0	0	0	0	NUL	DLE	SP	0	③	P	③	p
0	0	0	1	SOH	DC1	!	1	A	Q	a	q
0	0	1	0	STX	DC2	"	2	B	R	b	r
0	0	1	1	ETX	DC3	#	3	C	S	c	s
0	1	0	0	EOF	DC4	$	4	D	T	d	t
0	1	0	1	ENQ	NAK	%	5	E	U	e	u
0	1	1	0	ACK	SYN	&	6	F	V	f	v
0	1	1	1	BEL	ETB	'	7	G	W	g	w

b4	b3	b2	b1	b7b6b5							
				000	001	010	011	100	101	110	111
1	0	0	0	BS	CAN	(	8	H	X	h	x
1	0	0	1	HT	EM	)	9	I	Y	i	y
1	0	1	0	LF	SUB	*	:	J	Z	j	z
1	0	1	1	CR	ESC	+	;	K	[	k	{
1	1	0	0	VT	IS4	,	<	L	\	l		
1	1	0	1	CR	IS3	-	=	M	]	m	}
1	1	1	0	SO	IS2	.	>	N	^	n	~
1	1	1	1	SI	IS1	/	?	O		o	DEL

目前使用最广泛的西文字符集及其编码是 ASCII 字符集和 ASCII 码（ASCII 是 American Standard Code for Information Interchange 的缩写），它同时也被国际标准化组织（International Organization for Standardization, ISO）批准为国际标准。

虽然标准 ASCII 码是 7 位编码，但由于计算机基本处理单位为字节（1Byte = 8bit），所以一般仍以一个字节来存放一个 ASCII 字符。每一个字节中多余出来的一位（最高位）在计算机内部通常保持为 0（在数据传输时可用作奇偶校验位）。

基本的 ASCII 字符集共有 128 个字符，其中有 96 个可打印字符，包括常用的字母、数字、标点符号等，另外还有 32 个控制字符。标准 ASCII 码使用 7 个二进位对字符进行编码，对应的 ISO 标准为 ISO646 标准。下表展示了基本 ASCII 字符集及其编码标准的 ASCII 码是 7 位码，用一个字节表示，最高位总是 0，可以表示 128 个字符。前 32 个码和最后一个码通常是计算机系统专用的，代表一个不可见的控制字符。数字字符 0 到 9 的 ASCII 码是连续的，从 30H 到 39H（H 表示是十六进制数）；大写字母 A 到 Z 和小写英文字母 a 到 z 的 ASCII 码也是连续的，分别从 41H 到 54H 和从 61H 到 74H。例如：A 的 ASCII 码为 1000001，即 ASC(A)=65；a 的 ASCII 码为 1100001，即 ASC(a)=97。

字母和数字的 ASCII 码的记忆是非常简单的。我们只要记住了一个字母或数字的 ASCII 码（例如记住 A 为 65，0 的 ASCII 码为 48），知道相应的大小写字母之间差 32，就可以推算出其余字母、数字的 ASCII 码。

由于标准 ASCII 字符集字符数目有限，在实际应用中往往无法满足要求。为此，国际标准化组织又制定了 ISO2022 标准，它规定了在保持与 ISO646 兼容的前提下将 ASCII 字符集扩充为 8 位代码的统一方法。ISO 陆续制定了一批适用于不同地区的扩充 ASCII 字符集，每种扩充 ASCII 字符集分别可以扩充 128 个字符，这些扩充字符的编码均为高位为 1 的 8 位代码（即十进制数 128~255），称为扩展 ASCII 码。

（3）汉字编码

汉字在计算机内也采用二进制的数字化信息编码。由于汉字的数量大，常用的也有几千个之多，显然汉字编码比 ASCII 码表要复杂得多，用一个字节（8 bit）是不够的。目前的汉字编码方案有二字节、三字节甚至四字节的。由于汉字具有特殊性，计算机处理汉字信息时其输入、内部处理、输出对汉字的要求不同，所用代码也不尽相同。

汉字信息处理系统在处理汉字词语时，要进行输入码、国标码、内码、字型码等一系列的汉字代码转换。有用于汉字输入的输入码，用于机内存储和处理的机内码，用于输出显示和打印的字模点阵码（或称字形码）。

① 国标码

1980 年，为了使每个汉字有一个全国统一的代码，我国颁布了汉字编码的国家标准：GB2312-80《信息交换用汉字编码字符集》基本集，这个字符集是我国中文信息处理技术的发展基础，也是目前国内所有汉字系统的统一标准。这种编码称为国标码。在国标码字符集中共收录了 6763 个汉字和 682 个非汉字图形符号（包括几种外文字母、数字和符号）的代码，按其使用频度、组词能力以及用途大小分成一级汉字 3755 个，二级汉字 3008 个，西文和图形符号 682 个。

国标 GB2312-80 规定，所有的国标汉字与符号组成一个 94*94 的矩阵。在此方阵中，每一行称为一个区（区号分别为 01~94）、每个区内有 94 个位（位号分别为 01-94）的汉字字符集。

在此标准中，每个汉字（图形符号）采用 2 个字节表示，每个字节只用低 7 位。由于低 7 位中有 34 种状态是用于控制字符，因此，只用 94（128-34=94）种状态可用于汉字编码。这样，双字节的低 7 位只能表示 94×94=8836 种状态。

此标准的汉字编码表有 94 行、94 列。其行号称为区号，列号称为位号。双字节中，用高字节表示区号，低字节表示位号。

汉字与符号在方阵中的分布情况如下：

1~15 区为图形符号区；

16~55 区为一级常用二级汉字区；

56~87 区为不常用的二级汉字区；

88~94 区为自定义汉字区。

② 汉字的机内码

汉字的机内码是供计算机系统内部进行存储、加工处理、传输统一使用的代码，又称为汉字内部码或汉字内码。不同的系统使用的汉字机内码有可能不同。目前使用最广泛的一种为两个字节的机内码，俗称变形的国标码。这种格式的机内码是将国标 GB2312.80 交换码的两个字节的最高位分别置为 1 而得到的。其最大优点是机内码表示简单，且与交换码之间有明显的对应关系，同时也解决了中西文机内码存在二义性的问题。例如"中"的国标码为十六进制 5650(01010110 01010000)，其对应的机内码为十六进制 D6D0(11010110 11010000)，同样，"国"字的国标码为 397A，其对应的机内码为 B9FA。

区位码、国标码与机内码的转换关系如下。

● 区位码先转换成十六进制数表示；

●（区位码的十六进制表示）+ 2020H = 国标码；

● 国标码 + 8080H = 机内码。

例 以汉字"大"为例，"大"字的区内码为 2083。

解：

1. 区号为 20，位号为 83；

2. 将区位号 2083 转换为十六进制表示为 1453H；

3. 1453H + 2020H = 3473H，得到国标码 3473H；

4. 3473H + 8080H = B4F3H，得到机内码为 B4F3H。

③ 汉字的输入码（外码）

汉字输入码就是汉字输入操作者使用的汉字编码。

汉字输入码是为了利用现有的计算机键盘，将形态各异的汉字输入计算机而编制的代码。目前在我国推出的汉字输入编码方案很多，其表示形式大多用字母、数字或符号。编码方案大致可分成：以汉字发音进行编码的音码，例如全拼码、简拼码、双拼码等；按汉字书写的形式进行编码的形码，例如五笔字型码。也有音形结合的编码，例如自然码。

● 音码

音码是利用汉字的字音属性对汉字进行编码。如：全拼、双拼、智能 ABC、紫光拼音输入法等。它的特点是容易记忆。但击键次数多，重码多。

● 形码

形码是以汉字的笔划和顺序为基础的编码。也称字形编码。如：五笔字型、郑码等。它的特点是特点：便于快速输入和盲打，但要经过强化训练和记忆。

● 音形结合码

音形结合码是将音码和形码结合起来的编码。如：声韵笔形码。

● 数字码

用固定数目的数字来代表汉字。

如：电报码、区位码。

特点：无重码，输入码与机内码的转换比较方便，但难记忆。

电报码：用 4 位十进制数字表示一个汉字。

区位码：用数字串代表一个汉字输入。常用的是国标区位码，它是将国家标准局公布的 6763 个两级汉字分为 94 个区，每个区分 94 位，实际上把汉字表示成二维数组，每个汉字在数组中的下标就是区位码。区码和位码各两位十进制数字，因此输入一个汉字需按键四次。例如"中"字位于第 54 区 48 位，区位码为 5448。

④ 汉字的字形码

汉字字形码是汉字字库中存储的汉字字形的数字化信息，用于汉字的显示和打印。目前汉字字形的产生方式大多是数字式，即以点阵方式形成汉字。因此，汉字字形码主要是指汉字字形点阵的代码。

汉字字形点阵有 16×16 点阵、24×24 点阵、32×32 点阵、64×64 点阵、96×96 点阵、128×128 点阵、256×256 点阵等。一个汉字方块中行数、列数分得越多，描绘的汉字也就越细微，但占用的存储空间也就越多。汉字字形点阵中每个点的信息要用一位二进制码来表示。对 16×16 点阵的字表码，需要用 32 个字节(16×16÷8=32)表示；24×24 点阵的字形码需要用 72 个字节(24×24÷8=72)表示。

汉字字库是汉字字形数字化后，以二进制文件形式存储在存储器中而形成的汉字字模库。汉字字模库亦称汉字字形库，简称汉字字库。

注意：国标码用 2 个字节表示 1 个汉字，每个字节只用后 7 位。计算机处理汉字时，不能直接使用国标码，而要将最高位置成 1，变换成汉字机内码，其原因是为了区别汉字码和 ASCII 码，当最高位是 0 时，表示为 ASCII 码，当最高位是 1 时，表示为汉字码。

第3章
中文 Windows 7 操作系统

操作系统（Operating System，OS）是最基本最核心的系统软件，微软公司推出的 Windows 操作系统是目前使用较广泛的操作系统，Windows 7 是微软公司在 Windows Vista 操作系统内核的基础上开发出来的。Windows 7 操作系统汇聚了微软公司多年来研发操作系统的经验和优势，其最突出的特点是用户体验、兼容性及性能都得到极大的提高。与 Windows 以前的版本相比较，它对硬件有着更广泛的支持，能最大化地利用计算机硬件资源。

3.1　操作系统的基础知识

3.1.1　操作系统的概念和功能

1. 操作系统的概念

计算机系统由硬件系统和软件系统组成，软件系统由系统软件和应用软件组成。操作系统是计算机系统中最重要最核心的基本系统软件，是控制和管理计算机系统内所有硬件和软件资源，并为用户提供操作界面的程序集合。

操作系统是用户与计算机硬件之间的一个接口，管理着整个计算机硬件系统，并为其他各种系统软件和应用软件提供运行的平台，其他所有软件都是在安装完操作系统之后才能安装的。操作系统对于整台计算机的意义等同于人的大脑对于人的意义。如果一台计算机没有安装操作系统，用户则无法启动计算机和使用计算机完成其他操作。从用户启动计算机到关闭计算机的整个过程中，都一直在运行操作系统。任何用户都是通过操作系统来使用计算机的。

2. 操作系统的基本功能

操作系统的职能是管理计算机中所有的硬软件资源，合理地组织计算机的工作流程，并为用户提供一个良好的工作环境和友好的操作界面。从资源管理的角度来看，操作系统的基本功能包括：处理机管理、存储管理、设备管理、文件系统管理和用户接口。

（1）处理机管理

处理机管理（Processor and Processes Management）即进程管理，是操作系统的基本功能之一。在多道程序系统中，由于存在多个程序共享系统资源的事实，必然会引发对处理机（即 CPU）的争夺。处理机管理的主要任务是对处理机的分配和运行实施有效的管理。在多道程序系统中，处理机的分配和运行是以进程为单位的，因此处理机管理可归结为对进程的管理。

程序是用来实现某一特定功能的一组相关指令的集合。一个等待进入内存运行的程序通常称为作业。当这个作业进入内存后，就称为进程。可以说，进程是正在运行的程序实体，是系统进行资源分配和调度运行的一个独立单元。进程是动态的，具有生命的，它由系统创建并独立地执行，任务完成后被撤销。如何有效地利用处理机资源，如何在多个请求处理机的进程中选择取舍，这是进程调度要解决的问题。处理机是计算机中最宝贵的资源，如何提高处理机的利用率，在很大程度上取决于调度算法的优劣。进程调度是处理机管理的核心，也是操作系统的核心。

（2）存储管理

操作系统中的存储管理是指对内存的管理，它的主要任务是为每个用户程序分配内存，以保证系统及各用户程序的存储区互不冲突。在多道程序环境下，程序要运行就必须为其创建进程，创建进程的第一件事就是将程序和数据装入内存。因此，系统首先需要为进程分配一定的内存空间，当进程运行结束后需要回收内存，并在整个过程进行相应的管理。

内存中有多个系统或用户程序在运行，存储管理要保证这些程序都在自己的存储空间中运行，互不干扰；在多道程序环境下，存储管理要将程序中的逻辑地址转换成内存中的物理地址；当某个用户程序的运行导致系统提供的内存不足时，存储管理要把外存和内存结合起来管理，给用户提供一个比实际内存大得多的虚拟内存，以达到扩充内存的目的。总之，存储管理应具备的功能有内存的分配和回收、存储保护、地址映射和内存扩充。

（3）设备管理

每台计算机都配置了很多外部设备，它们的性能和操作方式都不一样。操作系统的设备管理的主要任务就是对外部设备进行有效的管理，控制设备和操作。

由于现代计算机外部设备的多样性和复杂性以及不同的设备需要不同的设备处理程序，因此设备管理成为操作系统中最复杂、最具有多样性的部分。设备管理在控制各类设备与 CPU 进行 I/O 操作的同时，还要尽可能地提高设备和设备之间、设备和 CPU 之间的并行操作以及设备利用率。此外，设备管理还应该为用户提供一个透明的、易于扩展的接口，以便使用户可以不必了解具体设备的物理特性而能方便地使用该设备。

（4）文件系统管理

在现代计算机系统中，要用到大量的数据和程序。由于内存容量有限，且保存信息时需要电源的支持（即断电便不能保存信息），因此这些数据和程序往往是以文件的形式存放在外存中，需要用时临时从外存调入内存，用完后从内存中删除。文件系统管理（File System Management）的任务就是管理在外存中存放的大量文件，并为用户提供对文件的存取、保护、共享等手段。

在文件系统的管理下，用户可以按照文件名访问文件，而不必考虑各种外存储器的差异，不必了解文件在外存储器上的具体物理位置以及如何存放的。文件系统为用户提供了一个简单、统一的访问文件的方法，因此也被称为用户与外存储器的接口。

（5）用户接口

为了方便用户使用计算机，操作系统向用户提供了用户与操作系统的接口。用户可以通过接口命令向操作系统提出请求，要求操作系统提供特定的服务；操作系统执行后，将结果返回给用户。

用户接口包括命令形式和系统调用形式，这两种接口通常分别叫命令接口和程序接口。命令形式提供给用户在键盘终端上使用；系统调用形式提供给用户在编程时使用。一种基于图像的命令接口称为图形用户接口。图形用户接口的目标是通过对出现在屏幕上的对象直接进行操作，以控制和操纵程序的运行，如用鼠标直接对文件进行复制、删除等操作。这种用户接口大大减少或者免除了用户对命令的记忆工作。目前，图形用户接口是最为常见的人机接口方式。

3.1.2　操作系统的分类

操作系统种类繁多，要进行严格的分类是困难的。我们可以根据不同的角度对操作系统进行分类。

● 根据各种设备安装的操作系统从简单到复杂，可分为智能卡操作系统、实时操作系统、传感器节点操作系统、嵌入式操作系统、个人计算机操作系统、多处理器操作系统、网络操作系统和大型机操作系统。

● 根据所支持的用户数来分，可以分为单用户操作系统（如 MS-DOS、OS/2、Windows）和多用户操作系统（如 UNIX、Linux、VAX/VMS）。

● 根据源码是否开放来分，可以分为开源操作系统（如 Linux、FreeBSD）和闭源操作系统（如 MAC OS X、Windows）。

● 根据硬件结构来分，可以分为网络操作系统（如 Netware、Windows NT）、多媒体操作系统（如 Amiga）和分布式操作系统等。

● 根据操作系统环境来分，可以分为批处理操作系统（如 VAX/VMS、DOS）、分时操作系统（如 UNIX、Linux、XENIX、Mac OS X）和实时操作系统（如 iEMX、VRTX、RTOS、RT Windows）。

● 根据应用领域来分，可以分为桌面操作系统、服务器操作系统和嵌入式操作系统。

● 根据存储器寻址宽度来分，可以分为 8 位、16 位、32 位、64 位、128 位的操作系统。早期的操作系统一般只支持 8 位和 16 位寻址，现在常用的操作系统（如 Windows 7 和 Linux）都支持 32 位和 64 位寻址。

下面对一些类型的操作系统进行简单介绍。

1. 批处理操作系统

批处理系统（Batch Processing System）的突出特点是批量处理，它把提高系统处理能力作为主要设计目标。用户将作业交给系统操作员，系统操作员将许多用户的作业组成一批作业，在系统中形成一个自动转接的连续作业流，然后启动操作系统，系统依次自动执行每个作业。用户可以脱机使用计算机，操作方便；成批处理，提高了 CPU 的利用率。它的缺点是无交互性，用户一旦将程序提交给系统后就失去了对它的控制能力。如 VAX/VMS 就是一种多用户、实时、分时和批处理的多道程序操作系统，早期的 DOS（Disk Operating System）也属于批处理操作系统。

2. 分时操作系统

分时系统（Time-Sharing System）是指多用户通过终端共享一台主机 CPU 的工作方式。操作系统将 CPU 的时间划分成若干个很小的时间片，采用循环轮转的方式将这些时间片分配给队列中等待处理的每个程序。由于时间片划分得很短，循环执行得很快，使得每个程序都能得到 CPU 的响应，好像在独享 CPU。分时系统的主要特点是允许多个用户同时运行多个程序；每个程序都独立操作、互不干涉。

现代常用的操作系统都是分时系统和批处理系统的结合，其原则是：分时优先，批处理在后。"前台"响应需要交互的作业，如终端的要求；"后台"处理时间性要求不强的作业。UNIX、Windows 等都属于分时操作系统。

3. 实时操作系统

实时操作系统（Real Time Operating System）是实时控制系统和实时处理系统的统称。所谓实时，就是要求系统能及时地响应外部事件的请求，在规定的严格时间内完成对该事件的处理；并控制所有实时设备和实时任务协调一致地运行。例如 Linux 就属于实时操作系统。

4. 嵌入式操作系统

嵌入式操作系统（Embedded Operating System）是指运行在嵌入式系统中的操作系统。它对整个嵌入式系统以及它所操作的各种资源进行统一协调、调度、指挥和控制。嵌入式操作系统通常包括与硬件相关的底层驱动软件、系统内核、设备驱动接口、通信协议、图形界面等。它在系统实时高效性、硬件的相关依赖性、软件固态化以及应用的专用性等方面具有较为突出的特点。在制作工业、通信、仪表、仪器、汽车、过程控制、航空、消费类产品等方面均是嵌入式操作系统的应用领域。例如，家电产品中的智能功能，就是嵌入式系统的应用。目前在嵌入式领域广泛使用的操作系统有：嵌入式 Linux、Windows Embeded 等，以及应用在智能手机和平板电脑的 Android、iOS 等。

5. 网络操作系统

网络操作系统（Network Operating System）是基于计算机网络的操作系统，它的功能包括网络管理、通信、安全、资源共享以及各种网络应用。网络操作系统使网络上各计算机能方便而有效地共享网络资源，为网络用户提供所需的各种服务和有关规程。网络操作系统除了应具有通常操作系统应具有的处理机管理、存储管理、设备管理和文件管理等外，还应提供高效可靠的网络通信能力、提供多种网络服务功能，如文件传输服务、电子邮件服务、远程打印服务等。

6. 分布式操作系统

分布式操作系统（Distributed Operating System）是指通过网络将大量计算机连接在一起，以获取极高的运算能力及广泛的数据共享，实现分散资源管理等功能的操作系统。

分布式操作系统负责管理分布式处理系统资源和控制分布式程序运行。它和集中式操作系统的区别在于资源管理、进程通信和系统结构等方面。

7. 个人计算机操作系统

个人计算机操作系统是一种单用户多任务的操作系统，主要供个人使用，功能强、价格便宜，可以在几乎任何地方安装使用。它能满足一般人操作、学习、游戏等方面的需求，其主要特点是计算机在某一时间内为单个用户服务；界面友好，采用图形界面人机交互的工作方式；使用方便，用户无需专门学习，也能熟练操纵机器。DOS、UNIX 和 Windows 系列的操作系统都是个人计算机操作系统。

个人计算机从硬件架构上主要分为 PC 和 Mac，从软件上主要分为类 UNIX 操作系统和 Windows 操作系统。UNIX 和类 UNIX 操作系统主要有 Mac OS X 和 Linux 发行版（如 Debian、Linux Mint、openSUSE、Red Hat 等），微软公司的 Windows 系列操作系统主要有 Windows 98/2000/XP/Vista/7/8/8.1/10 等。

3.1.3 常用的微机操作系统

微型计算机（简称微机）是我们平时用得最多的计算机，微机操作系统经过发展演化，从单一到多样。下面对其中的一些微机操作系统进行简单的介绍。

1. DOS 操作系统

DOS 是 Disk Operating System 即磁盘操作系统的缩写，它是一个单用户单任务的操作系统。DOS 直接操纵管理硬盘的文件，一般都是黑底白色文字的界面。从 1980 年到 1995 年的 15 年间，DOS 在 IBM 的 PC 兼容机市场占有举足轻重的地位。当时，电脑操作系统就是 DOS，键入 DOS 命令运行其他应用程序，都是在 DOS 界面下键入 EXE 或 BAT 文件运行。早期的 DOS 系统是由微软公司为 IBM 的个人计算机开发的，称为 MS-DOS。后来，其他公司生产的与 MS-DOS 兼容的操作系统，也延用了这个称呼，如 PC-DOS、R-DOS 等。

2. Windows 操作系统

Windows 操作系统是微软公司成功开发的一套多任务的桌面操作系统。它问世于 1985 年，起初仅仅是 Microsoft-DOS 模拟环境，由于不断的更新升级，后续的系统版本不但易用，也慢慢成为人们最喜爱的操作系统。

Windows 采用了图形用户界面（Graphical User Interface，GUI），比起从前的 DOS 操作系统需要键入指令才能操作的方式更为人性化，用户对计算机的各种复杂操作只需要通过单击鼠标就可以实现。随着电脑硬件和软件的不断升级，微软的 Windows 也不断升级，从架构的 16 位、32 位再到 64 位，甚至 128 位，版本从最初的 Windows 1.0 到大家熟知的 Windows 95、Windows 98、Windows ME、Windows 2000、Windows Server 2003、Windows XP、Windows Vista、Windows 7、Windows 8、Windows 8.1、Windows 10（预览版）和 Windows Server 服务器企业级操作系统。

Windows 的命名有三种方法。

一种是按照年份来命名，如 Windows 95、Windows 98、Windows 2000，但微软并不是每年都会推出新版本，所以这种方法并不合适，微软后来放弃了这种命名方式。

微软后来采用了比较有内涵的命名方式，如 Windows ME、Windows XP、Windows Vista。在英文中，"XP"的意思是"体验"，"Vista"的含义是"令人愉悦的风景"。Windows ME（Windows Millennium Edition）是 2000 年发行的，ME 是英文中千禧年的意思。但是这种命名方式外行人看不懂，所以这种方法也被放弃。

最后，微软采用了最简单的方法，就是用版本号来命名，但 2015 年 1 月 21 日微软颁布的 Windows 10 消费者预览版直接跳过了 Windows 9。微软高管暗示，跳过"Windows 9"这个命名是因为 Windows 8.1 就相当于所谓的"Windows 9"。

3. UNIX 操作系统

UNIX 操作系统是一个强大的多用户多任务的分时操作系统，最早于 1969 年由美国的 Bell 实验室设计。目前它的商标权由国际开放标准组织所拥有，只有符合单一 UNIX 规范的 UNIX 系统才能使用 UNIX 这个名称，否则只能称为类 UNIX（UNIX-like）。类 UNIX 操作系统有 AIX、Solaris、HP-UX、Xenix 等。

UNIX 大部分由 C 语言编写，提供了强大的可编程 Shell 语言（外壳语言）作为用户界面，具有结构紧凑、功能强、效率高、使用方便和可移植性好等优点，被国际上公认是一个十分成功的通用操作系统。

在世界上 UNIX 占据着操作系统的主导地位，它的应用十分广泛，从各种微机到工作站、中小型机、大型机和巨型机，都运行着 UNIX 操作系统及其变种。

4. Linux 操作系统

Linux 是一套免费使用和自由传播的类 UNIX 操作系统，是一个基于 POSIX 和 UNIX 的多用户、多任务、支持多线程和多 CPU 的操作系统。它能运行主要的 UNIX 工具软件、应用程序和网络协议，支持 32 位和 64 位硬件，是一个性能稳定的多用户网络操作系统。它的最大的特点在于它是一个源代码公开的自由及开放源码的操作系统，其内核源代码可以自由传播。

Linux 操作系统诞生于 1991 年 10 月。严格来说，Linux 这个词本身只表示 Linux 内核，但人们已经习惯了用 Linux 来形容整个基于 Linux 内核，并且使用 GNU 工程各种工具和数据库的操作系统。Linux 有许多不同的版本，它们都使用了 Linux 内核。Linux 可安装在各种计算机硬件设备中，如手机、平板电脑、路由器、视频游戏控制台、台式机、大型机和超级计算机。Linux 发行版作为个人计算机操作系统或服务器操作系统，在服务器上已成为主流的操作系统。

5. Mac OS X 操作系统

Mac OS 操作系统是苹果公司为 Macintosh 系列产品开发的专属操作系统。2001 年，Mac OS X 首次推出，是世界上第一个基于 UNIX 系统采用"面向对象操作系统"的全面的操作系统。OS X 包含两个主要的部分：Darwin（以 BSD 原是代码和 Mach 微核心为基础）和类似 UNIX 的开发原始码环境。OS X 是苹果公司 Mac 系列产品的预装系统，处处体现着简洁的宗旨。

6. iOS 操作系统

iOS 操作系统是由苹果公司开发的手持设备操作系统。iOS 与苹果的 Mac OS X 操作系统一样，也是以 Darwin 为基础的，属于类 UNIX 的商业操作系统。苹果公司最早于 2007 年 1 月 9 日的 Macworld 大会上公布这个系统，最初是设计给 iPhone 使用的，后来陆续套用到 iPod touch、iPad 以及 Apple TV 等产品上。原本这个系统名为 iPhone OS，但由于 iPad、iPhone、iPod touch 都使用 iPhone OS，故苹果公司将其改名为 iOS。

iOS 使用多点触控直接操作，控制方法包括滑动、轻触开关和按键。与系统交互包括滑动、轻按、挤压和旋转。通过内置的加速器，可以令其旋转设备改变其 y 轴，以令屏幕改变方向，这样的设计令设备更便于使用。

在苹果（iOS）5 中，自带的应用程序主要包括：信息、日历、照片、YouTube、股市、地图（AGPS 辅助的 Google 地图）、天气、时间、计算器、备忘录、系统设置、iTunes、App Store、Game Center 等。

7. Android 操作系统

Android 是一种以 Linux 为基础的开放源代码操作系统，主要用于移动设备，如智能手机和平板电脑。Android 由 Google 公司联合组建的开放手机联盟开发改良，尚未有统一的中文名称，中国较多人使用"安卓"。Android 操作系统最初由 Andy Rubin 开发，主要支持手机。2005 年 8 月该公司被 Google 收购。第一部 Android 智能手机发布于 2008 年 10 月。Android 后来逐渐扩展到平板电脑及其他领域上，如电视、数码相机、游戏机等。

2011 年第一季度，Android 在全球的市场份额首次超过 Symbian（塞班）系统，跃居全球第一。2013 年第四季度，Android 平台手机的全球市场份额已经达到 78.1%。2014 年第一季度 Android 平台已占所有移动广告流量来源的 42.8%，首度超越 iOS，但运营收入不及 iOS。目前除苹果和诺基亚两大手机品牌不使用 Android 系统外，其他的主流手机品牌都使用 Android 系统，如华为、中兴、HTC、三星、摩托罗拉等。

3.2　Windows 7 的启动与用户界面

Windows 7 是微软公司发布的可供家庭及商业工作环境、笔记本电脑、平板电脑、多媒体中心等使用的操作系统。Windows 7 延续了 Windows Vista 的 Aero 风格，并且更胜一筹。下面介绍一下 Windows 7 的启动与用户界面。

3.2.1　Windows 7 的启动与退出

1. Windows 7 的启动

启动 Windows 7 的过程即开机的过程。在开机前,首先要确保计算机主机和显示器的电源是接通的,然后依次按下显示器和主机上的电源开关,启动计算机。若计算机上安装了多个操作系统,则选择其中 Windows 7 系统,然后等待 Windows 7 的欢迎界面。若 Windows 7 有多个用户,在出现欢迎界面后,选择一个用户,如果设置了密码,则需要输入正确的密码。若只有一个用户且未设密码,则计算机会跳过选择用户这一步,自动运行 Windows 7,之后屏幕将显示 Windows 7 的桌面。

2. Windows 7 的退出

退出 Windows 7 的过程即关机的过程。当用户使用完计算机后,要及时关闭计算机。在关闭计算机之前,应该先关闭所有打开的应用程序,以免数据丢失。进行关机操作时,用户可以单击 Windows 7 系统桌面上的"开始"按钮,在弹出的"开始"菜单中选择"关机"命令,然后 Windows 7 开始注销系统,若有更新会自动安装更新文件,安装完成后即会自动关闭系统。

3. 切换用户、注销、锁定、重新启动、睡眠、休眠

单击桌面上的"开始"按钮,在打开的"开始"菜单中单击"关机"按钮右侧的三角形按钮，将出现如图 3.1 所示的关机按钮菜单。下面对菜单中的命令进行简单介绍。

切换用户:系统在不退出当前帐户也不关闭所打开的程序的情况下,切换到登录界面,可选择其他帐户登录。

注销:关闭所有正在运行的程序并退出已登录的当前帐户,切换到登录界面。

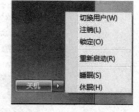

锁定:不关闭当前运行程序的情况下切换到登录界面,当再次进入系统时,必须输入正确的密码。

重新启动:关闭计算机并重新开启计算机。

睡眠:是一种节能状态,不关闭已打开的程序,计算机处于低功耗状态,移动鼠标或触动键盘,则切换到登录界面。

图 3.1　关机按钮菜单

休眠:系统休眠就是计算机以极低的能耗处于待机状态,当想使用时又可以迅速开启,恢复之前的使用状态。休眠之后的状态跟关机差不多。关闭休眠功能可以节约 2G 左右的内存。

3.2.2　Windows 7 的桌面

1. 桌面图标

启动 Windows 7 后,将出现如图 3.2 所示的桌面(Desktop)。桌面是 Windows 的屏幕工作区,也是 Windows 启动后用户所看到的整个屏幕画面。Windows 的操作都是在桌面上进行的。

图 3.2   Windows 7 的桌面

桌面由桌面背景、图标、开始按钮和任务栏组成。

桌面背景的作用是美化桌面，用户可以将自己喜欢的一张图片设置为背景图片，也可以将若干张图片以幻灯片的方式循环切换作为背景。设置方法如下：在桌面的空白处单击右键，在弹出的快捷菜单中选择"个性化"命令，在弹出的"个性化"窗口中单击"桌面背景"链接，在弹出的如图 3.3 所示的"桌面背景"窗口中进行设置。设置完成后单击"保存修改"命令进行保存。

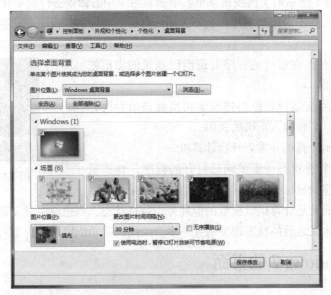

图 3.3   "桌面背景"窗口

图标（Icon）是某种事物的象征性图形，它可以代表应用程序、文件、文件夹、某项功能等。在默认情况下，桌面只保留了"回收站"图标。我们经常会使用到的"计算机"、"Internet Explorer"、"网络"等图标被整理到了"开始"菜单中。为了方便，也可以将这些常用的图标设置到桌面上。设置方法如下：在"个性化"窗口中单击"更改桌面图标"链接，将弹出如图 3.4 所示的"桌面图标设置"对话框。在对话框中将要显示到桌面的图标选中，然后单击"确定"或"应用"按钮，相应图标就将出现在桌面上。

图 3.4　"桌面图标设置"对话框

下面介绍桌面上常用的图标。

（1）回收站

"回收站"用来存储被用户删除的信息。在删除本地硬盘上的文件或文件夹时，Windows 系统仅将其放入到"回收站"，而不是真正地从硬盘中删除，"回收站"中的文件或文件夹仍占用硬盘空间，用户可以根据需要将"回收站"中的内容恢复到原来的位置。只有执行"清空回收站"的操作后，这些文件才被从硬盘上真正删除。当"回收站"充满后，Windows 会自动清除"回收站"以释放硬盘空间。按键盘上的 Shift+Delete 组合键可以将文件一次性永久删除。

需要注意的是，移动存储器上或网络上的文件删除时并不会放入到回收站，删除时要慎重，删除了就不能还原。

（2）计算机

"计算机"用于组织或管理计算机中的软硬件资源，功能等同于"资源管理器"。双击"计算机"图标将显示计算机的本地硬盘、可移动存储的设备（如 CD-ROM 驱动器、U 盘、移动硬盘等）和网络 U 盘等。

（3）网络

双击"网络"图标，可以访问已联网的其他计算机和网络设施，共享网络资源。若想在本机上访问网络中另一台计算机的资源，需要在另一台计算机上将其资源设置为共享。

（4）用户的文件

用户的文件是一个文件夹，以用户名命名，是用户的文档、图片、搜索、收藏、下载、桌面等的默认存储位置。在 Windows 7 中，同一台计算机的每个用户都有一个"用户的文件"。从图 3.2 所示的"桌面"图片中可以看出，登录 Windows 7 的用户名为"maily"。

（5）控制面板

通过"控制面板"可以查看并操作 Windows 7 基本的系统设置，比如添加或删除用户帐号、添加/删除软件等。

除了上述图标外，还可以通过单击右键，在弹出的快捷菜单里选择"发送到"命令下的"桌面快捷方式"命令将应用程序或文件夹的快捷方式放置到桌面上，以方便操作。

2. 任务栏

任务栏位于桌面的最底端，如图 3.5 所示。任务栏包含如下内容："开始"按钮、快速启动区、任务按钮区、通知区域和"显示桌面"按钮。

　　　　快速启动区　　　　　　　　　任务按钮区　　　　　　　通知区域

"开始"按钮　　　　　　　　　　　　　　　　　　　　　　　显示桌面按钮

图 3.5　任务栏

（1）"开始"按钮

单击"开始"按钮可以启动"开始"菜单。

（2）快速启动区

快速启动区通常放置的是用户希望快速启动的程序的快捷方式，如 IE 浏览器等。用户可以通过将相应应用程序的图标拖至快速启动区的方法添加其他图标，如图 3.6 所示，将计算器图标附到任务栏。用户也可以通过在相应图标上单击右键，在弹出的快捷菜单中选择"将此程序从任务栏解锁"的方法将图标从快速启动区删除，如图 3.7 所示。

图 3.6　将图标添加到快速启动区

图 3.7　将图标从快速启动区解锁

（3）任务按钮区

任务按钮区显示正在运行的应用程序和打开的窗口对应的图标，从如图 3.5 所示的任务按钮区可以看出共打开了 7 个窗口。将鼠标停留在任务按钮上，可以显示对应窗口的缩略图并为相应窗口提供文字说明，如图 3.8 所示，这样用户就可以根据窗口的内容直观地识别相应窗口，从而选择查看或关闭该窗口。

图 3.8　窗口的缩略图

单击任务按钮区上某个应用程序或窗口的图标可以实现快速切换窗口，也可以通过 Alt+Tab 组合键来进行切换。

（4）通知区域

通知区域是一个用于集中管理安全和维护通知的界面，在默认情况下只会显示最基本的系统图标，如输入法指示、电源选项（只针对笔记本电脑）、操作中心（单击图 3.8 右下角的小白旗即可打开操作中心）、网络连接、音量和时间图标。其他被隐藏的图标，需要单击向上的箭头才能显示，如图 3.9 所示。用户可以通过单击图 3.9 所示的"自定义…"链接打开"通知区域图标"窗口对出现在通知区域的图标进行设置。

图 3.9　通知区域隐藏图标

（5）"显示桌面"按钮

鼠标指向"显示桌面"按钮会即时显示桌面，鼠标离开该按钮又会恢复之前打开的窗口。单击该按钮，则打开的所有窗口都会被最小化，再次单击该按钮，原先打开的窗口则恢复显示。

（6）任务栏外观设置

在任务栏的空白处单击右键，在弹出的快捷菜单中单击"属性"命令，将显示如图 3.10 所示的"任务栏和「开始」菜单属性"对话框，可以在"任务栏"选项卡中设置任务栏的显示情况。

图 3.10　"任务栏和「开始」菜单属性"之"任务栏"

"锁定任务栏"选项可以使任务栏的大小和位置保存在固定状态而不被改动，否则是可以通过鼠标拖动的方式将任务栏移动到屏幕上下左右的位置或调整大小。

"自动隐藏任务栏"选项可以使鼠标指针在离开任务栏时将任务栏自动隐藏。

"使用小图标"选项可以使任务栏中的程序图标以缩小的形式出现。

"屏幕上的任务栏位置"后的列表框中可选择底部、左侧、右侧和顶部 4 个任务栏的放置位置。

"任务栏按钮"后的列表框中，可以选择任务栏上按钮的排列方式，有"始终合并、隐藏标签""当任务栏被占满时合并"和"从不合并"3 个选项。如果将该选项设置为"始终合并、隐藏标签"，若同一应用程序打开了多个窗口，或打开了同一应用程序的多个实例，则同一个应用程序的所有窗口会折叠为一个图标，图标上面会变为覆盖多个突出显示的透明正方形，如图 3.11 所示，多个 Word 和 IE 窗口进行了折叠。

图 3.11　任务栏按钮合并折叠效果

3. "开始"菜单

"开始"菜单是 Windows 最重要的菜单，应用程序基本上从"开始"菜单启动。单击任务栏上的"开始"按钮（或按下 Windows 徽标键或按下 Ctrl+Esc 组合键），即可打开"开始"菜单，如图 3.12 所示。

图 3.12　"开始"菜单

"开始"菜单大体上可以分为 5 部分：左侧的常用程序列表区、所有程序、搜索框、右侧的常用位置列表区和关机按钮组。

（1）常用程序列表区

该区列出了用户最近频繁使用的应用程序和工具，系统会按照使用频率的高低自动将其排列。对于某些支持跳转列表功能的程序（右侧带有箭头），也可以在这里显示跳转列表。

（2）所有程序

将鼠标指向或单击"所有程序"命令，即可查看系统安装的所有应用程序和系统工具，应用程序将以文件夹树形结构的形式呈现，按字母顺序显示程序所在文件夹的列表。若不清楚某个程序的功能，将鼠标移动到其图标上，便会显示对该程序的描述。如将鼠标停留在"附件"中的"画图"程序上，便会显示"创建和编辑图画"。

（3）搜索框

在搜索框中输入关键字，可以直接搜索本机所安装的程序或硬盘上的文件。

搜索框可以说是遍布系统各处界面，无论是资源管理器、开始菜单还是控制面板，都有搜索框。在 Windows 7 系统中，改进的搜索功能不仅使搜索速度更快，而且搜索方法更加简便。用户输入第一个关键字时，筛选立即开始，随着输入的关键字越来越精确，筛选的范围也随之缩小，直到需要的项目被找到。

（4）常用位置列表区

该区列出了硬盘上的一些常用位置，使用户能快速进入常用文件夹或系统设置，如"计算机"、"控制面板"、"设备和打印机"等。

（5）关机按钮组

关机按钮组在"3.2.1 节 Windows 7 的启动和退出"中进行了较为详细的介绍，不再赘述。

（6）自定义「开始」菜单

用户还可以按自己的要求设置"开始"菜单，设置步骤如下。

首先用鼠标右键单击任务栏上的"开始"按钮，单击"属性"命令，将弹出如图 3.13 所示的对话框。选中"存储并显示最近在「开始」菜单中打开的程序"选项，常用程序列表区中将显示最近打开的程序。选中"存储并显示最近在「开始」菜单和任务栏中打开的项目"选项，将会为右侧带有箭头的应用程序显示其最近打开的可以跳转的项目。

再单击图 3.13 所示界面中的"自定义"命令，将弹出如图 3.14 所示的"自定义「开始」菜单"对话框。用户可以在该对话框中设置"开始"菜单上的链接、图标以及菜单的外观和行为，还可以设置"开始"菜单的大小，如"要显示的最近打开的程序的数目"和"要显示在跳转列表中的最近使用的项目数"。

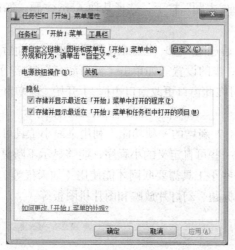

图 3.13　"任务栏和「开始」菜单属性"之"「开始」菜单"

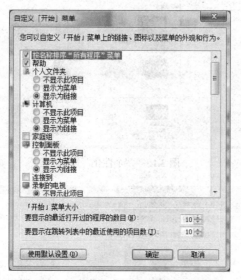

图 3.14　"自定义「开始」菜单"对话框

4. 桌面的个性化设置

Windows 7 的桌面设置更加美观和个性化，用户可以根据自己的喜好来设置不同的桌面效果，使桌面具有自己的个性化外表。用户可以从以下方面来进行个性化设置。

（1）Windows Aero 特效

用户若不喜欢 Windows 7 默认的界面风格，可以通过 Windows Aero 来改变 Windows 的外观。"Aero"为 4 个单词的首字母缩略字：Authentic（真实）、Energetic（动感）、Reflective（反

射）和 Open（开阔）。意为 Aero 界面是具立体感、令人震撼、具透视感和开阔的用户界面。除了透明的接口外，Windows Aero 也包含了实时缩略图、实时动画等窗口特效，吸引用户的目光。Windows Aero 是微软从 Windows Vista 系统开始引入的新功能，只要计算机的显卡内存在125MB 以上，并且支持 DirectX 9 或以上版本，就可以打开该功能。

设置 Windows Aero 特效的方法如下。

在桌面空白处单击右键，在弹出的快捷菜单中选择"个性化"命令，将弹出如图 3.15 所示的"个性化"窗口。在"Aero 主题"栏下，选择某种 Aero 主题，如选择"Windows 7"，单击即可完成主题的修改。

确定了主题后，还可以通过图 3.15 所示的界面下方的"桌面背景""窗口颜色""声音"和"屏幕保护程序"链接做进一步的设置。如单击"窗口颜色"链接后，将显示如图 3.16 所示的"窗口颜色和外观"窗口，可在此窗口更改窗口边框、「开始」菜单和任务栏的颜色和浓度。

（2）使用桌面小工具

桌面小工具是 Windows 7 新增的一项功能。利用桌面小工具可以设置个性化桌面，增加桌面的生动性。桌面小工具是一些可自定义的小程序，能够显示不断更新的标题或幻灯片等信息，无需打开新的窗口，其中一些小工具需要联网才能使用（如天气等）。Windows 7 自带的小工具包括日历、时钟、天气、源标题、幻灯片放映和图片拼图板等。

图 3.15　"个性化"窗口

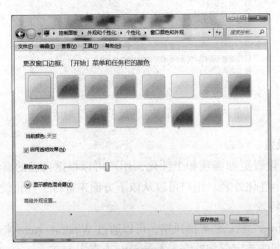

图 3.16　"窗口颜色和外观"窗口

在桌面空白处单击右键，在弹出的快捷菜单中单击"小工具"命令，将显示如图 3.17 所示的"桌面小工具"窗口。双击小工具或将其拖至桌面可以将其添加到桌面，若不想在桌面上显示小工具，将鼠标移至小工具上将在其右上角显示"关闭"按钮，单击"关闭"按钮即可。如图 3.18 所示，可以将桌面上的"时钟"小工具关闭。

图 3.17　"桌面小工具"窗口

要注意，单击图 3.17 所示的"联机获取更多小工具"链接到微软公司的官方网站，已不能再获取更多小工具的更新。微软官方网站声明不再提供更多小工具，因为 Windows Vista 和 Windows 7 中的 Windows 边栏平台具有严重漏洞，黑客可随时利用这些小工具损害用户的电脑，甚至可能使用某个小工具完全接管用户的电脑。

图 3.18　关闭"时钟"小工具

（3）设置桌面字体大小

随着高分辨率屏幕成本的降低，越来越多的计算机也开始采用高分辨率屏幕。比如，有的 14 寸笔记本电脑的高分屏的分辨率已经达到了 1440*900，而 15.4 寸的笔记本电脑的高分屏的分辨率则已经达到 1920*1080。

分辨率的提高，使我们在观看视频和图片时，能够感受到更加清晰和细腻的画质。但是，由于需要在非常小的面积上实现较高的分辨率，这就使得屏幕的点距非常小，而 Windows 7 操作系统默认的字体大小为 96 像素，这样我们就面临着一个非常大的问题：在使用高分屏阅读文字或做与文字有关的操作时会感觉非常吃力，而长时间的操作可能会对我们的视力造成伤害。解决这个问题可以通过调整 DPI 来设置字体大小，操作方法如下。

  在桌面空白处单击右键，在弹出的快捷菜单里选择"屏幕分辨率"命令，将打开如图 3.19 所示的"屏幕分辨率"窗口，单击下方的"放大或缩小文本和其他项目"链接，可以打开如图 3.20 所示的"自定义 DPI 设置"对话框。

图 3.19　"屏幕分辨率"窗口

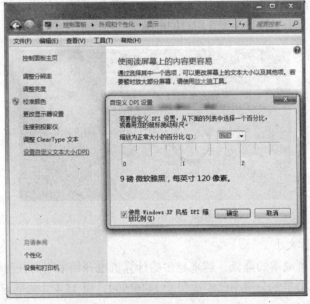

图 3.20　"自定义 DPI 设置"对话框

  在"自定义 DPI 设置"对话框，可以通过"缩放为正常大小的百分比（S）"处进行"100%、125%、150%、200%"四个标准设置选择，也可以将鼠标指针移动到图示中的标尺处，当鼠标指针变成手型时，按住鼠标左键将标尺向水平方向进行拖动，便可以将文本大小设置成 100%~500%内的任意整数，确定后单击"应用"按钮，并注销计算机然后返回即可。

3.2.3　键盘和鼠标的基本操作

Windows 7 采用图形用户界面（Graphical User Interface，GUI），很多操作都可以通过鼠标完成。鼠标有左键和右键，大多数的鼠标操作是通过左键的单击或双击来完成，右键主要用于调出快捷菜单。尽管使用鼠标是 Windows 常用的操作，但有时使用键盘上的快捷键反而操作更简洁。

1. 使用快捷键

Windows 中设置了大量的快捷键供用户使用，其形式主要有以下 3 种。

（1）组合键

组合键有两个键的组合，也有三个键的组合，两个键的组合偏多。操作方法是先按住前面的一个或两个键不放，再按下最后一个键，然后同时释放。例如 Ctrl+C 组合键执行的是复制操作，应先按下 Ctrl 键不放，然后按下 C 键再同时释放，即可完成复制操作。再例如 Ctrl+Shift+Esc 组合键用来打开任务管理器，操作时先同时按下 Ctrl 和 Shift 键，再按下 Esc 键即可打开 Windows 任务管理器窗口。

（2）Esc 键

Esc 键是全方位的取消键，如果在 Windows 中操作有误，不少情况下可以通过快速按下 Esc 键取消该操作。例如当你上网时，发现点错进入了错误的网址，立即按 Esc 键就可以马上停止打开对应的网页。

（3）功能键

在 Windows 环境下，功能键 F1~F12 也被定义为快捷键，例如 F1 键可以激活帮助文件。

Windows 7 的快捷键很多，表 3.1 列出了一些常用的 Windows 快捷键。

表 3.1　　　　　　　　　　　　　　Windows 7 常用快捷键

快捷键	功能	快捷键	功能
Ctrl+C	复制选择的项目	Alt+Tab	在打开的项目之间切换
Ctrl+X	剪切选择的项目	Alt+Esc	以项目打开的顺序循环切换项目
Ctrl+V	粘贴选择的项目	Ctrl+Esc	打开"开始"菜单
Ctrl+Z	撤销操作	Ctrl+Shift+Esc	打开 Windows 任务管理器
Ctrl+A	选择文档或窗口中的所有项目	Ctrl+滚轮	改变桌面图标大小
Del	删除选定项目将其移入回收站	Shift+F10	显示选定项目的快捷菜单
Shift+Del	不将选定项目移入回收站而是直接彻底删除	Alt+带下划线的字母	显示相应的菜单
F1	显示帮助	Win 徽标键	打开或关闭"开始"菜单
F2	重命名选定项目	Win+D	显示桌面
F3	搜索	Win+E	打开"计算机"窗口
F5（或 Ctrl+R）	刷新活动	Win+M	最小化所有窗口
Alt+F4	关闭活动项目或退出活动程序	Win+Shift+M	还原最小化窗口到桌面上
Alt+Enter	显示所选项的属性	Win+Home	最小化所有窗口，除了当前活动窗口
Alt+Space	为活动窗口打开控制菜单	Win+Tab	循环切换任务栏上的程序并使用 Aero 三维效果
PrintScreen	截取整个屏幕放入剪贴板	Win+Space	预览桌面
Alt+PrintScreen	截取当前窗口放入剪贴板	Win+L	锁定计算机或切换用户

2. 鼠标操作

当鼠标移动时，屏幕上的鼠标指针就随之移动，鼠标指针的形状也随着鼠标的位置和操作状态的不同而有所差异。鼠标指针形状方案可以改变，操作方法如下。

单击"开始"按钮，在"开始"菜单中选择"控制面板"命令，在"类别"查看方式下选择"硬件和声音"，然后单击"设备和打印机"中的"鼠标"链接，将打开"鼠标属性"对话框，单击"指针"选项卡，就可以选择 Windows 7 的鼠标指针方案。如图 3.21 所示的是 Windows Aero（系统方案）的各种指针形状，各指针形状含义如表 3.2 所示。

图 3.21 "鼠标设置"对话框之"指针"选项卡

表 3.2   常用鼠标指针形状和含义

指针形状	指针功能	指针形状	指针功能	指针形状	指针功能
⬭	正常选择	I	文本选择	⬉⬊	沿对角线调整 1
⬭?	帮助选择	✎	手写	⬈⬋	沿对角线调整 2
⬭○	后台运行	⊘	不可用	✥	移动
○	忙	↕	垂直调整	↑	候选
✛	精确选择	↔	水平调整	⬂	链接选择

鼠标的基本操作包括指向、单击、双击、右键单击和拖放等，其具体含义如下。

（1）指向

指向是指在不按下鼠标按键的情况下移动鼠标指针到预期的位置，这个操作往往是进行鼠标其他操作（如单击、双击、拖放等）的先行操作。单独的指向操作一般用于激活对象或显示有关提示信息。

（2）单击

单击是当鼠标指针指向某个对象时快速地按下鼠标左键，然后释放。单击操作常用于选定某一操作对象或执行某一命令。

（3）双击

双击就是当鼠标指针指向某个对象时连续地快速地两次单击的过程。双击操作常用于启动一个应用程序或打开一个文件或窗口等。

（4）右键单击

右键单击，是指当鼠标指针指向某个对象时按下鼠标右键并随即释放的过程。右击后往往会弹出一个所指向对象的快捷菜单。

（5）拖放

拖放即拖动，是指先将鼠标指针指向某个对象，按住鼠标左键的同时移动鼠标指针到其他位置，然后释放鼠标左键的过程。拖放操作常用于复制、移动对象或改变窗口大小等操作。

3.2.4　Windows 7 的窗口

整个 Windows 操作系统的操作是以窗口为主体进行的。每当打开应用程序、文件或文件夹时，其界面或内容都会在屏幕上一块可改变大小的矩形区域显示，这样的矩形区域就称为窗口。用户可以在窗口中运行程序、查看文件或文件夹，或者在应用程序窗口中建立自己的文件。

Windows 7 中有两种类型的窗口，分别是应用程序窗口和文档窗口。应用程序窗口是指一个应用程序运行时的窗口，该窗口可以放在桌面上的任何位置，也可以最小化到任务栏；文档窗口是指一个应用程序窗口中打开的其他窗口，用来显示应用程序的文档和数据文件，该窗口也可以最大化、最小化和移动，但这些操作都只能在应用程序窗口内进行，如文字处理软件 Word 2010 的文档窗口。

1. 窗口的基本组成

虽然每个窗口的内容各不相同，但所有窗口的结构基本是相同的，主要由标题栏、地址栏、搜索栏、菜单栏、组织栏、工作区、边、角等组成，如图 3.22 所示。

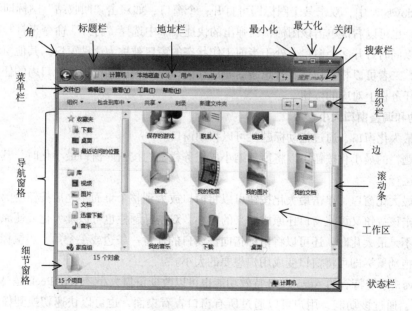

图 3.22　窗口示例

（1）标题栏。位于窗口顶端，通常用于显示应用程序和文档的名称。通过标题栏可以移动窗口、改变窗口的大小和关闭窗口。

（2）地址栏。位于标题栏的左下方。和以往的 Windows 操作系统相比，Windows 7 的地址栏以按钮方式代替了传统的纯文本方式，操作非常方便，在如图 3.22 所示的界面，若要访问

"计算机"，直接单击地址栏的"计算机"按钮即可，不需要一步步后退回去。地址栏左边也有"前进"和"返回"按钮用于实现目录的快速跳转操作。

（3）搜索栏。位于地址栏的右方。用户可以在搜索栏中输入关键字即可很快找到所需要的结果。

（4）菜单栏。不同的应用程序的菜单栏内容也不尽相同，但大多数菜单栏都有"文件"、"编辑"和"帮助"等菜单项。

（5）组织栏。默认位于菜单栏下方，它把应用程序的常用命令以按钮的形式列在一个水平栏内。组织栏按钮的功能大多与菜单栏中的对应命令相同，可以说提供了菜单栏命令的一种快速执行方式。

（6）工作区。工作区占据窗口的大部分空间，是窗口内部的文件或文件夹所在的区域。

（7）导航窗格。通过单击导航窗格提供的选项，可以快速跳转到相应的目录。

（8）细节窗格。显示磁盘、文件和文件夹信息。

（9）滚动条。当窗口的内容显示不下时会自动出现滚动条，供用户滚动浏览窗口的信息。

（10）状态栏。位于窗口的底端，用来显示当前窗口的状态信息。

（11）边和角。窗口共有 4 条边和 4 个角。鼠标移动到边和角的位置，鼠标指针会发生相应的变化，在边和角的位置拖动鼠标可以改变窗口的大小。

（12）预览窗格。单击组织栏右边的"显示预览窗格"按钮，即可展开预览窗格。当在工作区选中某个文件时，预览窗格就会调用与文件关联的应用程序进行预览。

2. 打开窗口

在 Windows 7 中，双击某个图标即可打开一个窗口，如双击"回收站"图标即可打开"回收站"窗口；也可以右键单击该图标，在弹出的快捷菜单中选择"打开"命令来打开窗口。

用户可以同时打开多个窗口，处于当前工作状态的窗口被称为活动窗口，其他窗口则被称为非活动窗口，二者可以相互切换。若想激活非活动窗口，可用鼠标单击该窗口内的任何地方或单击该窗口在任务栏上对应的按钮。

3. 移动和调整窗口大小

对于非最大化窗口，通过拖动标题栏可以移动窗口。

单击标题栏的最小化按钮可以将窗口缩小成任务栏上的按钮。窗口最小化时，其对应应用程序仍在后台运行。

对于非最大化窗口，单击最大化按钮可以将窗口放大到整个桌面，之后按钮变为"还原"按钮，再次单击该按钮又可将窗口还原成原来的大小。双击标题栏也可以最大化或还原窗口。

当窗口不是最大化时，还可以将鼠标指向该窗口的任意一条边或一个角，当鼠标指针变成双向箭头时，拖动鼠标即可将窗口变成用户想要的大小。

Windows 7 系统特有的 Aero Peek 特效功能也可以改变窗口大小。Aero Peek 是 Windows 7 的一个新功能，通过该功能，用户可以通过所有窗口查看桌面，也可以快速切换到任意打开的窗口。用鼠标拖动窗口的标题栏至屏幕的最上方，当光标碰到屏幕的上方边沿时，会出现放大的"气泡"，同时将会看到 Aero Peek 效果（窗口只有边框、里面透明）填充桌面，此时松开鼠标，窗口即可最大化。

4. 排列和预览窗口

当用户打开多个窗口且都处于显示状态时，排列好窗口会使操作变得更方便。Windows 7 提供了层叠、堆叠和并排 3 种排列方式。用户可以在任务栏空白处单击右键，选择相应的排列方式。

除了单击窗口的可见区域外，Windows 7 还提供多种其他方式让用户可以方便快捷地预览切换窗口。

（1）用 Alt+Tab 组合键预览和切换窗口。

当用户选择 Windows Aero 主题时，按下 Alt+Tab 组合键后，会发现平屏幕中央的切换面板中会显示当前打开的所有窗口的缩略图，如图 3.23 所示。按住 Alt 键不放，再按 Tab 键或滚动鼠标就可以切换各个窗口。

图 3.23　预览窗口

（2）通过任务栏图标预览窗口。

当用户将鼠标移至任务栏某个应用程序的按钮上时，在该按钮的上方会显示与该程序有关的所有打开窗口的缩略图。例如同时打开了 5 个 Word 文档，鼠标指向任何一个 Word 文档在任务栏上的按钮，都将在任务栏上方显示 5 个 Word 文档窗口的缩略图。单击其中某一缩略图，即可切换至该窗口。

（3）按 Alt+Esc 组合键预览和切换窗口。

同时按下 Alt+Esc 组合键，将按窗口打开的顺序预览并切换到下一个窗口。

（4）3D 预览效果。

当用户按下 Win+Tab 键时，可以看到立体 3D 预览效果，如图 3.24 所示。按住 Win 键不放，再按 Tab 键或滚动鼠标即可 3D 切换各个窗口。

图 3.24　3D 预览窗口

5. 关闭窗口

一个窗口使用完后应该及时关闭，这样可以释放内存。打开的窗口过多，计算机的运行速度会很慢。对于应用程序来说，关闭窗口就是关闭应用程序。关闭窗口的方法通常有下面几种。

（1）单击标题栏上的"关闭"按钮。

（2）选择"文件"菜单下的"关闭"或"退出"命令。

（3）在任务栏的项目上单击右键，在弹出的快捷菜单中选择"关闭窗口"命令。

（4）按下 Alt+F4 组合键可关闭当前活动窗口。

（5）若多个窗口以组的形式显示在任务栏上，可以在一组项目上单击右键，在弹出的快捷菜单中选择"关闭所有窗口"命令来关闭一组窗口。

（6）将鼠标移至任务栏的任务按钮上，当出现窗口缩略图后单击某个窗口对应缩略图上的"关闭"按钮。

（7）当应用程序停止响应时，按下 Ctrl+Shift+Esc 组合键打开 Windows 任务管理器，将停止响应的应用程序结束任务，应用程序对应的窗口也就关闭了。

3.2.5　Windows 7 的菜单

菜单是一组相关命令的清单，在 Windows 操作系统中大部分操作是通过菜单中的命令来完成的。Windows 的菜单分为 4 种，分别是"开始"菜单、下拉菜单、控制菜单和快捷菜单。4 种菜单的功能不同，但菜单命令的操作方式及各种标记所代表的含义是相同的。"开始"菜单在第3.2.2 小节中进行了介绍，这里主要介绍另外 3 种菜单。

图 3.25　下拉菜单

1. 下拉菜单

下拉菜单是 Windows 中常用的一种菜单，由应用程序窗口的菜单栏引出。下拉菜单也称为菜单栏菜单或窗口菜单。

（1）菜单项的选择

菜单项的选择可以通过鼠标或键盘来操作。

使用鼠标选取菜单命令既简单又直观。若想激活下拉菜单，只需单击菜单栏上的菜单项即可。例如，单击"计算机"窗口中的"查看"菜单项，将显示如图 3.25 所示的下拉菜单。

在窗口的菜单栏上，每个菜单项后面都跟了一个带下划线的英文字母，通过 Alt+带下划线的字母组合键就可以打开其下拉菜单。例如，在"计算机"窗口按下 Alt+V 组合键也可打开图3.25 所示的下拉菜单。

（2）菜单项的约定

Windows 中的菜单项具有统一的符号和约定，如表 3.3 所示。

表 3.3　　　　　　　　　　　　　菜单中符号的约定

命令项符号	约定
高亮度显示的菜单项	表示当前被选定的菜单项，此时按回车键或单击它，即可执行与这个命令相对应的功能
灰色显示的菜单项	表示当前状态下该菜单项不起作用
后面带符号"…"	执行此命令后会弹出一个对话框，要求用户输入信息或改变设置

续表

命令项符号	约定
后面带符号"▶"	级联菜单。表示有下级菜单，当鼠标指向时，会弹出一个子菜单
分组线	菜单项之间的一个分隔线条，通常按功能分组
前面带符号"●"	表示可选项，但在分组菜单中，只有一个选项带有符号"●"，表示被选中
前面带符号"√"	选择标记。当菜单项前有此符号时，表示该菜单命令有效，若再次选择，则取消该标记，此命令无效
☆	当菜单太长时，在菜单中会出现这个符号。鼠标指针指向该符号时，菜单会自动扩展

2. 控制菜单

控制菜单是由一组控制窗口大小和位置等的命令构成的菜单。需要说明的是，所有应用程序的控制菜单的命令都是一样的。

单击应用程序窗口标题栏最左侧的控制菜单框（即最左侧的小图标）或按下组合键 Alt+Space 即可显示如图 3.26 所示的控制菜单。

3. 快捷菜单

顾名思义，"快捷菜单"是一个操作非常方便快捷的菜单。在对选定对象进行操作时，大部分功能都被设计在其快捷菜单中。快捷菜单只包含与被选定对象相关的命令，因此选定的对象不同，快捷菜单的内容也不同。在前面的讲解中，也多次提到快捷菜单。

在任何情况下右键单击屏幕上的任何位置，通常都会弹出一个相应的快捷菜单。快捷菜单也称弹出菜单。例如，在桌面空白处单击右键，将会弹出如图 3.27 所示的快捷菜单。

图 3.26　控制菜单

图 3.27　桌面快捷菜单

3.2.6　Windows 7 的对话框

对话框是用户与应用程序之间进行交互的一个界面，与窗口类似，但没有菜单栏，不能改变大小。对话框中通常包含各种各样的选项，应用程序通过对话框的形式给用户提供各种选项或让用户输入信息以达到某种效果。如图 3.28 所示是在"计算机"窗口中单击"工具"菜单下面带省略号的命令"文件夹选项"后弹出的"文件夹选项"对话框。

对话框的形式各异，不同的对话框有着不同的外观。一般的对话框中可能有若干个部分组成，每一个部分又主要包括选项卡、文本框、选项按钮、选择框、列表框及微调按钮等。

● 选项卡。当对话框的内容较多时，通常会对内容按主题进行分类，这个主题就是选项卡。如图 3.28 所示的对话框有 3 个选项卡，分别是"常规"、"查看"和"搜索"，单击不同的选项卡，下面的内容是不同的。

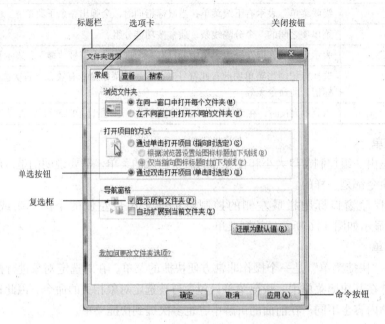

图 3.28 "文件夹选项"对话框

● 文本框主要是为用户提供输入一定的文字或数值信息而设置的。
● 单选按钮一般是供用户进行单项选择的，被选择者的圆圈中间将出现黑点。
● 选择框是供用户作多项选择用的，被选定者的矩形框中出现交叉线"√"，未选定者的矩形框中为空。
● 列表框中列出可供用户选择的内容。
● 下拉列表框。给用户提供选项，但只显示一个选项，其余选项要单击三角形按钮才会显示。
● 微调按钮一般供用户直接输入一个特定的值，用鼠标单击微调按钮可改变文本框中的数值。

3.2.7 Windows 7 的剪贴板

剪贴板是 Windows 提供的在程序内部或程序之间传递信息的一个临时内存区域，传递的内容可以是一段文字、数字或符号的组合，也可以是图形、图像、声音文件，还可以是文件夹甚至整个磁盘的内容。只要 Windows 处于运行中，剪贴板便处于工作状态，随时准备接受需要传递的信息。

Windows 的剪贴板只能保存最新的一项内容，若有新的内容送到剪贴板，则覆盖旧内容且旧内容不能还原。因为剪贴板实际上是 Windows 在内存中开辟的一块临时存放交换信息的区域，内存里内容的保存需要电源的支持，一旦重启计算机，剪贴板中的内容将丢失。

对剪贴板的操作有两个，即把信息放入剪贴板和从剪贴板中把信息拷贝下来。从剪贴板中把信息拷贝下来只要在用户选定的位置按 Ctrl+V 或单击右键然后选择"粘贴"命令即可，当然执行这个操作的前提是剪贴板上已有要传递的信息。粘贴之后，剪贴板中的内容一直保持，直到有新的信息放入剪贴板或关机。把信息放入剪贴板则有多个操作，包括剪切（或 Ctrl+X）、复制（或 Ctrl+C）、按 PrintScreen 键和按 Alt+PrintScreen 组合键。按 PrintScreen 是将整个屏幕的画面以位图形式复制到剪贴板中，按 Alt+PrintScreen 组合键是将某个活动窗口的信息以位图形式复制到剪贴板中。

3.3 Windows 7 的程序管理

Windows 7 中的程序分为系统程序和应用程序。完成操作系统功能的程序称为系统程序，为用户提供各种应用功能的程序称为应用程序。在操作系统中运行的程序非常多，每个程序的安装和运行都要消耗系统的硬盘、内存等资源，所以需要对程序进行有效的管理。

3.3.1 应用程序的启动

支持 Windows 7 系统运行的系统程序，在 Windows 7 启动时会自动运行。根据系统设置，有些应用程序在操作系统启动后也会自动运行，如杀毒软件、安全保护软件等，在"开始"菜单的搜索区中输入"Msconfig"后按 Enter 键即可打开"系统配置"对话框，单击"启动"选项卡，即可看到系统的引导设置和启动设置，如图 3.29 所示。

图 3.29　"系统配置"对话框之"启动"选项卡

虽然开机时系统会自动启动一些应用程序，但绝大部分的应用程序需要用户根据需要自行启动。程序以文件的形式存放，扩展名为.exe 的文件称为可执行文件，每个应用程序都对应着一个.exe 文件。启动应用程序有多种方法，具体操作如表 3.4 所示。

表 3.4　　　　　　　　　　　　　　　启动应用程序的方法

启动方法	说明
"开始"菜单	通过"开始"菜单下"所有程序"能启动绝大多数应用程序
双击桌面、任务栏或文件夹中的应用程序图标	可以把最常用的应用程序的快捷方式放置在桌面或任务栏上，方便启动
"开始"菜单下搜索应用程序	在搜索文本框中输入应用程序对应的.exe 文件名，找到后启动
打开文档文件	打开文档时系统会自动运行与该文档建立了关联的应用程序

应用程序的切换在前面的讲解中进行了介绍，详见 3.2.4 小节 Windows 7 的窗口第 4 部分"排列和预览窗口"。

退出应用程序后其对应的窗口也随即关闭，应用程序的退出方法和窗口的关闭方法是一样的，详见 3.2.4 小节 Windows 7 的窗口第 5 部分"关闭窗口"。

3.3.2 任务管理器的使用

Windows 任务管理器提供了一种监视系统性能的简易方法，通过任务管理器可以查看系统当前运行的应用程序、进程、服务、性能（CPU 和内存的使用情况）、联网和用户的情况，还可以在应用程序停止响应时强制结束任务来退出应用程序。"Windows 任务管理器"窗口如图 3.30 所示。启动任务管理器的方法通常有 3 种。

（1）在任务栏空白处单击右键，在弹出的快捷菜单中选择"启动任务管理器"命令。

（2）使用组合键 Ctrl+Shift+Esc 来启动。

（3）同时按下组合键 Ctrl+Alt+Del，进入安全桌面后，单击"启动任务管理器"命令。

图 3.30 所示的是"Windows 任务管理器"窗口的"应用程序"选项卡，该选项卡可以查看当前运行的应用程序及其运行状态，下面有"结束任务""切换至"和"新任务"共 3 个按钮供用户使用；在"进程"选项卡中可以查看系统当前运行的系统进程和用户进程，对未知进程或危害计算机系统的进程可以使用下面的"结束进程"按钮强制结束；"服务"选项卡用来查看当前运行的系统或应用程序服务；"性能"选项卡可以查看 CPU 和内存的使用情况，如图 3.31 所示，单击下方的"资源监视器"按钮可以查看使用 CPU、磁盘、网络和内存的具体进程；"联网"选项卡用来显示当前网络的连接情况；"用户"选项卡用来显示当前处于活动状态的用户。

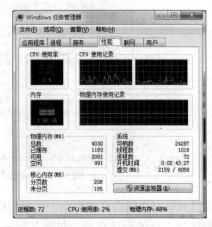

图 3.30   "Windows 任务管理器"之"应用程序"   图 3.31   "Windows 任务管理器"之"性能"

3.3.3 安装/卸载应用程序

应用程序在使用前需要先安装才能使用，用户可以购买应用软件进行安装，对于一些免费的应用软件也可以通过网络下载其安装程序进行安装。软件安装的方法都是类似的，找到要安装软件对应的 setup.exe 文件，双击运行，之后安装程序会引导一步一步地完成安装。安装过程中，用户要进行一些选择或输入，如选择应用程序安装的路径、要安装的功能等。

卸载应用程序通常有两个方法。

（1）很多应用程序安装时会自动安装卸载功能，用户可以在"开始"菜单中找到应用程序的目录，单击其提供的卸载链接即可完整地卸载该应用程序。如图 3.32 所示，"百度云"软件提供了"卸载百度云管家"链接，单击该链接即可完成"百度云"的卸载。

图 3.32　应用程序的卸载

（2）对于一些安装时没有自动安装卸载功能的软件，可以通过控制面板提供的卸载功能来进行卸载。操作方法是：单击"开始"按钮，在"开始"菜单中选择"控制面板"命令打开"控制面板"窗口。再单击"卸载程序"链接，将弹出如图 3.33 所示的界面。在程序列表中选中需要卸载的应用程序，然后单击右键，将弹出"卸载/更改"命令，单击该命令即可卸载该应用程序。

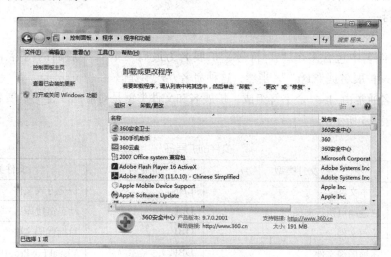

图 3.33　应用程序卸载窗口

3.4　Windows 7 的文件管理

文件是计算机中一个很重要的概念，计算机保存的信息是以文件为基本单位的。文件可以用来保存各种信息，如用字处理软件 Word 生成的 Word 文档、用计算机程序设计语言编写的程序文件和用来保存视频的视频文件等都是以文件的形式存放的。文件的物理存储介质通常是磁盘、磁带和光盘等。

Windows 具有强大的文件管理功能，文件和文件夹的管理是 Windows 7 操作系统最基本的功能之一。跟以前的版本相比，Windows 7 的文件系统更加安全、稳定、可靠，并且易于学习和方便操作。Windows 7 利用"计算机"、"资源管理器"和"库"来管理计算机中的所有文件资源。

3.4.1　文件与文件夹

1. 文件

文件（File）是存储在存储介质上的一组相关信息的集合。一段话、一张照片、一个程序、一首歌、一组数据都可以保存为一个文件。从计算机的角度来看，文件可分为程序文件、程序辅助文件和数据文件三种。文件通常包含两方面的内容：一是文件所包含的数据，称为文件数据；二是关于文件本身的说明信息或属性信息，称为文件属性。文件属性主要包括创建日期、文件大小、访问权限等，这些信息主要被文件系统用来管理文件。

不同文件是用文件名来区分和使用的。文件名的格式如下：

<文件主名>.<扩展名>

（1）<文件主名>主要体现文件的内容，命名时要尽量做到"望文知义"；<扩展名>用来表明文件的类型。如"停水通知.docx"表示一个通知停水消息的 Word 文档，文件主名"停水通知"体现了文件的内容，扩展名".docx"表示该文件是一个 Word 文档。

（2）文件主名最多可使用 255 个字符，但不推荐使用超过 50 个字符的超长文件名。

（3）文件名中的字符可以是字母、数字、汉字、下划线或空格等，不区分大小写，但不能使用以下 9 个字符：

$$/ \quad \backslash \quad : \quad * \quad ? \quad " <> \quad |$$

（4）若文件名中包含多个"."符号，扩展名为最后一个"."后面的内容。如文件名为"a.b.c.txt"的，扩展名是".txt"。当然，这种命名方式不提倡。

（5）扩展名通常由 1~4 个字符组成，扩展名和文件类型是对应的。常见扩展名和文件类型的对应关系如表 3.5 所示。

表 3.5　　　　　　　　　　　　　　文件的扩展名

扩展名	文件类型	扩展名	文件类型
.TXT	文本文件	.LNK	快捷方式文件
.EXE	二进制可执行文件	.DLL	动态链接库
.BMP	位图文件	.OBJ	目标代码文件
.JPG	压缩图像文件	.DBF	Visual FoxPro 中数据表文件
.DOCX	Word 文档	.PRG	程序文件
.XLSX	Excel 工作簿文件	.WAV	声波文件
.PPTX	PowerPoint 演示文稿文件	.INI	系统配置文件
.AVI	视频文件	.SYS	系统文件
.HLP	帮助文件	.RAR	压缩文件
.TMP	临时文件	.C	C 语言源程序文件
.MIDI	MIDI 音乐文件	.TIF	TrueType 字体文件
.HTML	超文本链接网页文件	.DAT	数据文件
.COM	二进制系统命令文件	.SCR	屏幕文件
.PDF	Adobe Acrobat 文档	.SWF	Flash 动画发布文件

（6）要注意，不同扩展名的文件也可能同属于某一大类文件，如.MIDI 和.MP3 都是音乐文件，.AVI、.RMVB 和.RM 都是视频文件，.BMP 和.JPG 都是图片文件。不同类型的文件在显示时的图标也不同，如图 3.34 所示。

图 3.34 不同的文件类型示意图

（7）系统能够识别文件扩展名并显示固定的图标是因为安装了能识别该扩展名的软件，若不安装或卸载掉该软件，对应扩展名的文件将显示不能识别的图标。例如，若卸载已安装的 Office 软件，图 3.34 所示的扩展名为 ".xlsx"、".pptx" 和 ".docx" 的文件都将显示不能识别的图标。

2. 文件夹及路径

（1）文件夹

计算机中的文件数量不胜可数，为了便于对文件进行管理，系统引入了文件夹（也称目录）的概念。文件夹可以看作是存放文件的容器。

Windows 采用树形结构来组织和管理文件与文件夹。文件夹的最高层称为根文件夹，也称根目录，每个磁盘或逻辑驱动器上都有一个根目录，在格式化磁盘时自动创建。在根目录中可以再创建文件夹，再创建的文件夹称为子文件夹。子文件夹下面还可以再创建子文件夹。这样便形成了一棵倒立的树。

在如图 3.35 所示的树形结构中，D：盘根目录下包含 1 个扩展名为 ".txt" 的文本文件和 2 个文件夹，文件夹的名称为 "基础课件" 和 "书稿"；在 "书稿" 文件夹下包含 1 个文件，即 "第 3 章.docx"；在 "基础课件" 文件夹下包含 1 个子文件夹（即 "备用文件夹"）和 2 个扩展名为.pptx 的演示文稿文件。

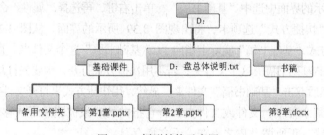

图 3.35 树形结构示意图

（2）路径

在同一个文件夹下不能有两个文件主名和扩展名都相同的文件存在，但在不同的文件夹下可以有两个主文件名和扩展名都相同的文件存在。由此便产生一个问题，在计算机中按照文件名找到的那个文件可能不是你要的那个，你要的那个文件可能是另一个文件夹下的同名文件。怎样才能准确定位你要的文件呢？这就要引入路径的概念。

路径是指文件或文件夹在磁盘上具体存储位置的描述。描述路径可能要经历多个文件夹，文件夹之间用反斜线 "\" 连接。路径分为绝对路径和相对路径。

① 绝对路径。

绝对路径指从某盘的根目录开始到目标文件或文件夹的路径。在图 3.35 所示示意图中，文件"第 2 章.pptx"的绝对路径是"D:\基础课件\第 2 章.pptx"。

② 相对路径。

相对路径指的是从当前文件夹开始的路径。当前文件夹是指正处于打开状态的文件夹，用一个句点"."表示当前文件夹本身（通常可以省略），用两个句点".."表示当前文件夹的上一级文件夹。如在图 3.35 所示示意图中，若当前文件夹是"D：\基础课件"，则"第 2 章.pptx"的相对路径是".\第 2 章.pptx"。

对于文件夹同样也有路径，在图 3.35 所示示意图中，文件夹"备用文件夹"的绝对路径是"D:\基础课件\备用文件夹"。

要查看文件或文件夹的路径，可以选中该文件或文件夹，然后单击右键，在弹出的快捷菜单中选择"属性"命令，就会弹出如图 3.36 所示的对话框。文件的路径要将文件位置、文件名和文件类型结合起来，图 3.36 所示的 Windows 7 系统提供的小应用程序"计算器"对应的可执行文件"calc.exe"文件路径是"C:\Windows\System32\calc.exe"。

图 3.36 文件"属性"对话框

3. 快捷方式

每个文件和文件夹都对应着一个图标，但有些图标左下角带有一个非常小的箭头，如图 3.37 所示。这个箭头就是用来表明该图标是一个快捷方式。快捷方式是 Windows 提供的一种快速启动程序、打开文件或文件夹的方法。它就像一个指针指向对应的应用程序、文件或文件夹。实际上，"开始"菜单中用户能够单击运行的应用程序图标都是程序的快捷方式。

图 3.37 快捷方式

快捷方式也是一个文件，扩展名为".lnk"，文件的内容不超过几 KB。不过，由于系统安全的原因，在 Windows 7 中很多快捷方式图标不显示小箭头，也不会显示快捷方式文件的扩展名。

在如图 3.37 所示的界面中选中"基础书稿"，单击右键，再选择"属性"命令，将出现如图 3.38 所示对话框。单击"快捷方式"选项卡，将出现图 3.39 所示的界面。从图 3.39 所示的界面可以看出，桌面上的快捷方式"基础书稿"实际上指向"C:\基础书稿"这个文件夹。直接双击桌面上的快捷方式就可以打开"C:\基础书稿"这个文件夹；若不用快捷方式打开，则要先打开"计算机"对话框，再打开"C:"盘，然后双击"基础书稿"文件夹。显然，用快捷方式来打开文件夹更快速。

快捷方式指向某个程序、文件或文件夹，若它指向的对象被删除了或移动了位置，再双击这个快捷方式就会出错。正所谓"皮之不在，毛之焉存"！

一个文件或文件夹可以建立多个快捷方式，建立的方法是：选中该文件，右键单击，再选择"创建快捷方式"命令即可在当前文件夹下创建；若要将快捷方式创建在桌面上，右键单击后选择"发送到"命令，然后在下一级菜单中选择"桌面快捷方式"命令。

图 3.38　快捷方式属性一　　　　　图 3.39　快捷方式属性二

复制文件时要注意，若不小心复制的是快捷方式而不是源文件，那么离开当前计算机环境是打不开的。

3.4.2　"计算机""资源管理器"和"库"

Windows 7 可以通过"计算机"和"资源管理器"来浏览计算机的资源、管理文件及文件夹、启动应用程序、查找、复制、删除文件以及直接访问 Internet 等。除了这两种较传统的方式外，Windows 7 还增加了"库（Libraries）"来管理计算机中的各种资源。

1. "计算机"

在"开始"菜单中单击"计算机"命令或双击桌面上的"计算机"图标，即可打开如图 3.40 所示的"计算机"窗口。窗口中显示计算机上的硬盘、可移动存储器及其他设备的信息。

若想访问某个磁盘，可以对着磁盘双击打开，地址栏左边有"前进"和"返回"按钮供用户操作。由于 Windows 7 的地址栏设计成按钮的形式，单击图 3.40 所示的界面中地址栏里"计算机"左右两边的三角形按钮"▶"也可实现快速跳转。

图 3.40　"计算机"窗口

在地址栏旁边的搜索框中输入关键字可在指定文件夹中搜索想要的信息。

2. "资源管理器"

"资源管理器"是 Windows 7 系统中非常重要的文件管理工具。与 Windows XP 相比，Windows 7 的资源管理器在界面和功能上都有了很大的改进，增加了"预览窗格"及内容更加丰富的"细节窗格"等功能。打开"资源管理器"的方法有多种。

（1）右键单击任务栏上的"开始"按钮，然后单击"打开 Windows 资源管理器"将可打开如图 3.41 所示的"资源管理器"窗口。

（2）在"开始"菜单的"所有程序"选择"附件"，再选择"Windows 资源管理器"。

（3）双击"计算机""回收站"或"网络"的图标，也可打开"资源管理器"窗口。

（4）按组合快捷键"Win+E"也可打开资源管理器。

使用不同的方法打开的资源管理器的起始位置不同。

"资源管理器"窗口的操作和其他窗口的操作一样，这里就不再重复。

3. "库"

Windows 7 引入库的概念并非传统意义上的用来存放用户文件的文件夹，它还具备了方便用户在计算机中快速查找所需文件的作用。

在 Windows XP 时代，文件管理的主要形式是以用户的个人意愿，用文件夹的形式为基础分类进行存放，然后再按照文件类型进行细化。但随着文件数量和种类的增多，加上用户行为的不确定性，原有的文件管理方式往往会造成文件存储混乱、重复文件多等情况，已经无法满足用户的实际需求。而在 Windows 7 中引入的"库"使文件管理更加方便，可以把本地和局域网中的文件添加到各种"库"，把文件收藏起来。"库"是 Windows 7 系统最大的亮点之一。

Windows 7 的"库"有"视频库""图片库""文档库""音乐库"等。简单地讲，文件库可以将我们需要的文件和文件系统集中到一起，就如同网页收藏夹一样，只要单击库中的链接，就能快速打开添加到库中的文件夹，而不管它们原来深藏在本地电脑或局域网中的任何位置。另外，它们都会随着原始文件夹的变化而自动更新，并且可以以同名的形式存在于文件库中。

其实库的管理方式更加接近于快捷方式。用户可以不用关心文件或者文件夹的具体存储位置，把它们都链接到一个库中进行管理。如此的话，在库中就可以看到用户所需要了解的全部文件(只要用户事先把这些文件或者文件夹加入到库中)。或者说，库中的对象就是各种文件夹与文件的一个快照，库中并不真正存储文件，而是提供一种更加快捷的管理方式。如用户有一些工作文档主要存在在自己电脑上的 D：盘和移动硬盘中。为了以后工作的方便，用户可以将 D：盘与移动硬盘中的文件都放置到库中。在需要使用的时候，只要直接打开库即可（前提是移动硬盘已经连接到用户主机上了），而不需要再去定位到移动硬盘上。

按下"Win+E"打开"Windows 资源管理器"时默认打开的就是"库"，如图 3.41 所示，当前计算机共有 5 个库：视频库、图片库、文档库、迅雷下载库和音乐库。

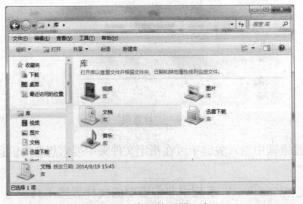

图 3.41 "资源管理器"窗口

　　将文件夹加入到库中的操作很简单，选中需要加入到库中的文件或文件夹，单击右键，在弹出的快捷菜单中选择"包含到库中"的命令，然后在下一级子菜单中选择需要加入的库，如图3.42 所示，可将文件夹"zml"加入到"文档库"。

图 3.42　将文件夹包含到"文档库"

　　在上面的操作中，若最终选择"创建新库"，则从导航窗格中可以看到增加了一个新库"zml"，下面有一个子库"zml"，如图 3.43 所示。可以通过库名左边的三角形按钮对库进行"折叠"和"展开"操作。若要删除库，可选中该库，右键单击后选择"删除"命令，和删除一般的文件夹操作是一样的。

　　需要注意的是，若单击增加的"zml"，可以看到和"C：\基础书稿"文件夹下的子文件夹"zml"中完全一样的内容，但两者不是一码事。一个是库的名字，一个是实际存储的文件夹，两者风马牛不相及。若把其他的文件或文件夹加入到子库"zml"中，仅仅在子库"zml"中可以看到新加入的内容，对实际的"C：\基础书稿\zml"文件夹不会产生任何影响。也就是说，系统并不会因为用户把某个文件夹加入到子库"zml"中，而把该文件夹的内容也复制到"C：\基础书稿\zml"文件夹中。

　　在库中浏览查看文件和在资源管理器中是一样的，图 3.44 所示的是在库"zml"中查看文件，带预览窗格。

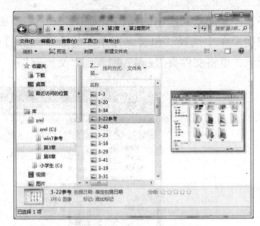

图 3.43　增加新库 "zml"　　　　　　　　图 3.44　在库 "zml" 中查看文件

　　用户可以根据需要定制自己想要的各种库, 将计算机中的文件进行大整理, 减少文件的重复保存, 方便操作。

3.4.3　文件与文件夹的操作

1. 选定文件或文件夹

　　对文件或文件夹进行操作前, 要先选定文件或文件夹。选定文件或文件夹的方法如下。

　　(1) 选定单个对象。用鼠标单击要选定的对象, 可看到对象名以高亮度显示, 表明被选中。也可在键盘上直接按下对象名的第一个英文字母, 如字母 "m", 则会选定第一个名称以 "m" 开头的对象, 这种方法只适用于英文名称的对象。

　　(2) 选定多个连续的对象。先单击第一个对象, 然后按下 Shift 键不放, 再单击最后一个对象, 中间连续的对象即被选中。

　　(3) 选定多个不连续的对象。先单击第一个对象, 然后按下 Ctrl 键不放, 再单击其余要选的对象, 再次单击同一对象将取消对该对象的选择。

　　(4) 选定所有对象。单击 "编辑" 菜单下的 "全部选定" 命令或按组合键 Ctrl+A 将选定当前文件夹的所有文件和文件夹。

　　(5) 取消选定。单击界面窗口工作区的空白区域即可取消已选定的对象。

2. 新建文件或文件夹

　　要创建新的文件或文件夹, 可在当前驱动器或文件夹的空白区域右键单击后选择 "新建", 在其下拉子菜单中选择自己想要新建的文件类型或文件夹, 再输入自己想要的名称即可, 如图 3.45 所示。

图 3.45　新建文件夹

3. 重命名文件或文件夹

　　选定要重命名的文件或文件夹, 右键单击后选择 "重命名" 命令即可进行重命名。

4. 复制、移动文件或文件夹

选定要进行复制或移动的文件或文件夹，右击后选择剪切或复制（若要移动则选择剪切，若要复制则选择复制）命令，然后把鼠标移到目标文件夹，在空白处右键单击后选择粘贴命令即可完成移动或复制操作。以上操作也可以使用快捷键 Ctrl+X（剪切）、Ctrl+C（复制）和 Ctrl+V（粘贴）来完成。

用户还可以通过拖动来实现。拖动前要事先打开源文件夹和目标文件夹，将选定的内容从源文件夹直接拖动到目标文件夹。在不同驱动器之间拖动，默认的操作是复制，若要进行移动操作，需同时按下Shift 键；在相同驱动器内进行拖动，默认的操作是移动，若要进行复制，需按下 Ctrl 键，可以看到鼠标指针下带了一个"+"即表示进行的是复制操作。也可用右键拖动，拖动到目标文件夹释放鼠标时将产生如图 3.46 所示的快捷菜单，按需要选择即可。

图 3.46　右键拖动快捷菜单

5. 发送文件或文件夹

选定文件或文件夹，右键单击后选择"发送到"命令，将出现如图 3.47 所示的子菜单，如下为常用命令。

（1）文档。将指定文件或文件夹发送到"文档库"中。

（2）邮件收件人。将指定的文件或文件夹作为E-mail 的附件发送给用户指定的收件人。

（3）桌面快捷方式。在桌面上创建指定文件或文件夹的快捷方式。

图 3.47　"发送到"子菜单

（4）可移动磁盘。将指定的文件或文件夹复制到已连接计算机的可移动磁盘中。此操作不需打开可移动磁盘，方便快捷。

6. 删除文件或文件夹

选定要删除的文件或文件夹，按 Delete 键或右键单击后选择"删除"命令，将显示如图 3.48 所示的"删除文件"对话框。若选择"是"，则将对象放入回收站，否则取消操作。

打开"回收站"窗口，可以对其中的对象进行还原，也可以再次删除。还原后，对象将回到放入回收站之前的位置；再次删除后，对象将被彻底删除。用户也可以通过"清空回收站"命令将回收站里的内容一次性全部彻底删除。

图 3.48　"删除文件"对话框

若选定对象后按下 Shift+Delete 组合键或选择"删除"命令的同时按下 Shift 键，弹出的"删除"对话框的提示将变成"确实要永久性地删除此文件吗？"若选择"是"，将彻底删除。

7. 搜索文件或文件夹

在"计算机""资源管理器"和"库"等窗口的地址栏旁或"开始"菜单中都有一个搜索栏，用户可以用来搜索自己想找的文件或文件夹。

搜索时可使用通配符进行模糊查询。通配符提供了一个名称可能指向多个文件名或文件夹名的模糊便捷方式。最常用的通配符有两个:"*"和"?"。

"*"可以代表任意多个字符,包括无字符的情况。

"?"可以代表一个字符。

通配符在进行模糊搜索时非常有效。例如,若在搜索框中输入关键字"*.txt",将搜索出所有的文本文件;"第?章.*"表示文件主名第 1 个字符为"第",第 3 个字符为"章"的所有类型的文件和文件夹,类似"第 1 章.docx"和"第 3 章.pptx"的文件或文件夹都将被搜索出来。搜索界面如图 3.49 所示。

除了可以通过文件名进行搜索,用户还可以通过文件的内容来搜索。操作方法如下。

在窗口的"组织栏"的"组织"按钮下选择"文件夹和搜索选项"命令,在弹出的"文件夹选项"对话框的"常规"选项卡的"导航窗格"部分选中"自动扩展到当前文件夹"复选框;再单击"搜索"选项卡,选中"始终搜索文件名和内容"单选框和"在搜索文件夹时搜索结果中包括子文件夹"复选框,如图 3.50 所示。设置好后,搜索过程和前面是一样的。

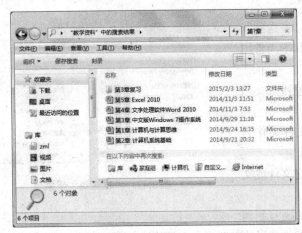

图 3.49　搜索结果

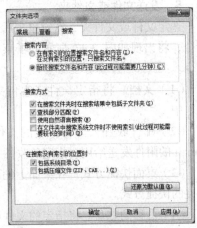

图 3.50　"文件夹选项"对话框之
"搜索"选项卡

3.4.4　磁盘管理

磁盘管理是计算机使用和维护中的一项常规工作,其操作包括格式化磁盘、磁盘清理和磁盘碎片整理。磁盘整理是 Windows 7 自带的基本功能之一。

1. 文件系统简介

文件系统是操作系统组织、存储和命名文件的结构。操作系统必须清楚每个文件存储在磁盘上什么位置、磁盘上未分配的空间和已分配给文件的空间。常用的文件系统有 FAT16(File Allocation Table,即文件分配表系统)、FAT32 和 NTFS(New Technology File System,即新技术文件系统)。

FAT16 以簇为单位来分配磁盘空间,簇由磁盘上若干个连续的扇区组成。随着磁盘或分区容量的增大,每个簇所占的空间将变大。在为文件分配磁盘空间时,即使一个字节的文件也要占用一簇,因此对较大的分区会造成很大的磁盘空间的浪费。FAT16 最多可表示 64K 个簇,而每簇最大为 32KB,所以最多管理 2GB 的分区,最大文件为 2GB。因此 FAT32 不适合大容量的磁盘,用于早期的操作系统偏多。

FAT32 是 FAT16 的增强版,其表项长度为 32 位,使用的簇比 FAT16 要小,支持最大分区

32GB，最大文件为 32GB。Windows 98/ME/2000/XP 及以后的版本都支持 FAT32。

　　NTFS 是 Windows NT 家族（如 Windows 2000/XP/Vista/7/8/8.1）等的限制级专用的文件系统（即操作系统所在的盘符的文件系统必须格式化成 NTFS 的文件系统）。NTFS 提供长文件名、数据保护和恢复，并通过目录和文件可实现安全性。NTFS 是一个可恢复的文件系统，在 NTFS 分区上用户很少需要运行磁盘修复程序。NTFS 采用了更小的簇，可以更有效地管理磁盘空间，支持最大 2TB 的分区，最大文件为 2TB。

2. 磁盘属性

　　在"计算机"窗口，选中某个磁盘，右键单击后选择"属性"选项即可显示如图 3.51 所示的"磁盘属性"对话框。在其 "常规"选项卡中，可以看到该磁盘的文件系统、已用空间、可用空间等信息；"工具"选项卡提供了"查错""碎片整理"和"备份"等磁盘工具，界面如图 3.52 所示；"共享"选项卡用来将该磁盘设置为共享，以便网络上其他用户访问；"配额"选项卡用来控制单个用户使用的磁盘空间量，FAT 文件系统没有该选项卡。

图 3.51　"磁盘属性"对话框之"常规

图 3.52　"磁盘属性"对话框之"工具"

3. 磁盘格式化

　　右键单击某个磁盘后选择"格式化"命令，将弹出如图 3.53 所示"格式化"对话框。该对话框包含"容量""文件系统""分配单元大小""卷标"和"格式化选项"等内容。其中"分配单元大小"指磁盘分配单元（即簇）的大小。"格式化选项"中若选择"快速格式化"选项，则格式化时仅仅删除磁盘上的文件和文件夹，而不检查磁盘的损坏情况。图 3.53 所示的是一个容量为 29.8GB 的 FAT32 的可移动磁盘。

4. 磁盘清理

　　当磁盘空间不够时，用户可以将一些没用的文件删除，即进行磁盘清理。操作方法是：在"开始"菜单中选择"所有程序"，再选择"附件"，再选择"系统工具"下的"磁盘清理"命令，在出现的对话框中选择要清理的磁盘，如选择"C:"盘，将出现如图 3.54 所示的"磁盘清理"对话框。选中要删除的文件，单击"确定"按钮即可完成清理。

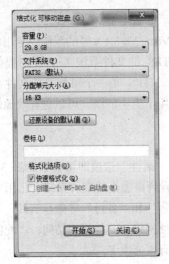

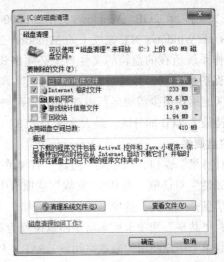

图 3.53 "格式化"对话框   图 3.54 "磁盘清理"对话框

5. 磁盘碎片整理

在计算机的使用过程中，用户会经常进行应用程序的安装或卸载，文件的新建、复制和移动等操作。这些操作会在系统中产生磁盘碎片。随着时间的积累，这些碎片文件可能会影响系统的运行速度。因此，当计算机使用一段时间后用户必须及时地进行磁盘碎片整理。

磁盘碎片整理就是对计算机磁盘中的碎片和凌乱文件重新整理，提高计算机的整体性能和运行速度。用户可以根据碎片比例来考虑，在 Windows 7 中，碎片超过 10%，则可以考虑整理，否则不必整理。

磁盘碎片整理需要花费不少的时间，在碎片整理之前会进行分析，以确定是否需要进行碎片整理。操作的方法是在图 3.52 所示的界面中单击"立即进行碎片整理"按钮或者选择"附件"的"系统工具"下的"磁盘碎片整理程序"，操作界面如图 3.55 所示。

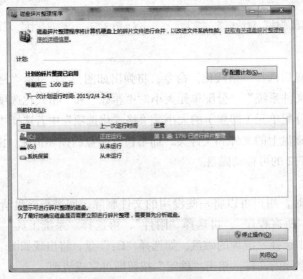

图 3.55 "磁盘碎片清理"窗口

3.5 Windows 7 系统设置

在 Windows 7 系统中，几乎所有的软件和硬件资源都可以设置和调整。"控制面板"是对系统进行设置的各种系统工具的集合体。

3.5.1 控制面板

选择"开始"菜单下的"控制面板"命令即可打开如图 3.56 所示的"控制面板"窗口，其中的"查看方式"还可以选择"大图标"或"小图标"。"控制面板"中的工具共分为 8 大类别，每个大类下面还分有小类，用户可以根据需要单击不同的链接。

3.5.2 外观和个性化

"外观和个性化"分类里的内容非常丰富，包括"个性化""显示""桌面小工具""任务栏和「开始」菜单""轻松访问中心""文件夹选项""字体"等的设置，如图 3.57 所示。

图 3.56 "控制面板"窗口

图 3.57 "外观和个性化"分类

1. 个性化

"个性化"包括"更改主题""更改桌面背景""更改半透明窗口颜色""更改声音效果"和"更改屏幕保护程序"5 个链接。

主题将影响桌面的整体风格，包括背景、屏幕保护程序、图标、窗口、鼠标指针和声音。单击"更改主题"链接，可选择 Windows 7 提供的常用主题，也可以单击"联机获取更多主题"链接下载更多主题。

通过"更改桌面背景"链接用户可以选择单个图片做桌面背景，也可以选择多个图片创建一个幻灯片做桌面背景，图片位置有"填充""适应""拉伸""平铺"和"居中"5 种方式供选择。

"更改半透明窗口颜色"可以更改窗口边框、"开始"菜单和任务栏的颜色，用户可以选择"启用透明效果"，还可以选择颜色的浓度。

2. 显示

"显示"链接可以调整屏幕分辨率、放大或缩小文本等。

3. 桌面小工具

"桌面小工具"链接可以向桌面添加小工具、卸载小工具、还原 Windows 上安装的小工具等。

4. 任务栏和「开始」菜单

"任务栏和「开始」菜单"链接可以打开"任务栏和「开始」菜单"属性窗口进行设置，还可以自定义任务栏上的图标和更改「开始」菜单上的图标。

5. 文件夹选项

单击"文件夹选项"链接可以打开"文件夹选项"对话框，该对话框有"常规""查看"和"搜索" 3 个选项卡。用户可以指定单击或双击打开窗口，是否在同一窗口中打开每个文件夹，是否隐藏已知文件类型的扩展名等。

6. 字体

"字体"链接可以预览、删除或者显示和隐藏本台计算机的字体，还可以更改字体设置、启用 ClearType 字体。ClearType 是 Microsoft 开发的软件技术，用于改善现有 LCD 上的文本可读性。通过 ClearType 字体技术，可以使屏幕上的文字看起来和纸上打印的一样清晰。

3.5.3 时钟、语言和区域

"时钟、语言和区域"分类主要用来设置日期和时间、更改键盘或其他输入法、更改区域等。

单击控制面板中"时钟、语言和区域"分类下面的"更改键盘或其他输入法"链接，在弹出的"区域和语言"对话框中单击"更改键盘"命令按钮，将弹出如图 3.58 所示的"文本服务和输入语言"对话框。在"常规"选项卡中可以对输入法进行添加、删除、上移或下移等操作。在"高级键设置"选项卡中选中某种输入法，再单击"更改按键顺序"按钮可以为所选输入法设置启用热键。

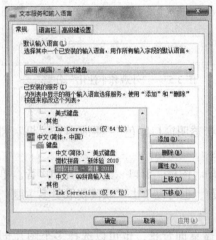

图 3.58　"文本服务和输入语言"对话框

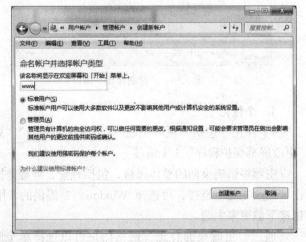

图 3.59　"创建新帐户"窗口

3.5.4 用户帐户和家庭安全

"用户帐户和家庭安全"链接可以添加或删除用户帐户、对用户帐户进行设置等。Windows

7 可为每个用户建立帐户，每个帐户都有自己的桌面、文档、图片、收藏夹等。帐户由唯一的帐户名称和密码识别，当然也可以不设置密码。

Windows 7 的帐户有 3 种类型：管理员帐户、标准用户帐户和来宾帐户。管理员帐户拥有计算机的完全访问权，可以做任何需要的更改，还可以控制其他用户的权限，一台计算机至少要有一个用户拥有管理员帐户；标准用户帐户是受到一定限制的帐户，可以使用大多数软件以及更改不影响其他用户或计算机安全的系统设置，可以设置自己帐户的照片或密码等；来宾帐户是一个为在计算机上没有帐户的用户设置的临时帐户，仅有最低权限，不能设置密码，只能查看计算机中的资料，不能对系统做任何修改。

管理员帐户创建新帐户的方法是：单击控制面板中"用户帐户和家庭安全"分类下的"添加或删除用户帐户"链接，在下方单击"创建一个新帐户"链接，将弹出如图 3.59 所示的"创建新帐户"窗口，输入新帐户的名称并选择帐户类型后单击"创建帐户"按钮。

管理员帐户还可以对已有的帐户进行更改帐户名称、创建密码、更改帐户图片、更改帐户类型、设置家长控制、删除帐户等操作，操作界面如图 3.60 所示。

对于标准用户帐户，管理员帐户可以为其设置家长控制，可以控制帐户使用计算机的时间段、是否能玩游戏、允许和阻止使用计算机上的任一程序等。操作方法是：单击图 3.60 所示的"设置家长控制"链接，选择要控制的标准用户帐户，在弹出的如图 3.61 所示的界面中选择"启用，应用当前设置"，并对下方的"时间限制""游戏"及"允许和阻止特定程序"进行设置。

图 3.60　"更改帐户"窗口

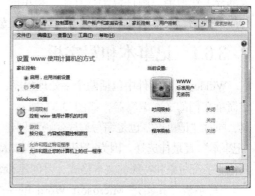
图 3.61　"用户控制"窗口

3.5.5　硬件和声音

"硬件和声音"分类主要进行设备和打印机的添加、系统声音调整、电源选项设置等。

硬件设备包括磁盘驱动器、CD-ROM 驱动器、打印机、网卡、调制解调器、键盘、鼠标、显卡适配器等。硬件设备可分为即插即用型和非即插即用型两种。即插即用型硬件允许计算机自动检测和配置设备并安装适当的设备驱动程序。自 1995 年以后生产的设备绝大多数为即插即用型，非即插即用型硬件现已基本淘汰。"硬件和声音"操作界面如图 3.62 所示。

图 3.62　"硬件和声音"窗口

3.6　Windows 7 常用附件的使用

Windows 7 提供了功能齐全且实用的各种"附件"程序，如记事本、画图、计算器、写字板、系统工具、便签、截图工具、命令提示符等。这些软件虽然功能稍显简单，但足以应付日常大部分工作所需。附件位于"开始"菜单的"所有程序"的下拉菜单中。下面对常用附件程序进行简单介绍，具体的使用请参阅配套的实验教程。

3.6.1　记事本和写字板

Windows 7 附件中包括两个字处理程序："记事本"和"写字板"。其中"记事本"是用来创建简单文档的文本编辑器，如图 3.63 所示。"记事本"是最常用来查看或编辑文本(.txt)文件的工具，同时"记事本"也是编写程序代码和创建 Web 页的最简单工具。如果只需要创建简单的文档，"记事本"是最佳选择。因为"记事本"仅支持最基本的格式，所以不能在"记事本"中保持图形及其他非字符对象和特殊的文本格式，要创建和编辑带格式的文件，应使用"写字板"。

"写字板"其实是 Microsoft Word 的一个简化版本，具有 Word 的基本功能，如图 3.64 所示。在"写字板"中可以创建和编辑文本文档，或者具有复杂格式和图形的文档，对于一般的文字编辑和图文编辑完全可以胜任。

特别要指出的是，写字板文件可以保存为 Word 文档、纯文本文件、RTF 文件、MS-DOS 文本文件、Unicode 文本文件或者 OpenDocument 文本。当使用其他程序时，这些格式可以提供更大的灵活性。

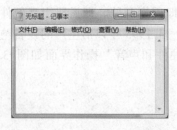

图 3.63　"记事本"窗口

图 3.64　"写字板"窗口

3.6.2　画图

Windows 7 提供了进行图形处理的软件，这就是"画图"，如图 3.65 所示。"画图"是个画图工具，可以用它创建简单或者精美的图画。这些绘图可以是黑白或彩色的并可以存为位图文件。可以打印绘图，将它作为桌面背景，或者粘贴到另一个文档中。还可以使用"画图"查看和编辑扫描的相片。

3.6.3　计算器

使用 Windows 7 中的"计算器"可以执行所有通常用手持计算器完成的标准操作，可以执行基本的运算，如加法和减法等。如果切换为科学计算器，则可以进行函数计算，如统计函数、对数和阶乘，另外还可进行不同数制之间的转换。标准型计算器的外观如图 3.66 所示。

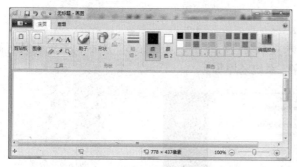

图 3.65　"画图"窗口

图 3.66　"计算器"窗口

3.6.4　截图工具

截图工具是 Windows 7 新增的附件工具，不仅可以截取传统的矩形区域，还可以截取任意格式区域、窗口和全屏幕，操作非常灵活，如图 3.67 所示。截取的图片可以保存为图片文件，单击"选项"菜单将弹出"截图工具选项"对话框，可对截图工具进行设置。

3.6.5　命令提示符

"命令提示符"窗口是 Windows 仿真 MS-DOS 环境的一种外壳，主要用来运行 DOS 命令或程序，也可启动 Windows 程序。"命令提示符"窗口如图 3.68 所示。

图 3.67　"截图工具"窗口

图 3.68　"命令提示符"窗口

用户可以在"命令提示符"窗口闪烁的光标后输入 MS-DOS 命令，输入完成后按 Enter 键即执行该命令。这种从键盘逐行输入字符命令的操作方式，就是早期 DOS 操作系统的命令行操作方式。DOS命令不区分大小写。

在"命令提示符"窗口的标题栏处右键单击，在弹出的快捷菜单中选择"属性"命令将弹出"命令提示符属性"对话框，在该对话框中可以对"命令提示符"窗口的属性进行设置，如光标大小、字体大小、布局和颜色等。

按Alt+Enter组合键可将"命令提示符"环境在窗口与全屏幕之间切换。

3.6.6　轻松访问中心

Windows 7附件的"轻松访问"提供了一些具有辅助功能的工具，可以给一些具有特殊情况的用户提供帮助，如图 3.69 所示。其中，"放大镜"主要适用于视力不好的用户；使用"讲述人"工具可以开启语音操作提示；当用户无法使用键盘或键盘发生故障时，可以启用"屏幕键盘"来模拟键盘操作。

3.6.7　系统工具

附件中还提供了很多系统工具用来对系统进行维护，如图 3.69 所示。系统工具有磁盘清理、磁盘碎片整理程序、任务计划程序、系统还原等。

图 3.69　"轻松访问"和"系统工具"

第4章
文字处理软件 Word 2010

4.1 Word 2010 概述

Word 2010 是 Microsoft 公司开发的 Office 2010 办公组件之一，主要用于文字处理工作。Microsoft Word2010 提供了许多编辑工具，可以使用户更轻松地制作出比以前任何版本都精美的具有专业水准的文档。

4.1.1 Word 2010 简介

Microsoft Office 2010 在旧版本的基础上，做出了很大的改变。首先在界面上，Office 2010 将采用 Ribbon 新界面主题，工作界面下的功能区中的按钮取消了边框设计，让按钮的显示可以更加清晰，界面更加简洁明快。

4.1.2 Word 2010 的启动与退出

1. 启动 Word 2010 程序

首先要启动 Word 2010，进入其工作环境，打开方法有多种，下面介绍几种常用的方法。

① 选择菜单命令"开始→所有程序→Microsoft Office→Microsoft Word 2010"。

② 如果在桌面上已经创建了启动 Word 2010 的快捷方式，则双击快捷方式图标。

③ 如果在任务栏上有应用程序的快捷方式，可直接单击快捷方式图标即可启动相应的应用程序。

④ 双击任意一个 Word 文档，Word 2010 就会启动并且打开相应的文件。

2. 退出 Word 2010 程序

① 单击 Word 应用程序窗口右上角的"关闭"按钮。

② 单击 Word 应用程序窗口左上角的"文件"按钮，在弹出的下拉面板中单击"退出"项。

③ 在标题栏上单击鼠标右键，在弹出的快捷菜单中单击"关闭"命令。

④ 直接按 Alt+F4 组合键。

注意：退出应用程序前没有保存编辑的文档，系统会弹出一个对话框，提示保存文档。

4.1.3 Word 2010 窗口组成

启动 Word 2010 程序，打开操作界面，如图 4.1 所示。Word 2010 工作窗口主要包括标题栏、菜单栏、快速访问工具栏、"文件"按钮、窗口控制按钮、功能区、标尺栏、文档编辑区、状态栏和视图切换区等。

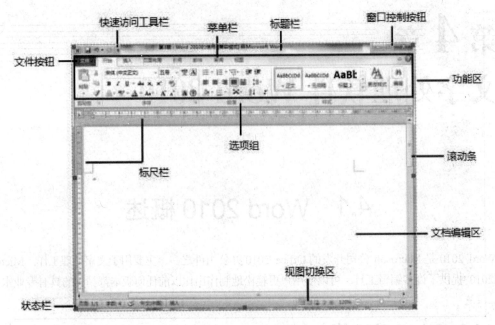

图 4.1　Word 2010 工作界面

1. 标题栏

标题栏主要显示正在编辑的文档名称及编辑软件名称信息，在其右端有 3 个窗口控制按钮，分别完成最小化、最大化（还原）和关闭窗口操作。

2. 菜单栏

菜单栏显示 Word 2010 所有的菜单项，如：文件、开始、插入、页面布局、引用、邮件、审阅、视图菜单。

3. 快速访问工具栏

快速访问工具栏主要显示用户日常工作中频繁使用的命令，安装好 Word 2010 之后，其默认显示"保存"、"撤销"和"重复"命令按钮。当然用户也可以单击此工具栏中的"自定义快速访问工具栏"按钮，在弹出的菜单中勾选某些命令项将其添加至工具栏中，以便以后可以快速地使用这些命令。

4. "文件"按钮

在 Word 2010 中，使用"文件"按钮替代了 Word 2007 中的"Office"按钮，单击"文件"按钮将打开"文件"面板，包含"打开""关闭""保存""信息""最近所用文件""新建""打印"等常用命令。在"最近所用文件"命令面板中，用户可以查看最近使用的 Word 文档列表，通过单击历史 Word 文档名称右侧的固定按钮，可以将该记录位置固定，不会被后续历史 Word 文档替换。

5. "窗口控制"按钮

窗口控制按钮的左端显示控制菜单按钮图标，其后显示文档名称；它的右端显示最小化、最大化或还原和关闭按钮图标。

6. 功能区

功能区将 Word 2010 中的所有功能选项巧妙地集中在一起，以便于用户查找使用。但是当用户暂时不需要功能区中的功能选项并希望拥有更多的工作空间时，则可以通过双击活动选项卡临时隐藏功能区，此时，功能区会隐藏，从而为用户提供更多空间。

7. 标尺栏

Word 2010 具有水平标尺和垂直标尺，用于对齐文档中的文本、图形、表格等，也可用来设置所选段落的缩进方式和距离。可以通过垂直滚动条上方的"标尺"按钮☑显示或隐藏标尺，也可通过"视图"选项卡"显示"组中"标尺"复选框来显示或隐藏标尺。

8. 文档编辑区

文档编辑区是用户使用 Word 2010 进行文档编辑排版的主要工作区域，在该区域中有一个垂直闪烁的光标，这个光标就是插入点，输入的字符总是显示在插入点的位置上。在输入的过程中，当文字显示到文档右边界时，光标会自动转到下一行行首，而当一个自然段落输入完成后，则可通过按一下回车键来结束当前段落的输入。

9. 状态栏

状态栏位于应用程序窗口的底部，用来显示当前文档的信息以及编辑信息等。在状态栏的左侧显示文档共几页、当前是第几页、字数等信息。

10. 视图切换区

窗口底部右侧有 5 种视图模式切换按钮，分别是"页面视图""阅读版式视图""Web 版式视图""大纲视图"和"草稿视图"。

① 页面视图：能最接近地显示文本、图形及其他元素在最终的打印文档中的真实效果。

② 阅读版式视图：默认以双页形式显示当前文档，隐藏"文件"按钮、功能区等窗口元素，便于用户阅读。

③ Web 版式视图：以网页的形式显示文档，适用于发送电子邮件和创建网页。

④ 大纲视图：可以显示和更改标题的层级结构，并能折叠、展开各种层级的文档内容，适用于长文档的快速浏览和设置。

⑤ 草稿视图：仅显示标题和正文，是最节省计算机系统硬件资源的视图模式。

可以通过状态栏右侧的视图模式按钮在这 5 种视图显示模式间进行切换。

4.1.4　Word 2010 文档基本操作

在使用 Word 2010 进行文档录入与排版之前，必须先创建文档，而当文档编辑排版工作完成之后也必须及时地保存文档以备下次使用，这些都属于文档的基本操作。

1. 新建文档

在 Word 2010 中，可以创建两种形式的新文档，一种是没有任何内容的空白文档，另一种是根据模板创建的文档，如传真、信函和简历等。

（1）创建空白文档

创建空白文档的方法有多种，在此介绍 3 种最常用的方法。

① 启动 Word 2010 应用程序之后，会创建一个默认文件名为"文档 1"的空白文档。

② 单击"文件"按钮面板中的"新建"命令，选择右侧"可用模板"下的"空白文档"，再单击"创建"按钮即可创建一个空白文档，如图 4.2 所示。

图 4.2　创建空白文档

③ 单击"自定义快速访问工具栏"按钮，在弹出的下拉菜单中选择"新建"项，之后可以通过单击快速访问工具栏中新添加的"新建"按钮创建空白文档。

（2）根据模板创建文档

Word 2010 提供了许多已经设置好的文档模板，选择不同的模板可以快速地创建各种类型的文档，如信函和传真等。模板中已经包含了特定类型文档的格式和内容等，只需根据个人需求稍做修改即可创建一个个人需求的文档。选择图 4.2 中"可用模板"列表中的合适模板，再单击"创建"按钮即可。

2．打开文档

如果要对已经存在的文档进行操作，则必须先将其打开。方法很简单，直接双击要打开的文件图标，或者在打开 Word 2010 工作环境后，通过选择"文件"按钮面板中的"打开"项，在之后显示的对话框中选择要打开的文件后，单击"打开"按钮即可，如图 4.3 所示。

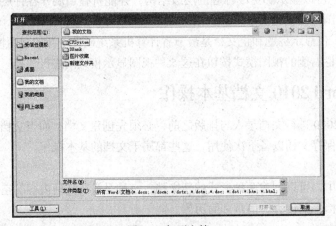

图 4.3　打开文档

3．保存文档

（1）新文档保存

创建好的新文档首次保存，可以单击"快速访问工具栏"中的"保存"按钮或者选择"文件"按钮面板中的"保存"项，均会弹出"另存为"对话框，如图 4.4 所示。在"文件名"框中若不输入名称则 Word 自动将文档的第一句话作为文档的名称，在"保存类型"下拉框中选择"Word 文档"，最后单击"保存"按钮，文档即被保存在指定的位置上了。

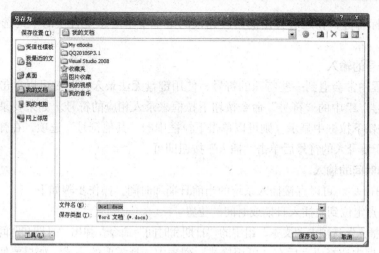

图 4.4　"另存为"对话框

（2）已经存在的文档的保存

若打开了一篇已经存在的文档，要更改名称或保存位置，单击"文件"按钮面板中的"另存为"命令，此时也会弹出如图 4.4 所示的"另存为"对话框，根据需要选择新的存储路径或者输入新的文档名称即可。通过"保存类型"下拉列表中的选项还可以更改文档的保存类型，选择"Word 97-2003 文档"选项可将文档保存为 Word 的早期版本类型。

4.2　文档编辑

文档编辑是 Word 2010 的基本功能，主要完成文本的录入、选择以及移动、复制等基本操作，并且也为用户提供了查找和替换功能、撤销和重复功能。

4.2.1　输入文本

打开 Word 2010 后，用户可以直接在文本编辑区进行输入操作，输入的内容显示在光标所在处。如果没有输入到当前行行尾就想在下一行或下几行输入，是否只能通过回车换行才可以呢？不是的。其实由于 Word 支持"即点即输"功能，用户只需在想输入文本的地方双击鼠标，光标即会自动移到该处，之后用户就可以直接输入。下面就不同类型的内容输入进行分别介绍。

1. 普通文本的输入

普通文本的输入非常简单，用户只需将光标移到指定位置，选择好合适的输入法后即可进行录入操作。常用的输入法切换的快捷键如下。

① 组合键<Ctrl> + <Space>：中/英文输入法切换；

② 组合键<Ctrl> + <Shift>：各种输入法之间的切换；

③ 组合键<Shift> + <Space>：全/半角之间的切换。

在输入文本的过程中，用户会发现在文本的下方有时出现红色或绿色的波浪线，这是 Word 2010 所提供的拼写和语法检查功能。如果用户在输入过程中出现拼写错误，在文本下方即会出现红色波浪线；如果是语法错误，则显示为绿色波浪线。当出现拼写错误时，如误将"Computer"输入为"Conputer"，则"Conputer"下会马上显示出红色波浪线，用户只需在其上单击鼠标右键，在之后弹出的修改建议的菜单中单击想要替换的单词选项就可以将错误的单词替换。

2. 特殊符号的输入

在输入过程中常会遇到一些特殊的符号，使用键盘无法录入，此时可以单击"插入"选项卡，通过"符号"组中的"符号"命令按钮下拉框来录入相应的符号。如果要录入的符号不在"符号"命令按钮下拉框中显示，则可以单击下拉框中的"其他符号"选项，在弹出的"符号"对话框中选择所要录入的符号后单击"插入"按钮即可。

3. 日期和时间的输入

在 Word 2010 中，可以直接插入系统的当前日期和时间，操作步骤如下。

① 将插入点定位到要插入日期或时间的位置。

② 单击"插入"选项卡"文本"组中的"日期和时间"命令，弹出"日期和时间"对话框。

③ 在对话框中选择语言后在"可用格式"列表中选择需要的格式，如果要使插入的时间能随系统时间自动更新，选中对话框中的"自动更新"复选框，单击"确定"按钮即可。

4.2.2 选择文本

在对文本进行编辑排版之前要先执行选中操作，从要选择文本的起点处按下鼠标左键，一直拖动至终点处松开鼠标即可选择文本，选中的文本将以蓝底黑字的形式出现。如果要选择的是篇幅比较大的连续文本，则使用上述方法就不是很方便，此时可以在要选择的文本起点处单击鼠标左键，然后将鼠标移至选取终点处，同时按下<Shift>键与鼠标左键即可。

在 Word 2010 中，还有几种常用的选定文本的方法，首先要将鼠标移到文档左侧的空白处，此处称为选定区，鼠标移到此处将变为右上方向的箭头。

① 单击鼠标，选定当前行文字；

② 双击鼠标，选定当前段文字；

③ 三击鼠标，选中整篇文档。

此外，按下<Alt>键的同时拖动鼠标左键，可以选中矩形区域。

4.2.3 插入与删除文本

在文档编辑过程中，会经常执行修改操作来对输入的内容进行更正。当遗漏某些内容时，可以通过单击鼠标操作将插入点定位到需要补充录入的地方后进行输入。如果要删除某些已经输入的内容，则可以选中该内容后按<Delete>键或<Backspace>键直接删除。在不选择内容的情况下，按<Backspace>键可以删除光标左侧的字符，按<Delete>键删除光标右侧的字符。

4.2.4 复制与移动文本

当需要重复录入文档中已有的内容或者要移动文档中某些文本的位置，可以通过复制与移动操作来快速地完成。复制与移动操作的方法类似，选中文本后，在所选取的文本块上单击鼠标右键则出现弹出菜单，执行复制操作选择"复制"项，执行移动操作则选择"剪切"项，然后将鼠标移到目的位置，再单击鼠标右键，选择"粘贴选项"中的合适选项即可。

4.2.5 查找与替换文本

1. 查找

利用查找功能可以方便快速地在文档中找到指定的文本。选择"开始"选项卡，单击"编辑"下拉框中的"查找"按钮，在文本编辑区的左侧会显示如图 4.5 所示的"导航"窗格，在显示"搜索文档"的文本框内键入查找关键字后按回车键，即可列出整篇文档中所有包含该关键字的匹配结果项，并在文档中高亮显示相匹配的关键词，单击某个搜索结果能快速定位到正文中的相应位置。也可以选择"查找"按钮下拉框中的"高级查找"选项，在弹出的"查找和替换"对话框中的"查找内容"文本框内键入查找关键字，如"Word 2010"，然后单击"查找下一处"按钮即能定位到正文中匹配该关键字的位置，如图 4.6 所示。通过该对话框中的"更多"按钮，能看到更多的查找功能选项，如是否区分大小写、是否全字匹配以及是否使用通配符等，利用这些选项能完成更高功能的查找操作。

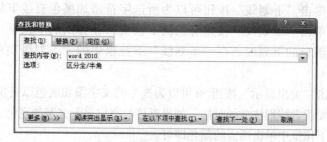

图 4.5 "导航"窗格   图 4.6 "查找和替换"对话框

2. 替换

替换操作是在查找的基础上进行的，单击图 4.6 中的"替换"选项卡，在对话框的"替换为"文本框中输入要替换的内容，根据情况选择"替换"还是"全部替换"按钮即可。

4.2.6 撤销和重复

Word 2010 的快速访问工具栏中提供的"撤销"按钮 可以帮助用户撤销前一步或前几步错误操作，而"重复"按钮 则可以重复执行上一步被撤销的操作。

如果是撤销前一步操作，可以直接单击"撤销"按钮，若要撤销前几步操作，则可以单击"撤销"按钮旁的下拉按钮，在弹出的下拉框中选择要撤销的操作即可。

4.3 文档排版

4.3.1 文本格式设置

设置字符的基本格式是 Word 对文档进行排版美化的最基本操作，字符包括汉字、字母、数字、符号及各种可见字符，当它们出现在文档中时，就可以通过设置其字体、字号、颜色等对其进行修饰。字符格式设置主要通过功能区、对话框2种方式来完成。

1. 通过功能区进行设置

首先单击功能区的"开始"选项卡，此时可以看到"字体"组中的相关命令项，如图4.7所示，利用这些命令项即可完成对字符的格式设置。

单击"字体"下拉按钮，当出现下拉式列表框时单击其中的某字体，如宋体，即可将所选字符以该字体形式显示。当用户将鼠标在下拉列表框的字体选项上移动时，所选字符的显示形式也会随之发生改变，这是之前

图4.7 "开始"选项卡中的"字体"组

提到过的 Word 2010 提供给用户在实施格式修改之前预览显示效果的功能。

单击"字号"下拉按钮，当出现下拉式列表框时单击其中的某字号，如二号，即可将所选字符以该种大小形式显示。也可以通过"增大字号" A和"减小字号"按钮 A来改变所选字符的字号大小。

单击"加粗""倾斜"或"下划线"按钮，可以将选定的字符设置成粗体、斜体或加下划线显示形式。3个按钮允许联合使用，当"加粗"和"倾斜"按钮同时按下时显示的是粗斜体。单击"下划线"按钮可以为所选字符添加黑色直线下划线，若想添加其他线型的下划线，单击"下划线"按钮旁的向下箭头，在弹出的下拉框中单击所需线型即可；若想添加其他颜色的下划线，在"下划线"下拉框中的"下划线颜色"子菜单中单击所需颜色项即可。

单击"突出显示"按钮 可以为选中的文字添加底色以突出显示，这一般用在文中的某些内容需要读者特别注意的时候。如果要更改突出显示文字的底色，单击该按钮旁的向下箭头，在弹出的下拉框中单击所需的颜色即可。

2. 通过对话框进行设置

选中要设置的字符后，单击图4.7所示右下角的"对话框启动器"按钮，会弹出如图4.8所示的"字体"对话框。

图4.8 "字体"对话框

在对话框的"字体"选项卡页面中，可以通过"中文字体"和"西文字体"下拉框中的选项为所选择字符中的中、西文字符设置字体，还可以为所选字符进行字形、字号、颜色等的设置。通过"着重号"下拉框中的"着重号"选项可以为选定字符加着重号，通过

"效果"区中的复选框可以进行特殊效果设置，如为所选文字加删除线或将其设为上标、下标等。

在对话框的"高级"选项卡页面中，可以通过"缩放"下拉框中的选项放大或缩小字符，通过"间距"下拉框中的"加宽""紧缩"选项使字符之间的间距加大或缩小，还可通过"位置"下拉框中的"提升""降低"选项使字符向上提升或向下降低显示。

4.3.2　段落格式设置

文本的段落格式与许多因素有关，如：页边距、缩进量、水平对齐方式、垂直对齐方式、行间距、段前和段后间距等，使用"段落"对话框可以方便地设置这些值。

1. 段落对齐方式

段落的对齐方式分为以下 5 种。

① 左对齐：段落所有行以页面左侧页边距为基准对齐。

② 右对齐：段落所有行以页面右侧页边距为基准对齐。

③ 居中对齐：段落所有行以页面中心为基准对齐。

④ 两端对齐：段落除最后一行外，其他行均匀分布在页面左右页边距之间。

⑤ 分散对齐：段落所有行均匀分布在页面左右页边距之间。

单击功能区的"开始"选项卡下"段落"组右下角的"对话框启动器"按钮，将打开如图 4.9 所示的"段落"对话框，选择"对齐方式"下拉框中的选项即可进行段落对齐方式设置。

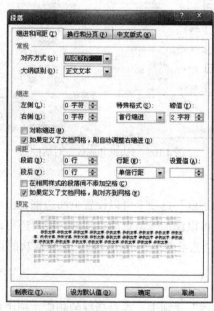

图 4.9　"段落"对话框

2. 段落缩进

缩进决定了段落到左右页边距的距离，段落的缩进方式分为以下 4 种。

① 左缩进：段落左侧到页面左侧页边距的距离。

② 右缩进：段落右侧到页面右侧页边距的距离。

③ 首行缩进：段落的第一行由左缩进位置起向内缩进的距离。

④ 悬挂缩进：段落除第一行以外的所有行由左缩进位置起向内缩进的距离。

3. 段落间距与行间距

通过图 4.9 所示"间距"区域中的"段前"和"段后"项可以设置所选段落与上一段落之间的距离以及该段与下一段落之间的距离。

行间距是指从一行文字的底部到另一行文字底部的间距，其大小可以改变。Word 将调整行距以容纳该行中最大的字体和最高的图形。它决定段落中各行文本间的垂直距离。其默认值是单倍行距，意味着间距可容纳所在行的最大字体并附加少许额外间距。

需要注意的是，当选择行距为"固定值"并键入一个磅值时，Word 将不管字体或图形的大小，这可能导致行与行相互重叠，很难看懂，所以使用该选项时要小心。

4.3.3　边框与底纹设置

边框与底纹能增加读者对文档内容的兴趣和注意程度，并能对文档起到一定美化效果。

1. 添加边框

选中要添加边框的文字或段落后，在功能区的"开始"选项卡下，单击"段落"组中的"下框线"按钮右侧的下拉按钮，在弹出的下拉框中选择"边框和底纹"选项，弹出如图 4.10 所示的对话框，在此对话框的"边框"选项卡页面下可以进行边框设置。

图 4.10　"边框和底纹"对话框

2. 添加页面边框

单击图4.10所示的"页面边框"选项卡可以设置页面边框，页面边框的设置方法与为段落添加边框的方法基本相同。除了可以添加线型页面边框外，用户还可以添加艺术型页面边框。打开"页面边框"选项卡页面中的"艺术型"下拉列表框，选择喜欢的边框类型，再单击"确定"按钮即可。

3. 添加底纹

单击图4.10所示中的"底纹"选项卡，在对话框的相应选项中选择填充色、图案样式和颜色以及应用的范围后再单击"确定"按钮即可。也可通过"段落"组中的"底纹"按钮为所选内容设置底纹。

4.3.4　项目符号和编号

对于一些内容并列的相关文字，比如一个问答题的几个要点，用户可以使用项目符号或编号对其进行格式化设置，这样可以使内容看起来更加条理清晰。首先选中要添加项目符号或编号的文字，然后选择功能区的"开始"选项卡，要为所选文字添加项目符号，单击"段落"组中的"项目符号"按钮，也可单击该按钮旁的向下箭头，在弹出的下拉框中选择其他的项目符号样式；要为所选文字添加编号，单击"段落"组中的"编号"按钮，也可单击该按钮旁的向下箭头，在弹出的下拉框中选择其他的编号样式。

4.3.5　分栏设置

分栏排版就是将文字分成几栏排列，常见于报纸、杂志的一种排版形式。先选择需要分栏排版的文字，若不选择，则系统默认对整篇文档进行分栏排版，再单击"页面布局"选项卡，在"页面设置"组中单击"分栏"按钮，在弹出的下拉框中选择某个选项即可将所选内容进行相应的分栏设置。

如果想对文档进行其他形式的分栏，选择"分栏"按钮下拉框中的"更多分栏"选项，在之后弹出的"分栏"对话框中可以进行详细的分栏设置，包括设置更多的栏数、每一栏的宽度以及栏与栏的间距等。若要撤销分栏，选择一栏即可。

注意：分栏排版只有在页面视图下才能够显示出来。

4.3.6　格式刷

使用格式刷可以快速地将某文本的格式设置应用到其他文本上，步骤如下。

① 选中要复制样式的文本。

② 在功能区的"开始"选项卡下，单击"剪贴板"组中的"格式刷"按钮，之后将鼠标移动到文本编辑区，会看到鼠标旁出现一个小刷子的图标。

③ 用格式刷扫过需要应用样式的文本即可。

4.3.7　首字下沉设置

在很多报刊和杂志当中，经常可以看到将正文的第一个字放大突出显示的排版形式。要使自己的文档也有此种效果，可以通过设置首字下沉来实现，步骤如下。

① 将光标定位到要设置首字下沉的段落。

② 单击功能区"插入"选项卡下"文本"组中的"首字下沉"命令按钮，弹出如图 4.11 所示的下拉框。

③ 在下拉框中选择"下沉"，也可选择"悬挂"项。

④ 若要对下沉的文字进行字体以及下沉行数等的设定，单击"首字下沉选项"，在弹出的"首字下沉"对话框中进行设置，如图 4.12 所示。

图 4.11　"首字下沉"按钮下拉框　　　　图 4.12　"首字下沉"对话框

4.4 表格制作

表格是用于组织数据的最有用的工具之一，以行和列的形式简明扼要地表达信息，便于读者阅读。在 Word 2010 中，不仅可以非常快捷地创建表格，还可以对表格进行修饰以增加其视觉上的美观程度，而且还能对表格中的数据进行排序以及简单计算等。

4.4.1 创建表格

1. 插入表格

要在文档中插入表格，先将光标定位到要插入表格的位置，单击功能区"插入"选项卡下"表格"组中的"表格"按钮，弹出如图 4.13 所示的下拉框，其中显示一个示意网格，沿网格右下方移动鼠标，当达到需要的行列位置后单击鼠标即可。

除上述方法外，也可选择下拉框中的"插入表格"项，弹出如图 4.14 所示对话框，在"列数"文本框中输入列数，"行数"文本框中输入行数，在"自动调整操作"选项中根据需要进行选择，设置完成后单击"确定"按钮即可创建一个新表格。

图 4.13 "表格"按钮下拉框 　　　图 4.14 "插入表格"对话框

2. 绘制表格

插入表格的方法只能创建规则的表格，对于一些复杂的不规则表格，则可以通过绘制表格的方法来实现。要绘制表格，需单击图 4.13 所示的"绘制表格"选项，之后将鼠标移到文本编辑区会看到鼠标已变成一个笔状图标，此时就可以像自己拿了画笔一样通过鼠标拖动画出所需的任意表格。需要注意的是，首次通过鼠标拖动绘制出的是表格的外围边框，之后才可以绘制表格的内部框线，要结束绘制表格，双击鼠标或者按<Esc>键。

3. 快速制表

要快速创建具有一定样式的表格，选择图 4.13 所示的"快速表格"选项，在弹出的子菜单中根据需要单击某种样式的表格选项即可。

4.4.2 表格内容输入

表格中的每一个小格叫做单元格，在每一个单元格中都有一个段落标记，可以把每一个单元格当做一个小的段落来处理。要在单元格中输入内容，需要先将光标定位到单元格中，可以通过在单元格上单击鼠标左键或者使用方向键将光标移至单元格中。例如，可以对新创建的空表进行内容的填充，得到如表 4.1 所示的表格。

当然，也可以修改录入内容的字体、字号、颜色等，这与文档的字符格式设置方法相同，都需要先选中内容再设置。

表 4.1　　　　　　　　　　　　　　成绩表

姓名	英语	计算机	高数
金花	86	80	93
赵一	92	76	89
李刚	78	87	88

4.4.3　编辑表格

1. 选定表格

在对表格进行编辑之前，需要学会如何选中表格中的不同元素，如单元格、行、列或整个表格等。Word 2010 中有如下一些选中的技巧。

① 选定一个单元格：将鼠标移动到该单元格左边，当鼠标变成实心右上方向的箭头时单击鼠标左键，该单元格即被选中。

② 选定一行：将鼠标移到表格外该行的左侧，当鼠标变成空心右上方向的箭头时单击鼠标左键，该行即被选中。

③ 选定一列：将鼠标移到表格外该列的最上方，当鼠标变成实心向下方向的黑色箭头时单击鼠标左键，该列即被选中。

④ 选定整个表格：可以拖动鼠标选取，也可以通过单击表格左上角的被方框框起来的四向箭头图标⊞来选中整个表格。

2. 调整行高和列宽

调整行高是指改变本行中所有单元格的高度，将鼠标指向此行的下边框线，鼠标会变成垂直分离的双向箭头，直接拖动即可调整本行的高度。

调整列宽是指改变本列中所有单元格的宽度，将鼠标指向此列的右边框线，鼠标会变成水平分离的双向箭头，直接拖动即可调整本列的宽度。要调整某个单元格的宽度，则要先选中该单元格，再执行上述操作，此时的改变仅限于选中的单元格。

也可以先将光标定位到要改变行高或列宽的那一行或列中的任一单元格，此时，功能区中会出现用于表格操作的两个选项卡"设计"和"布局"，再单击"布局"选项卡中的"单元格大小"组中显示当前单元格行高和列宽的两个文本框右侧的上下微调按钮，即可精确调整行高和列宽。

3. 合并与拆分

在创建一些不规则表格的过程中，可能经常会遇到要将某一个单元格拆分成若干个小的单元格，或者要将某些相邻的单元格合并成一个，此时就需要使用表格的合并与拆分功能。

要合并某些相邻的单元格，首先要将其选中，然后单击功能区的"布局"选项卡中"合并"组中的"合并单元格"按钮，或者单击鼠标右键，在弹出的快捷菜单中选择"合并单元格"命令，就可以将选中的多个单元格合并成一个，合并前各单元格中的内容将以一列的形式显示在新单元格中。

要将一个单元格拆分，先将光标放到该单元格中，然后单击功能区的"布局"选项卡中"合并"组中的"拆分单元格"按钮，在弹出的"拆分单元格"对话框中设置要拆分的行数和列数，最后单击"确定"按钮即可。原有单元格中的内容将显示在拆分后的首个单元格中。

如果要将一个表格拆分成两个，先将光标定位到拆分分界处（即第二个表格的首行上），再单击功能区的"布局"选项卡中"合并"组中的"拆分表格"按钮，即完成了表格的拆分。

4. 插入行或列

要在表格中插入新行或新列，只需先将光标定位到要在其周围加入新行或新列的那个单元格，再根据需要选择功能区的"布局"选项卡中"行和列"组中的命令按钮，单击"在上方插入"或"在下方插入"可以在单元格的上方或下方插入一个新行，单击"在左侧插入"或"在右侧插入"可以在单元格的左侧或右侧插入一个新列。

在此，对表4.1进行修改，为其插入一个"平均分"行和一个"总成绩"列得到表4.2。

表4.2   插入新行和列的成绩表

姓名	英语	计算机	高数	总成绩
金花	86	80	93	
赵一	92	76	89	
李刚	78	87	88	
平均分				

5. 删除行或列

要删除表格中的某一列或某一行，先将光标定位到此行或此列中的任一单元格中，再单击功能区的"布局"选项卡中"行和列"组中的"删除"按钮，在弹出的下拉框中根据需要单击相应选项即可。若要一次删除多行或多列，则需将其都选中，再执行上述操作。需要注意的是，选中行或列后直接按<Delete>键只能删除其中的内容而不能删除行或列。

6. 更改单元格对齐方式

单元格中文字的对齐方式一共有9种，默认的对齐方式是靠上左对齐。要更改某些单元格的文字对齐方式，先选中这些单元格，再单击功能区的"布局"选项卡，在"对齐方式"组中可以看到9个小的图例按钮，根据需要的对齐方式单击某个按钮即可；也可以选中后单击鼠标右键，在弹出的快捷菜单中单击"单元格对齐方式"项下的某个图例选项。在此，将表4.2中的所有内容都设置为水平和垂直方向上都居中，得到表4.3。

表4.3   对齐设置后的成绩表

姓名	英语	计算机	高数	总成绩
金花	86	80	93	
赵一	92	76	89	
李刚	78	87	88	
平均分				

7. 绘制斜线表头

在创建一些表格时，需要在首行的第一个单元格中分别显示出行标题和列标题，有时还需要显示出数据标题，这就需要通过绘制斜线表头来进行制作。

要为表4.3创建表头，可以通过以下步骤来实现。

① 将光标定位在表格首行的第一个单元格当中，并将此单元格的尺寸调大。

② 单击功能区的"设计"选项卡，在"表格样式"组的"边框"按钮下拉框中选择"斜下框线"选项即可在单元格中出现一条斜线。

③ 在单元格中的"姓名"文字前输入"科目"后按回车键。

④ 调整两行文字在单元格中的对齐方式分别为"右对齐"、"左对齐"，完成设置后如表 4.4 所示。

表 4.4　　　　　　　　　　　插入斜线表头后的成绩表

科目 姓名	英语	计算机	高数	总成绩
金花	86	80	93	
赵一	92	76	89	
李刚	78	87	88	
平均分				

4.4.4　美化表格

1. 修改表格框线

如果要对已创建表格的框线颜色或线型等进行修改，先选中要更改的单元格，若是对整个表格进行更改，将光标定位在任一单元格均可，之后切换到功能区的"设计"选项卡，单击"表格样式"组中的"边框"按钮下拉框中的"边框和底纹"项，在弹出的"边框和底纹"对话框中分别选择边框的样式、颜色和宽度，根据需要在该对话框的右侧"预览"区中选择上、下、左、右等图示按钮将该种设置应用于不同边框，设置完成后单击"确定"按钮。

2. 添加底纹

为表格添加底纹，先选中要添加底纹的单元格，若是为整个表格添加，则需选中整个表格，之后切换到功能区的"设计"选项卡，单击"表格样式"组中的"底纹"按钮下拉框中的颜色即可。

将表 4.4 进行边框和底纹修饰后的效果如表 4.5 所示。

表 4.5　　　　　　　　　　　进行边框和底纹修饰后的成绩表

科目 姓名	英语	计算机	高数	总成绩
金花	86	80	93	
赵一	92	76	89	
李刚	78	87	88	
平均分				

4.4.5　表格转换为文本

要把一个表格转换为文本，先选择整个表格或将光标定位到表格中，再单击功能区的"布局"选项卡"数据"组中的"转换为文本"按钮，在弹出的"表格转换成文本"对话框中选择分隔单元格中文字的分隔符，之后单击"确定"即可将表格转换成文本。

4.4.6 表格排序与数字计算

1. 表格中数据的计算

在 Word 2010 中，可以通过在表格中插入公式的方法来对表格中的数据进行计算。例如，要计算表 4.4 中李明的总成绩，首先将光标定位到要插入公式的单元格中，然后单击功能区的"布局"选项卡中"数据"组中的"公式"按钮，弹出如图 4.15 所示的"公式"对话框。在对话框的"公式"框中已经显示出了公式"=SUM（LEFT）"，由于要计算的正是公式所在单元格左侧数据之和，所以此时不需更改，直接单击"确定"按钮就会计算出李明的总成绩并显示。若要计算英语课程的平均成绩，将光标定位到要插入公式的单元格中之后，再重复以上操作，也会弹出"公式"对话框，只是此时"公式"框中显示的公式是"=SUM（ABOVE）"，由于要计算的是平均成绩，所以此时要使用的计算函数是"AVERAGE"，将"公式"框中的"SUM"修改为"AVERAGE"或者通过"粘贴函数"下拉框选择"AVERAGE"函数，在"编号格式"下拉框中选择数据显示格式为保留两位小数"0.00"，然后单击"确定"按钮就可计算并显示英语课程的平均成绩。以相同方式计算其余数据，结果如表 4.6 所示。

图 4.15 "公式"对话框

表 4.6 公式计算后的成绩表

科目 姓名	英语	计算机	高数	总成绩
金花	86	80	93	259
赵一	92	76	89	257
李刚	78	87	88	253
平均分	85.33	81.00	90.00	256.33

2. 表格中数据的排序

要对表格排序，首先要选择排序区域，如果不选择，则默认是对整个表格进行排序。如果要将表 4.6 按"总成绩"进行升序排序，则要选择表中除"平均分"以外的所有行，之后单击功能区的"布局"选项卡中"数据"组中的"排序"按钮，打开如图 4.16 所示的"排序"对话框。

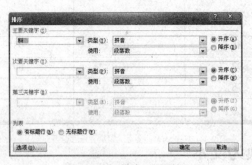

图 4.16 "排序"对话框

在"主要关键字"下拉框中选择"总成绩"，则"类型"框的排序方式自动变为"数字"，再选择"升序"排序，根据需要用同样的方式设置"次要关键字"以及"第三关键字"。在对话框底部，选择表格是否有标题行。如果选择"有标题行"，那么顶行条目就不参与排序，并且这些数据列将用相应标题行中的条目来表示，而不是用"列 1"、"列 2"等方式表示；选择"无标题行"则顶行条目将参与排序，此时选择"有标题行"，再单击"选项"按钮微调排序命令，如排序时是否区分大小写等，设置完成后单击"确定"按钮就完成了排序，结果如表 4.7 所示。

表 4.7　　　　　　　　　　　　按"总成绩"升序排序后的成绩表

科目 姓名	英语	计算机	高数	总成绩
李刚	78	87	88	253
赵一	92	76	89	257
金花	86	80	93	259
平均分	85.33	81.00	90.00	256.33

4.5　图文混排

要想使文档具有很好的美观效果，仅仅通过编辑和排版是不够的，有时还需要在文档中适当的位置放置一些图片并对其进行编辑修改以增加文档的美观程度。在 Word 2010 中，为用户提供了功能强大的图片编辑工具，无须其他专用的图片工具，即能完成对图片的插入、剪裁和添加图片特效，也可以更改图片亮度、对比度、颜色饱和度、色调等，能够轻松、快速地将简单的文档转换为图文并茂的艺术作品。通过新增的去除图片背景功能还能方便地移除所选图片的背景。

4.5.1　插入图片

在文档中插入图片的步骤如下。

① 将光标定位到文档中要插入图片的位置。

② 单击功能区的"插入"选项卡中"插图"组中的"图片"按钮，打开"插入图片"对话框。

③ 找到要选用的图片并选中。

④ 单击"插入"按钮即可将图片插入到文档中。

图片插入到文档中后，四周会出现 8 个蓝色的控制点，把鼠标移动到控制点上，当变成双向箭头时，拖动鼠标可以改变图片的大小。同时功能区中出现用于图片编辑的"格式"选项卡，如图 4.17 所示，在该选项卡中有"调整""图片样式""排列"和"大小"4 个组，利用其中的命令按钮可以对图片进行亮度、对比度、位置、环绕方式等设置。

图 4.17　图片工具

Word 2010 在"调整"组中增加了许多图片编辑的新功能，包括为图片设置艺术效果、图片修正、自动消除图片背景等。通过对图片应用艺术效果，如铅笔素描、线条图形、水彩海绵、马赛克气泡、蜡笔平滑等，可使其看起来更像素描、绘图或绘画作品。通过微调图片的颜色饱和度、色调将使其具有引人注目的视觉效果，调整亮度、对比度、锐化和柔化，或重新着色能使其更适合文档内容。通过将图片背景去除能够更好地突出图片主题。要对所选图片进行以上设置，只需在图4.17所示中单击相应的设置按钮，在弹出的下拉框中进行选择即可。需要注意的是，在为图片删除背景时，单击"删除背景"按钮，会显示出"背景消除"选项卡，如图4.18所示，Word 2010会自动在图片上标记出要删除的部分，一般用户还需要手动拖动标记框周围的调整按钮进行设置，之后通过"标记要保留的区域"或"标记要删除的区域"按钮修改图片的边缘效果，完成设置后单击"保留更改"按钮就会删除所选图片的背景。如果用户想恢复图片到未设置前的样式，单击图4.17所示中的"重设图片"按钮 即可。

图 4.18　"背景消除"选项卡

对于图片来说，将其插入到文档中后，一般都要进行环绕方式设置，这样可以使文字与图片以不同的方式显示。选中图片后单击图4.17所示的"排列"组中的"文字环绕"按钮，在弹出的下拉框中根据需要进行选择即可。图4.19所示为将图片设置为"四周型环绕"方式的显示效果。

图 4.19　"四周型环绕"方式效果图

4.5.2　插入剪贴画

在文档中插入剪辑库中的剪贴画的步骤如下。

① 将光标定位到文档中要显示剪贴画的位置。

② 单击功能区的"插入"选项卡中"插图"组中的"剪贴画"按钮，在文档编辑区的右侧会显示出"剪贴画"任务窗格。

③ 在"搜索文字"中键入查找图片的关键字，如"计算机"。

④ 在"结果类型"下拉框中选择要显示的搜索结果类型，如选择"插图"，如果需要显示 Office.com 网站的剪贴画，则选中"包括 Office.com 内容"复选框。

⑤ 单击"搜索"按钮，在任务窗格的下方列表框中会显示出搜索结果，如图4.20所示。

⑥ 单击要使用的图片即可将其插入到文档中。

图 4.20　"剪贴画"任务窗格

4.5.3　插入艺术字

艺术字是具有特殊效果的文字，用户可以在文档中插入 Word 2010 艺术字库中所提供的任一效果的艺术字。

在文档中插入艺术字的步骤如下。

① 将光标定位到文档中要显示艺术字的位置。

② 单击功能区的"插入"选项卡中"文本"组中的"艺术字"按钮，在弹出的艺术字样式框中选择一种样式。

③ 在文本编辑区中"请在此放置您的文字"框中键入文字即可。

艺术字插入文档中后，功能区中会出现用于艺术字编辑的绘图工具"格式"选项卡，如图4.21 所示，利用"形状样式"组中的命令按钮可以对显示艺术字的形状进行边框、填充、阴影、发光、三维效果等设置。利用"艺术字样式"组中的命令按钮可以对艺术字进行边框、填充、阴影、发光、三维效果和转换等设置。与图片一样，也可以通过"排列"组中的"自动换行"按钮下拉框对其进行环绕方式的设置。

图 4.21　绘图工具

4.5.4　绘制图形

Word 2010 提供了很多自选图形绘制工具，其中包括各种线条、矩形、基本形状（圆、椭圆以及梯形等）、箭头和流程图等。插入自选图形的步骤如下。

① 单击功能区的"插入"选项卡中"插图"组中的"形状"按钮，在弹出的形状选择下拉框中选择所需的自选图形。

② 移动鼠标到文档中要显示自选图形的位置，按下鼠标左键并拖动至合适的大小后松开即可绘出所选图形。

自选图形插入文档后，在功能区中显示出绘图工具"格式"选项卡，与编辑艺术字类似，也可以对自选图形更改边框、填充色、阴影、发光、三维旋转以及文字环绕等设置。

4.5.5　插入 SmartArt 图形

Word 2010 中的"SmartArt"工具增加了大量新模板，还新添了多个新类别，提供更丰富多彩的各种图表绘制功能，能帮助用户制作出精美的文档图表对象。使用"SmartArt"工具，可以非常方便地在文档中插入用于演示流程、层次结构、循环或者关系的 SmartArt 图形。

在文档中插入 SmartArt 图形的步骤如下。

① 将光标定位到文档中要显示图形的位置。

② 单击功能区的"插入"选项卡中"插图"组中的"SmartArt"按钮，打开"选择 SmartArt 图形"对话框，如图 4.22 所示。

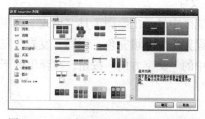

图 4.22　"选择 SmartArt 图形"对话框

③ 图中左侧列表中显示的是 Word 2010 提供的 SmartArt 图形分类列表，有列表、流程、循环、层次结构、关系等，单击某一种类别，会在对话框中间显示出该类别下的所有 SmartArt 图形的图例，单击某一图例，在右侧可以预览到该种 SmartArt 图形并在预览图的下方显示该图的文字介绍，在此选择"层次结构"分类下的组织结构图。

④ 单击"确定"按钮，即可在文档中插入如图4.23所示的显示文本窗格的组织结构图。

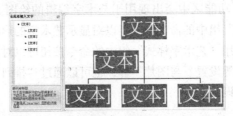

图 4.23　组织结构图

插入组织结构图后，就可以在图4.23所示中显示"文本"的位置输入，也可在图左侧的"在此处输入文字"文本窗格中输入。输入文字的格式按照预先设计的格式显示，当然用户也可以根据自己的需要进行更改。

当文档中插入组织结构图后，在功能区会显示用于编辑SmartArt图形的"设计"和"格式"选项卡，如图4.24所示。通过SmartArt工具可以为SmartArt图形进行添加新形状、更改布局、更改颜色、更改形状样式（包括填充、轮廓以及阴影、发光等效果设置），还能为文字更改边框、填充色以及设置发光、阴影、三维旋转和转换等效果。

图 4.24　Smart Art 工具

4.5.6　插入文本框

文本框是存放文本的容器，也是一种特殊的图形对象。插入文本框的步骤如下。

① 单击功能区的"插入"选项卡中"文本"组中的"文本框"按钮，将弹出如图4.25所示的下拉框。

② 如果要使用已有的文本框样式，直接在"内置"栏中选择所需的文本框样式即可。

③ 如果要手工绘制文本框，选择"绘制文本框"项；如果要使用竖排文本框，选择"绘制竖排文本框"项；进行选择后，鼠标光标在文档中变成"十"字形状，将鼠标移动到要插入文本框的位置，按下鼠标左键并拖动至合适大小后松开即可。

④ 在插入的文本框中输入文字。

文本框插入文档后，在功能区中显示出绘图工具"格式"选项卡，文本框的编辑方法与艺术字类似，可以对其及其上文字设置边框、填充色、阴影、发光、三维旋转等。若想更改文本框中的文字方向，单击"文本"组中的"文字方向"按钮，在弹出的下拉框中进行选择即可。

图 4.25　"文本框"按钮下拉框

4.6　文档页面设置与打印

通过前面的介绍，读者已经可以制作一篇图、文、表混排的精美文档了，但是为了使文档具有较好地输出效果，还需要对其进行页面设置，包括页眉和页脚、纸张大小和方向、页边距、页码等。此外，还可以选择是否为文档添加封面以及是否将文档设置成稿纸的形式。设置完成之后，还可以根据需要选择是否将文档打印输出。

4.6.1　设置页眉与页脚

页眉和页脚中含有在页面的顶部和底部重复出现的信息，可以在页眉和页脚中插入文本或图形，如页码、日期、公司徽标、文档标题、文件名或作者名等。页眉与页脚只能在页面视图下才可以看到，在其他视图下无法看到。

设置页眉和页脚的步骤如下。

① 切换至功能区的"插入"选项卡。

② 要插入页眉，单击"页眉和页脚"组中的"页眉"按钮，在弹出的下拉框中选择内置的页眉样式或者选择"编辑页眉"项，之后键入页眉内容。

③ 要插入页脚，单击"页眉和页脚"组中的"页脚"按钮，在弹出的下拉框中选择内置的页脚样式或者选择"编辑页脚"项，之后键入页脚内容。

在进行页眉和页脚设置的过程中，页眉和页脚的内容会突出显示，而正文中的内容则变为灰色，同时在功能区中会出现用于编辑页眉和页脚的"设计"选项卡，如图4.26所示。通过"页眉和页脚"组中的"页码"按钮下拉框可以设置页码出现的位置，并且还可以设置页码的格式；通过"插入"组中的"日期和时间"命令按钮可以在页眉或页脚中插入日期和时间，并可以设置其显示格式；通过单击"文档部件"下拉框中的"域"选项，在之后弹出的"域"对话框中的"域名"列表框中进行选择，从而可以在页眉或页脚中显示作者名、文件名以及文件大小等信息。通过"选项"组中的复选框可以设置首页不同或奇偶页不同的页眉和页脚。

图 4.26　页眉和页脚工具

4.6.2　设置纸张大小与方向

通常在进行文字编辑排版之前，就要先设置好纸张大小以及方向。切换至"页面布局"选项卡，单击"页面设置"组中的"纸张方向"按钮，直接在下拉框中选择"纵向"或"横向"；单击"纸张大小"按钮，可以在下拉框中选择一种已经列出的纸张大小，或者单击"其他页面大小"选项，在之后弹出的"页面设置"对话框中进行纸张大小的选择。

4.6.3　设置页边距

页边距是页面四周的空白区域，要设置页边距，先切换到"页面布局"选项卡，单击"页面设置"组中"页边距"按钮，选择下拉框中已经列出的页边距设置，也可以单击"自定义边距"选项，在之后弹出的"页面设置"对话框中进行设置，如图 4.27 所示。在"页边距"区域中的"上""下""左""右"数值框中输入要设置的数值，或者通过数值框右侧的上下微调按钮进行设置。如果文档需要装订，则可以在该区域中的"装订线"数值框中输入装订边距，并在"装订线位置"框中选择是在左侧还是上方进行装订。

图 4.27　"页面设置"对话框

4.6.4　设置文档封面

要为文档创建封面，用户可以单击功能区的"插入"选项卡中"页"组中的"封面"按钮，在弹出的下拉框中单击选择所需的封面即可在文档首页插入所选类型的封面，之后在封面的指定位置输入文档标题、副标题等信息即可完成封面的创建。

4.6.5　稿纸设置

如果用户想将自己的文档设置成稿纸的形式，可以单击功能区的"页面布局"选项卡中"稿纸"组中的"稿纸设置"按钮，在之后弹出的对话框中根据需要设置稿纸的格式、网格行列数、颜色以及页面大小等，再单击"确认"按钮就可以将当前文档设置成稿纸形式。

4.6.6　打印预览与打印

Word 2010 将打印预览、打印设置及打印功能都融合在了"文件"菜单的"打印"命令面板，该面板分为两部分，左侧是打印设置及打印，右侧是打印预览，如图 4.28 所示。在左侧面板中整合了所有打印相关的设置，包括打印份数、打印机、打印范围、打印方向及纸张大小等，也能根据右侧的预览效果进行页边距的调整以及设置双面打印，还可通过面板右下角的"页面设置"打开用户在打印设置过程中最常用的"页面设置"对话框。在右侧面板中能看到当前文档的打印预览效果，通过预览区下方左侧的翻页按钮能进行前后翻页预览，调整右侧的滑块能改变预览视图的大小。在 Word 早期版本中，用户需要在修改文档后，通过"打印预览"选项打开打印预览功能，而在 Word 2010，用户无须进行以上操作，只要打开"打印"命令面板，就能直接显示出实际打印出来的页面效果，并且当用户对某个设置进行更改时，页面预览也会自动更新。

在 Word 2010 中，打印文档可以边进行打印设置边进行打印预览，设置完成后直接可以一键打印，大大简化了打印工作，节省了时间。

由于篇幅有限，Word 2010 的很多功能在此没有讲到，有兴趣的读者可以查阅帮助或相关书籍。

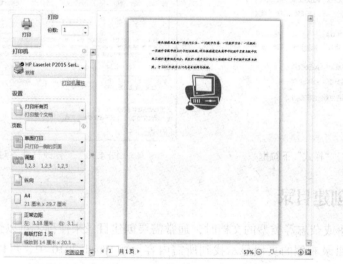

图 4.28　"预览"模式下的"打印预览"选项卡

4.7　Word 高级应用

4.7.1　样式

样式是应用于文档中的文本、表格等的一组格式特征，利用其能迅速改变文档的外观。应用样式时，只需执行简单的操作就可以应用一组格式。选择功能区的"开始"选项卡下"样式"组中的样式显示区域右下角的"其他"按钮，出现如图 4-29 所示的下拉框，其中显示出了可供选择的样式。要对文档中的文本应用样式，先选中这段文本，然后单击下拉框中需要使用的样式名称就可以了。要删除某文本中已经应用的样式，可先将其选中，再选择图 4.29 中的"清除格式"选项即可。

如果要快速改变具有某种样式的所有文本的格式，可通过重新定义样式来完成。选择图 4.29 所示下拉框中的"应用样式"选项，在弹出的"应用样式"任务窗格中的"样式名"框中选择要修改的样式名称，如"正文"，单击"修改"按钮，弹出如图 4.30 所示的对话框，此时可以看到"正文"样式的字体格式为"中文宋体，西文 TimesNewRoman，五号"；段落格式为"两端对齐，单倍行距"。若要将文档中正文的段落格式修改为"两端对齐，2 倍行距，首行缩进 2 字符"，则可以选择对话框中"格式"按钮下拉框中的"段落"项，在弹出的"段落"对话框中设置行距为 2 倍，首行缩进为 2 字符，单击"确定"按钮使设置生效后，即可看到文档中所有使用"正文"样式的文本段落格式已发生改变。

图 4.29　"样式"下拉框

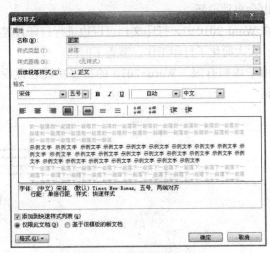

图 4.30　"修改样式"对话框

4.7.2　创建目录

在撰写书籍或杂志等类型的文档时，通常需要创建目录来使读者可以快速浏览文档中的内容，并可通过目录右侧的页码显示找到所需内容。在 Word 2010 中，可以非常方便地创建目录，并且在目录发生变化时，通过简单的操作就可以对目录进行更新。

1. 标记目录项

在创建目录之前，需要先将要在目录中显示的内容标记为目录项，步骤如下。

① 选中要成为目录的文本。

② 单击功能区的"开始"选项卡下"样式"组中的对话框启动器打开"样式"窗格。

③ 单击"样式"窗格右下角的"选项"，则弹出"样式窗格选项"对话框。

④ 选择对话框中"选择要显示的样式"列表框中的"所有样式"选项，单击"确定"按钮返回到"样式"窗格。

⑤ 此时可以看到在"样式"窗格中已经显示出了所有的样式，单击选择所要的样式选项即可。

2.　创建目录

标记好目录项之后，就可以创建目录了，步骤如下。

① 将光标定位到需要显示目录的位置。

② 选择功能区的"引用"选项卡下"目录"组中"目录"按钮下拉框中"插入目录"项，弹出如图4.31所示对话框。

③ 选择是否显示页码、页码是否右对齐，并设置制表符前导符的样式。

④ 在"常规"区选择目录的格式以及目录的显示级别，一般目录显示到3级。

⑤ 单击"确定"按钮即可。

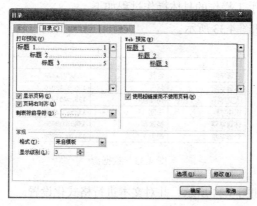

图 4.31　"目录"对话框

3.　更新目录

当文档中的目录内容发生变化时，就需要对目录进行及时更新。要更新目录，单击功能区的"引用"选项卡下"目录"组中"更新目录"按钮，在弹出的如图 4.32 所示对话框中选择是对整个目录进行更新还是只进行页码更新。

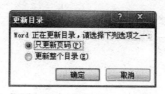

图 4.32　"更新目录"对话框

4.7.3　邮件合并

1.　邮件合并综述

在实际编辑文档中，经常会遇到这种情况，多个文档的大部分内容是固定不变的，只有少部分内容是变化的。如会议通知中，会议通知的内容只有被邀请人的单位和姓名是变的，其他内容是完全相同的，会议通知的信封发出单位是固定不变的，收信人单位、邮政编码和收信人的姓名是变的。对于这类文档，如果逐份编辑，显然费时费力，且易出错。Word 为解决这类问题提供了邮件合并功能，使用这个功能可以方便地解决这类问题。

使用邮件合并解决上述问题要做两个文件。

主控文档：它包含两部分内容，一部分是固定不变的，另一部分是可变的，用"域名"表示。

数据文件：它用于存放可变数据。如会议通知的单位和姓名。数据文件可以用 Excel 编写，也可以用 Word 编写。

使用邮件合并功能有两种方式：一种是手工方式，另一种是使用 Word 提供的"邮件合并向导"。

使用"邮件合并向导"创建套用信函、邮件标签、信封、目录和大量电子邮件和传真。若要完成基本步骤，需执行下列操作。

① 打开或创建主文档后，再打开或创建包含单独收件人信息的数据源。

② 在主文档中添加或自定义合并域。

③ 将数据源中的数据与主控文档合并，创建新的文档。

使用邮件合并功能的手工操作的具体操作过程如下。

① 制作数据文件，如图 4.33 所示。

部门	姓名	电话
经管学院	金花	13907071234
体育学院	赵一	13603149876
人文学院	何舞帧	13520451357
机电学院	李刚	13898023579
体育学院	饶建军	13402013456
外语学院	肖天	13179038209

图 4.33　数据源

② 创建主控文档，如图 4.34 所示，并对文本进行格式化设置。

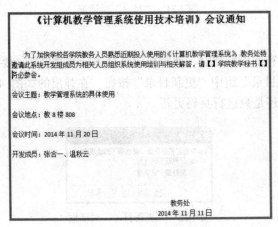

《计算机教学管理系统使用技术培训》会议通知

为了加快学校各学院教务人员熟悉近期投入使用的《计算机教学管理系统》，教务处特邀请此系统开发组成员为相关人员组织系统使用培训与相关解答，请【　】学院教学秘书【　】务必参会。

会议主题：教学管理系统的具体使用

会议地点：教 8 楼 808

会议时间：2014 年 11 月 20 日

开发成员：张合一、温秋云

教务处
2014 年 11 月 11 日

图 4.34　主文档

③ 启用"信函"功能及导入收件人信息。

● 打开通知，在"邮件"→"开始邮件合并"选项组中单击"开始邮件合并"下拉按钮，在其下拉列表中选择"信函"命令。

● 接着在"开始邮件合并"选项组单击"选择收件人"下拉按钮，在其下拉列表中选择"使用现有列表"命令。

● 打开"选择数据源"对话框，在对话框的"查找范围"中选中要插入的收件人的数据源。

● 单击"打开"按钮，打开"选择表格"对话框，在对话框中选择要导入的工作表。

● 单击"确定"按钮，返回文档中，可以看到之前不能使用的"编辑收件人列表""地址块""问候语"等按钮被激活，如果要编辑导入的数据源，可以单击"编辑收件人列表"按钮，打开"邮件合并收件人"对话框。

● 在"邮件合并收件人"对话框中，可以重新编辑收件人的资料信息，设置完成后，单击"确定"按钮。

④ 插入可变域。

● 在文档中将光标定位到 "单位"处及"姓名"处，切换到"邮件"选项卡，在"编写和插入域"选项组中单击"插入合并域"下拉按钮，

● 在其下拉列表中选择"单位"域及"姓名"域，如图 4.35 所示。

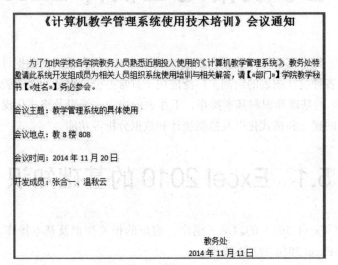

图 4.35　插入可变域

⑤ 批量生成通知。

● 切换到"邮件"选项卡，在"完成"选项组中单击"完成并合并"下拉按钮。

● 在其下拉列表中选择"编辑单个文档"命令。

● 打开"合并到新文档"对话框，如果要合并全部记录，则选中"全部"单选按钮，如果要合并当前记录，则选中"当前记录"单选按钮，如果要指定合并记录，则可以选中最底部的单选按钮，并从中设置要合并的范围。选中"全部"单选项，单击"确定"按钮，即可生成"信函"文档，并将所有记录逐以显示在文档中，如图 4.36 所示。

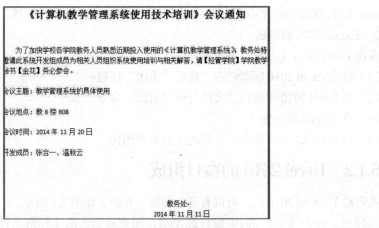

图 4.36　邮件合并后生成的一份通知

第5章
电子表格处理软件 Excel 2010

在日常生活中，经常需要处理数据和表格，Excel 2010 具有强大的数据计算、分析和处理功能，并且可以完成各种统计图表的绘制，广泛应用于日常办公、财务、企业管理等领域。本章主要介绍 Excel 2010 的基础知识和基本操作，工作表的建立、编辑及格式化操作，表格中公式和函数的使用，图表的建立和格式化以及数据统计和数据分析等功能。

5.1 Excel 2010 的基础知识

本节主要介绍 Excel 2010 的启动、退出、窗口的相关知识及基本操作，通过对本节的学习，我们可以掌握 Excel 2010 的基本操作。

5.1.1 Excel 2010 的启动和退出

1. Excel 2010 的启动

可以采用以下 3 种方法启动 Excel 2010。

（1）从"开始"菜单启动 Excel 2010。执行"开始"→"程序"→Microsoft Office→"Microsoft Office Excel 2010"命令。

（2）利用快捷图标启动 Excel 2010。若桌面上有 Excel 2010 的快捷方式图标，则双击该图标也可以启动 Excel 2010。

（3）通过打开 Excel 文档启动 Excel 2010。利用"资源管理器"或"我的电脑"找到要打开的 Excel 文档，双击该文档图标，也可以启动 Excel 2010，打开此文档。

2. Excel 2010 的退出

退出 Excel 2010 主要有以下 4 种方法。

（1）单击 Excel 2010 标题栏右上角的"关闭"按钮。

（2）在 Excel 2010 中执行"文件"→"退出"命令。

（3）按 Alt+F4 组合键。

（4）双击 Excel 2010 标题栏左侧的控制菜单图标。

5.1.2 Excel 2010 的窗口组成

在启动了 Excel 2010 后，可以看到它的窗口界面，如图 5.1 所示。

标题栏：位于 Excel 2010 窗口最顶端，用来显示当前工作簿文件的名称和应用程序的名称。右侧是"最小化"、"最大化/还原"和"关闭"按钮。

快速访问工具栏：默认位置在标题栏的左边，可以设置在功能区下边。快速访问工具栏放置一些最常用的命令。

功能区：Office 2010 的全新用户界面就是把下拉式菜单命令更新为功能区命令工具栏。在功能区中，将原来的下拉菜单命令重新组织在"开始"、"插入"、"页面布局"、"公式"、"数据"、"审阅"、"视图" 7 个选项卡中。

名称框：用来显示当前单元格（或区域）的地址或名称。

编辑栏：主要用于输入和编辑单元格或表格中的数据或公式。

工作表：工作表编辑区占据了整个窗口最主要的区域，也是用户在 Excel 操作时最主要的工作区域。

工作表标签：工作簿底端的工作表标签用于显示工作表的名称，单击工作表标签将激活相应工作表。

状态栏：位于文档窗口的最底部，用于显示所执行的相关命令、工具栏按钮、正在执行的操作或插入点所在位置等信息。

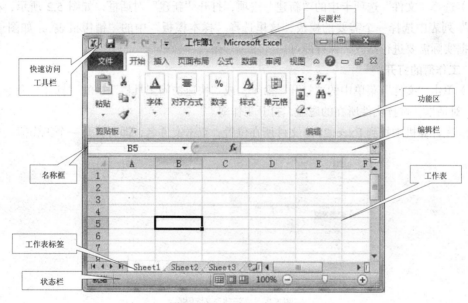

图 5.1　Excel 2010 窗口界面

5.1.3　工作簿、工作表和单元格的概念

1．工作簿

Excel 2010 中用来存储并处理数据的文件叫工作簿。首次启动 Excel 2010 后，系统默认生成一个名为 Book1.xlsx 的工作簿。一个工作簿中可包含多张工作表，最多可以包含 255 张工作表，默认生成 3 张，分别为 Sheet1、Sheet2、Sheet3。

2．工作表

工作表是工作簿的一个组成部分。一个工作簿文件系统默认由 3 张工作表组成，用户可根据需要进行增减。工作表以 Sheet1、Sheet2……Sheet$N$ 命名，显示于工作表标签区，用户可通过单击标签来进行表间切换。

3. 单元格与活动单元格

工作表是一张二维表，单元格即工作表中每行和每列交叉点处的小格，是工作表的基本成分，又称单元。每个单元格用其所在工作表中的列号和行号作为地址名字，如 A3 表示第 3 行第 1 列单元格。行号位于各行左侧，其范围为：1~65536；列号位于各列上方，其范围为：A~IV，即一张工作表由 65536×256 个单元格组成。

活动单元格是用户选中或正在编辑的单元格，其四周有粗黑框，地址显示在编辑栏的名称框中，用户可对其进行一系列具体操作。需要指出的是当前工作表中只能有一个活动单元格。

5.1.4 工作簿的建立和打开

1. 工作簿的建立

启动 Excel 2010，即可新建一个空白工作簿。若是在已经启动的 Excel 2010 中建立一个新工作簿，有下面几种方法。

（1）单击"文件"菜单中的"新建"命令，在"可用模板"下选择"空白模板"，右边有"空白工作簿"，单击下面的"创建"就可以建立一个新的空白工作簿了。

（2）选择"文件"选项卡中的"新建"选项，打开"新建"对话框，如图 5.2 所示，在"可用模板"列表中选择一个需要的模板，这里选择"样本模板"中的"销售报表"，如图 5.3 所示。根据实际需要进行修改，保存即可。

2. 工作簿的打开

（1）单击"文件"菜单中的"打开"命令，或"快速访问工具栏"中的"打开"命令，出现"打开"对话框，选择文件所在的磁盘，打开工作簿。

（2）在计算机中找到 Excel 2010 文件所在位置，双击文件名，即可打开一个工作簿。

图 5.2 "新建"对话框

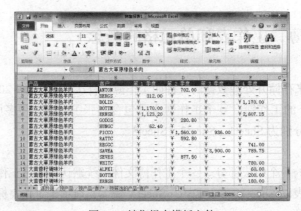

图 5.3 销售报表模板文件

5.2　工作表的建立与管理

在 Excel 2010 中，工作簿由多个工作表组成。本节主要介绍在工作簿中建立与管理工作表，包括如何建立工作表，以及工作表的各种操作等。

1. 选取工作表

（1）选定单个工作表：单击目标工作表标签，则该工作表成为当前的工作表，其名字以白底显示，且有下划线显示。

（2）选定多个相邻的工作表：按住 Ctrl 键并单击每一个要选定的工作表标签。

2. 切换工作表

单击工作簿中工作表标签即可在不同的工作表之间切换。

3. 插入和删除工作表

（1）插入工作表

单击"开始"→"单元格"→"插入"→"插入工作表"即可插入一张工作表。

（2）删除工作表

选择一张要删除的工作表，单击"开始"→"单元格"→"删除"→"删除工作表"即可删除选中的工作表。

或者选择工作表，单击鼠标右键，选择"删除"即可删除选中的工作表。

4. 复制和移动工作表

不仅可以在一个工作簿里移动和复制工作表，还可以把表移动或复制到其他工作簿里。可以采用两种方法。

（1）用鼠标直接操作。

若要移动工作表，只需用鼠标单击要移动的表的标签，然后拖到新的位置即可。若要复制工作表，只需先选定工作表，按下 Ctrl 键，然后拖动表到新位置即可。当然，用这种方法可以同时移动和复制几个表。

（2）用菜单操作。

选中要移动或复制的工作表，单击鼠标右键，选择"移动或复制"，会出现如图 5.4 所示对话框。按步骤完成工作表的移动或复制。

图 5.4　"移动或复制工作表"对话框

5. 重命名工作表

为了便于记忆和查找，可以将 Excel 2010 的工作表命名为容易记忆的名字，有两种方法：

（1）选择要改名的工作表，单击鼠标右键，选择"重命名"命令，这时工作表的标签上名字将被反白显示，然后在标签上输入新的表名即可。

（2）双击当前工作表下部的名称，如"Sheet1"，再输入新的名称。

5.3 编辑单元格、行和列

本节主要介绍工作表中行、列及单元格的相关操作：行、列及单元格数据的删除、复制、移动、查找及替换等。

5.3.1 选取单元格或单元格区域

选择一个单元格，将鼠标指向它，单击鼠标左键；选择一个单元格区域，可选中左上角的单元格，然后按住鼠标左键向右拖曳，直到需要的位置松开鼠标左键；若要选择两个或多个不相邻的单元格区域，在选择一个单元格区域后，可按住 Ctrl 键，然后再选另一个区域即可；若要选择整行或整列，只需单击行号或列号，这时该行或该列第一个单元格将成为活动的单元格；若单击左上角行号与列号交叉处的按钮，即可选定整个工作表。

5.3.2 编辑单元格数据

双击要键入数据的单元格，直接输入数据或对其中内容进行修改，完成后若要确认所做的改动，按 Enter 键即可；若取消所做的改动，按 Esc 键。另外，用户还可以单击单元格，再单击工作表上边的编辑栏，你就可以在编辑栏中编辑单元格中的数据了，编辑好之后按前面的"√"确认修改，按"×"放弃修改。

5.3.3 单元格、行和列的复制和移动

选择要复制的单元格、行或列，单击鼠标右键，选择"复制"，再选择目的单元格、行或列，单击鼠标右键，选择"粘贴"。如果要做移动操作，和复制操作相似，只是把"复制"改成"剪切"即可。

5.3.4 单元格、行和列的插入及删除

1. 单元格、行和列的插入

选择要插入的位置，然后单击"开始"菜单下"单元格"中的"插入"菜单，若是插入单元格，则选择"插入单元格"，出现如图 5.5 所示对话框，按照实际需要进行相关的操作；若是插入行或列，则在"插入"菜单下选择"插入工作表行"或"插入工作表列"选项。

图 5.5 "插入"对话框

2. 单元格、行和列的删除

选择要删除的单元格、行或列的位置，然后单击"开始"菜单下"单元格"中的"删除"按钮，出现 4 个选项："删除单元格"，"删除工作表行"，"删除工作表列"和"删除工作表"，按需要单击即可。

5.4　格式化工作表

本节主要介绍 Excel 2010 中工作表的格式化操作：调节行高、列宽，数据的显示、文字的格式化、边框的设置、字体及颜色的设置等。

5.4.1　设置数据格式

1. 设置字体

设置字体有两种方法。

（1）选中单元格，在"开始"菜单下选择"字体"菜单，打开如图 5.6 所示对话框。在"字体"标签下，可以设置文本字体、颜色、效果等。

（2）在"开始"菜单下的"字体"组中，有设置修饰文字的下拉列表框和按钮，如图 5.7 所示，根据需要进行设置即可。

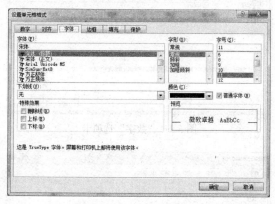

图 5.6　"字体"选项卡

2. 设置数字格式

在工作表中有各种各样的数据，如数字、日期、时间等，它们的显示格式可以不同，设置数字格式主要有两种方法。

（1）用数字格式的按钮设置。选定需要设置数字格式的单元格或单元格区域，单击"开始"菜单中"数字"组的"常规"按钮右侧的向下箭头，打开下拉列表框，如图 5.8 所示，根据需要设置即可。

图 5.7　"字体"组　　　　图 5.8　常规"数字"选项卡

（2）用"单元格格式"对话框的数字选项设置。选定需要设置数字格式的单元格或单元格区域，单击"开始"菜单中的"单元格"组"格式"按钮右侧的向下箭头，打开"格式"下拉列表框，单击"设置单元格格式"，打开"设置单元格格式"对话框，如图 5.9 所示，选择"数字"选项卡，根据需要设置即可。

3. 设置对齐方式

在输入数据到工作表时，默认是文字左对齐，数字右对齐，文本和数字都在单元格下边框水平对齐。

选定需要改变对齐方式的单元格或单元格区域，单击"开始"菜单中"对齐方式"组相应的按钮进行设置，根据需要单击相应的按钮即可。或者在"对齐方式"组中选择右下角按钮打开"设置单元格格式"对话框，如图 5.10 所示，选择"对齐"选项卡下的按钮进行设置即可。

图 5.9　"数字"选项卡

图 5.10　"对齐"选项卡

"合并单元格"是将多个单元格合并为一个单元格，用来存放更多的数据。当多个单元格都包含数据时，合并后只保留左上角单元格的数据。一般常与"水平对齐"列表框中的"居中"选项合用，用于标题的设置。

4. 设置边框

（1）选定需要设置的单元格边框的单元格区域，单击"开始"菜单中的"单元格"组"格式"按钮右侧的向下箭头，打开"格式"下拉列表框，单击"设置单元格格式"，打开"设置单元格格式"对话框，选择"边框"选项卡，如图 5.11 所示。

图 5.11　"边框"选项卡

（2）在"样式"列表框中选择一种线性样式，单击"外边框"按钮，即可设置表格的外边框；单击"内部"按钮，即可设置表格的内部连线；也可以使用"边框"组中的 8 个边框按钮，设置所需边框。

（3）在"颜色"下拉列表框中可以设置边框的颜色。

（4）设置完成后，单击"确定"按钮完成设置。

5. 设置背景

（1）设置单元格背景色

选定需要设置的单元格区域，单击"开始"菜单中的"单元格"组"格式"按钮右侧的向下箭头，打开"格式"下拉列表框，单击"设置单元格格式"，打开"设置单元格格式"对话框，选择"填充"选项卡，如图 5.12 所示。

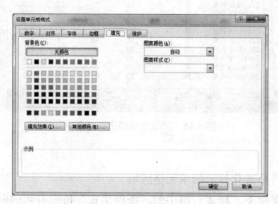

图 5.12　"填充"选项卡

在"背景色"组中选择一种颜色，或者单击"其他颜色"按钮，从打开的对话框中选择一种颜色。单击"填充效果"按钮，打开"填充效果"对话框，可设置不同的填充效果，设置完毕，单击"确定"按钮即可。

（2）设置单元格背景图案

在上述"填充"选项卡中，单击"图案样式"下拉列表框，在打开的图案样式中选择一种图案；单击"图案颜色"下拉列表框，在打开的图案颜色中选择一种图案颜色，设置完成后单击"确定"按钮。

6. 调整行高和列宽

调整行高和列宽主要有下面两种方法。

（1）使用鼠标调整

将鼠标指针移动到工作表两个行序号之间，此时鼠标指针变为十字型且带有上下箭头状态。按住鼠标左键不放，向上或向下拖动，就会缩小或增加行高。调整列宽的方法相同。

（2）使用菜单调整

选定要调整的相关行或列，单击"开始"菜单中"单元格"组的"格式"按钮右侧的向下箭头，打开下拉列表框，如图 5.13 所示。选择"列宽"或"行高"项，打开"列宽"或"行高"对话框，在对话框中输入要设定的数值，然后单击"确定"按钮。

图 5.13　"格式"下拉列表框

5.4.2　条件格式化

使用条件格式化显示数据，就是指设置单元格中数据在满足给定条件时的显示方式。例如，先建立一张"学生成绩表"，如图 5.14 所示，将给定的"学生成绩"工作表中总分大于 250 的显示为"浅红填充色深红色文本"。

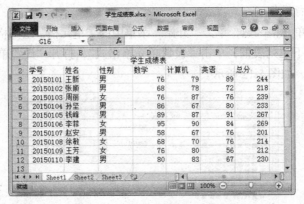

图 5.14　"学生成绩表"工作表

具体操作步骤如下。

（1）选择要使用条件格式化显示的单元格区域。

（2）单击"开始"菜单下"样式"组中的"条件格式"按钮右侧的向下箭头，打开"条件格式"下拉列表框，如图 5.15 所示。

（3）在"突出显示单元格规则"的下一级选项中，选择"大于"选项，在"大于"对话框中，分别输入"250"和选择设置为"浅红填充色深红色文本"，如图 5.16 所示，然后单击"确定"按钮，条件格式设置的效果如图 5.17 所示。

需要注意的是，利用条件格式设置的格式，在"字体"格式中是不能修改和删除的，如果要修改和删除设置的条件格式，只能到设置"条件格式"的状态中进行。

图 5.15　"条件格式"下拉列表框

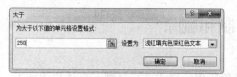

图 5.16　"大于"对话框

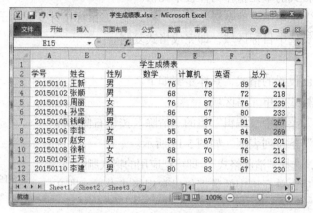

图 5.17　"条件格式"效果

5.4.3　自动套用格式

自动套用格式是指一整套可以应用于某一数据区域的内置格式和设置的集合，它包括字体大小、对齐方式等设置信息。通过自动套用格式功能，用户可以迅速构建带有特定格式的表格。Excel 2010 提供了多种可供选择的工作表格式。

设置自动套用格式，具体步骤如下。

（1）选定需要应用自动套用格式的单元格区域。单击"开始"菜单中"样式"组的"套用表格格式"按钮右侧的向下箭头，打开"套用表格格式"下拉列表框，如图 5.18 所示。

（2）在示例列表框中，根据需要选择一种格式。选定的单元格区域按照选择的表格格式进行设置。

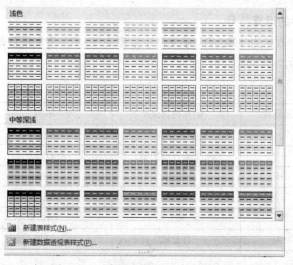

图 5.18　"套用表格格式"下拉列表框

5.4.4　格式的复制和删除

1. 格式复制

格式复制是指对所选对象所用的格式进行复制。具体步骤如下：

（1）选中有相应格式的单元格作为样板单元格。

（2）单击"开始"菜单中"剪贴板"组的"格式刷"，鼠标指针变成刷子形状。

（3）用刷子形指针选中目标区域，即完成格式复制。

2. 格式删除

要删除单元格中已设置的格式，具体步骤如下。

（1）选取要删除格式的单元格区域。

（2）单击"开始"菜单中"编辑"组的"清除"按钮右侧的向
下箭头，打开"清除"下拉列表框，如图 5.19 所示。

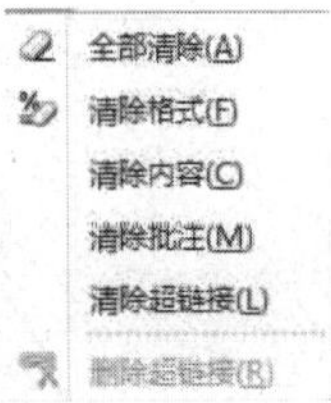

（3）在列表框中，选择"清除格式"，即可把应用的格式删除。

（4）格式被删除后，单元格中的数据仍以常规格式表示，即文
字左对齐，数字右对齐。

图 5.19　"清除"下拉列表框

5.5　公式和函数

在 Excel 2010 中，除了可以对表格进行一般的数据处理之外，还可以在单元格中输入公式
或直接使用系统提供的函数对单元格中的数据进行数值计算。

5.5.1　公式的使用

在 Excel 中，公式是以"="开头，其后由一个或多个单元格地址、数值和数学运算符构成
的表达式。在工作表中可以使用公式进行表格数据的加、减、乘、除等各种运算。例如，计算单
元格 A1、B1 和 C1 中数据的和，可以在除 A1、B1、C1 之外的单元格中输入公式：
=A1+B1+C1。

1. Excel 2010 中的运算符号

假设 A1 单元格中数据为 100，B1 单元格中数据为 2，C1 单元格数据为 24，其运算符号及
运算结果如表 5-1 所示。

表 5.1　　　　　　　　　　　　　　　　运算符号

类型	运算符	运算符含义	示例	运算结果
算术运算符	+	加法运算	=A1+B1	102
	−	减法运算或负数	=A1−B1	98
	*	乘法	=A1*2	200
	/	除法	=A1/2	50
	^	乘方	=A1^2	10000
	%	百分比	=A1%	1

续表

类型	运算符	运算符含义	示例	运算结果
关系运算符	=	等于	=A1=B1	FALSE
	〉	大于	=A1>B1	TRUE
	〈	小于	=A1<B1	FALSE
	>=	大于或等于	=A1>=B1	TRUE
	<=	小于或等于	=A1<=B1	FALSE
	<>	不等于	=A1<>B1	TRUE
引用运算符	:	区域运算符，对包含在两个引用之间的所有单元格的引用	A1: B2	引用 4 个单元格：A1，A2，B1 和 B2
	,	联合运算符，将多个引用合并为一个引用	A1: B2, C3	引用 5 个单元格：A1，A2，B1，B2 和 C3
	（空格）	交叉运算符，引用空格左右两边的两个引用共有的单元格	A1: B3 B2: C4	引用两个引用相交部分的两个单元格：B2 和 B3
其他	（ ）	括号，可以改变运算优先级	=（A1+B1+C1）/3	42

在 Excel 2010 中使用公式计算单元格数据时，需要了解表中所示的最基本的运算符号和对应的运算法则。

2. 使用公式计算工作表数据

如图 5.20 所示，要计算各产品的销售数量总和，也就是 C3 到 C6 四个单元格的数据之和，具体步骤如下。

图 5.20 产品销售表求和

（1）选中计算结果要存放的单元格，这里我们选择 C7。在所选单元格 C7 中输入公式"=C3+C4+C5+C6"。

（2）按回车键，计算结果将显示在所选单元格 C7 中，如图 5.21 所示。

上例是使用公式计算单元格数据的和，其他数据运算步骤相同。

图 5.21 单元格求和结果

3. 显示和隐藏公式

在单元格中输入公式后，显示在单元格中的不是所输入的公式，而是使用此公式计算单元格数据的结果。如果用户需要查看单元格数据计算所使用的公式，可以根据下面的方法进行操作。

选择"公式"选项卡，在"公式审核"选项组中单击"显示公式"按钮，"显示公式"阿牛被点击后，突出显示。即将工作表单元格中的公式显示出来。

隐藏公式，显示计算结果，具体步骤如下。

选择"公式"选项卡，在"公式审核"选项组中单击"显示公式"按钮，"显示公式"按钮退出突出显示，即可将单元格中公式隐藏，显示计算结果。

此外，按键盘上的 Ctrl+`组合键，可以在显示公式和显示计算结果之间切换。将计算结果选中，所使用的计算公式将自动显示在数据编辑栏的输入框中。

4. 公式的编辑

将公式输入工作表的单元格后，它就相当于一个普通的数据，可以对它进行与普通数据相同的各种编辑操作。

修改公式，步骤如下。

（1）选中要修改公式的单元格。

（2）在数据编辑栏的数据输入框中，将输入光标定位到公式要修改的位置或按 F2 键，进入数据的编辑模式，然后就可以对公式进行必要的修改。

（3）公式修改完毕后，单击数据编辑栏上的"输入"按钮，或按回车键，即可将修改后的公式输入到单元格。

删除公式，步骤如下。

选中要删除公式的单元格，选中"开始"菜单，单击"编辑"选项组中的"清除"按钮右边的三角按钮，弹出一个下拉菜单，选择"清除内容"选项，即可将所选单元格中的公式清除。

5.5.2 公式中的引用

在前面我们学过单元格的复制，其实复制和引用公式的方法与单元格复制的方法相同。Excel 2010 提供了三种不同的引用类型：相对引用、绝对引用和混合引用。在实际应用中，要根据数据的关系决定采用哪种引用类型。

1. 相对引用

所谓相对引用，就是在同一个工作表中，将一个单元格中的公式复制并粘贴到另一个单元格，此公式将自动变化为适用这一单元格的形式。直接引用单元格区域名，不需要加"$"符。

使用相对引用公式的方法计算单元格数据方法如下。

在源单元格 E1 中的公式为=A1+B1+C1+D1；选中公式所在的单元格 E1，然后对其进行复制；选择复制公式要粘贴到的目标单元格 E2，然后执行粘贴命令，此时公式显示为=A2+B2+C2+D2。

将公式引用到需要的单元格后，按回车键，即可在单元格中显示计算结果，如图 5.22 所示。

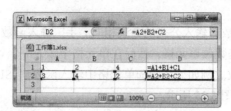

图 5.22　相对引用公式

2. 绝对引用

所谓绝对引用，就是公式复制到新位置后不改变公式的单元格引用。绝对引用的单元格名中，列、行号前都有"$"符号。

使用绝对引用公式的方法计算单元格数据，方法如下。

在源单元格 E1 中的公式为=$A$1+$B$1+$C$1+$D$1；选中公式所在的单元格 E1，然后对其进行复制；选择复制公式要粘贴到的目标单元格 E2，然后执行粘贴命令，此时公式显示仍然为=$A$1+$B$1+$C$1+$D$1，如图 5.23 所示。

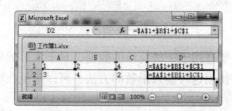

图 5.23　绝对引用公式

3. 混合引用

混合引用有两种情况，若在列号前有"$"符号，而行号前没有"$"符号，被引用的单元格列的位置是绝对的，行的位置是相对的；反之，列的位置是相对的，行的位置是绝对的。

使用混合引用公式的方法计算单元格数据，方法如下。

在源单元格 E1 中的公式为=$A$2+$B1+C$1+$D$2；选中公式化所在的单元格 E1，然后对其进行复制；选择复制公式要粘贴的目标单元格 F2，然后执行粘贴命令，此时公式显示为=$A$2+$B2+D$1+$D$2，如图 5.24 所示。

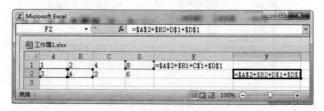

图 5.24　混合引用公式

5.5.3 函数的使用

Excel 2010 提供了几百个可以单独使用或与其他公式或函数结合使用的函数。比如求和、求平均值、取最大值等，都可以使用函数来实现。

1. 输入和使用函数

在工作表中使用函数计算数据，首先要将函数输入单元格，下面将介绍两种函数输入单元格的方法。

（1）在单元格中输入函数与输入公式的方法相同。手工输入函数，具体步骤如下。

① 首先选中需要输入函数的单元格，然后在单元格中输入一个等号"="。

② 输入所要使用的函数。例如，在所选单元格中输入函数"=SUM(C3:E3)"，计算学生成绩工作表中王新的总成绩，如图 5.25 所示。

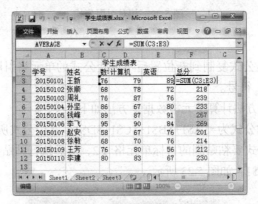

图 5.25　在单元格中输入函数

使用手工输入函数，主要适用于一些简单的数据，对于参数较多且比较复杂的函数，建议用户使用粘贴函数来输入。使用这种输入函数的方法，可以避免在输入函数的过程中产生输入错误。

（2）使用粘贴函数输入，具体步骤如下。

① 选择需要输入函数的单元格。

② 选择"公式"选项卡中的"函数库"选项组中的"插入函数"按钮，显示如图 5.26 所示的"插入函数"对话框。

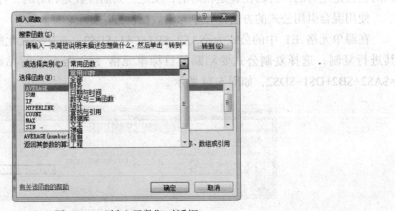

图 5.26　"插入函数"对话框

③ 在"输入函数"对话框的"选择类别"列表框中，选择需要的函数类型，然后在"选择函数"列表框中选择需要使用的函数。

④ 单击"确定"按钮，将弹出如图 5.27 所示的"函数参数"对话框。

图 5.27 "函数参数"对话框

⑤ 在"函数参数"对话框中，设置函数所需的参数，可以直接输入参数，这里输入 B3：B6；也可以单击 Number1 右边的按钮，选择要进行计算的 4 个单元格：B3、B4、B5 和 B6。如果还有参与运算的单元格，可以继续在 Number2 中输入要进行计算的单元格名称。

⑥ 单击"确定"按钮，所选函数将被填入到所选单元格。

在实际的表格数据计算工作中，使用系统所提供的函数只能满足一些简单的数据运算。有时为了进行一个复杂的数据运算，需要将函数和公式组合起来使用，这就需要在公式中输入函数。单击选中要输入公式和函数的单元格；先输入需要使用的公式，然后将输入光标（插入点）移动到需要输入函数的位置，输入要插入公式的函数。

2. 使用自动求和

在实际操作中，最常用的数据运算就是加法求和运算。Excel 2010 为了使表格数据求和运算更方便，提供了数据的自动求和功能，并在"公式"选项卡中提供了"自动求和"按钮"Σ"。实际上，"Σ"按钮代表着一个"sum"函数，利用这一函数可以将一个复杂的累加公式转化为一个简单的公式。例如，可以将公式"=B1+B+B3+B4"，转化为"=SUM(B1:B4)"。下面将介绍如何使用自动求和功能进行数据的求和。

具体步骤如下。

（1）选中参与运算的数据所在的行列单元格区域。

（2）单击"公式"选项卡中的"自动求和"按钮"Σ"，此时数据求和结果将出现在相应的单元格中。

例如，如果求和的数据是同一列数据，则求和结果将出现在此列最后一个数据下面的那一空白单元格中；如果用户需要将数据的求和结果放置到一个指定的单元格中，而不是系统默认的单元格，可以根据下列步骤进行。

（1）选中求和计算结果数字要放置的单元格。

（2）单击"公式"选项卡中的"自动求和"按钮"Σ"。

（3）选择要进行求和的单元格数据。

（4）再次单击"公式"选项卡中"自动求和"按钮即可。

对多个选定区域的数据进行汇总求和，具体步骤如下。

（1）选中计算结果要放置的单元格。

（2）单击"公式"选项卡中的"自动求和"按钮。

（3）按住 Ctrl 键不放，然后选择要汇总求和的多个单元格区域。

（4）再次单击"公式"选项卡中的"自动求和"按钮，即可将所选单元格区域的数据之和计算出来，并显示在指定的单元格中。

5.6　图表

"图表"为数字数据提供了直观的、图形化的表示。数字转换成条形图、折线图、饼图等图表后，更为直观。

5.6.1　创建图表

在 Excel 2010 中创建图表的方式有两种：一种是嵌入式图表，就是将图表创建在工作表中，作为工作表的一部分；另一种为单独式图表，就是将图表创建在单独的空白工作表中。用这两种方式创建图表的最大区别就是，第二种方式将图表创建在一个空白的工作表中，可以单独打印。不论是哪种方式的图表，其依据都是工作表中的数据源，当工作表中的数据源改变时，图表也将作相应的变动，以反映出图表数据的变动情况。

1. 嵌入式图表

以图 5.28 所示表格中的数据作为数据源，建立嵌入式图表，具体操作步骤如下。

图 5.28　办公用品销售单

（1）在表格中将需要建立图表的数据源选中，这里我们选择表格 A2 到 D6 区域的数据为图表的数据源。

（2）选择"插入"选项卡，单击"图表"选项组右下角的缩放按钮，将弹出"插入图表"对话框，如图 5.29 所示。

图 5.29　"插入图表"对话框

（3）在左侧列表框中选择某种类型图形，选择柱形图，然后在右边列表中选择具体的柱形图，将光标在某个图标上面稍微停留几秒，就会有提示出现，选择"簇状柱形图"，单击确定按钮。

（4）新建的图表将插入到当前工作表中，如图 5.30 所示。

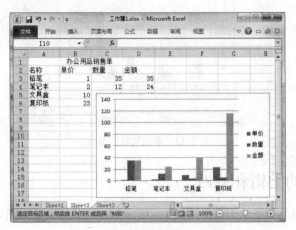

图 5.30　生成嵌入图表的工作表

此外，当图表嵌入工作表后，图表处于选中状态时，它所代表的数据单元格将显示不同的颜色，这样有利于观察图表数据。图表嵌入工作表后，使用鼠标可以根据需要对其进行适当的缩放和位置调整。

2. 创建单独放置的图表

以图 5.28 所示表格中的数据作为数据源，创建单独放置在空白工作表的图表，具体步骤如下。

（1）选择表格 A2 到 D6 区域的数据作为创建图表的数据源。

（2）先创建嵌入式图表，如图 5.30 所示。

（3）插入图表之后，将会增加"图表工具"相关的三个选项卡—设计、布局和格式，如图 5.31 所示。

（4）选择"设计"选项卡，选择"位置"选项组中的"移动图表"，将弹出如图 5.32 所示的"移动图表"对话框。

（5）选择新工作表，输入新的工作表名，然后点击"确定"按钮，将创建单独放置的图表，如图 5.33 所示。

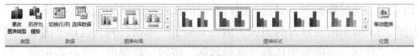

图 5.31　"图表工具"选项卡

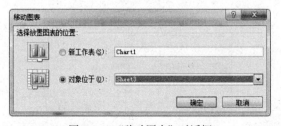

图 5.32　"移动图表"对话框

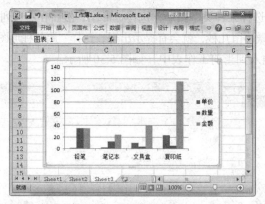

图 5.33　单独放置的图表

5.6.2　图表的编辑和修改

在图表创建完成后，如果认为没能达到预定要求，则可根据需要对图表进行一些必要的编辑和修改。

1. 图表的移动和大小调整

图表插入工作表后，可以对图表的位置及大小进行调整，增强图表的可视性和美观程度。单击图表的空白位置将图表选中。按住并拖动鼠标将图表移动到适当的位置，然后松开鼠标即可。

单击选中图表，将鼠标指针移动到图表边框四个角的任意一个调节句柄上，此时鼠标光标将变换状态，按住并拖动鼠标，即可按比例缩放图表。

2. 图表数据的添加和删除

图表建立完成后，通常需要向图表中添加数据和删除图表中已有的数据。

（1）向图表中添加数据，具体步骤如下。

① 将需要添加到图表中的表格数据选中。

② 单击"开始"菜单中"剪切板"选项组的"复制"按钮，复制所选数据。

③ 在图表的空白处单击鼠标右键，然后在显示的快捷菜单中选择"粘贴"选项，即可将所选数据源粘贴到图表中。

（2）删除图表中的某一组数据，具体步骤如下。

① 选中图表，然后右键单击在图表中要删除的数据系列。

② 在弹出的快捷菜单中选择"删除"选项，即可将所选数据系列从图表中删除。

（3）可以采用"选择数据源"对话框进行数据的添加、编辑和删除等操作。

① 选中图 5.33 所示的要修改的图表，假设删除了"单价"列，选择"图表工具"中的"设计"选项卡，在"数据"选项组中选择"选择数据"按钮，将弹出"选择数据源"对话框，如图5.34 所示。

图 5.34　"选择数据源"对话框

② 选择"添加"按钮，然后选择需要添加的数据，如图 5.35 所示，将弹出"编辑数据系列"对话框，在"系列名称"中输入将要添加的系列名称，这里选择"单价"，那么"单价"单元格的地址就显示在系列名称中，在"系列值"中输入数据的地址，选择"单价"下的数据，那么数据的地址就显示在"系列值"中。

图 5.35　"编辑数据系列"对话框

③ 要删除数据列，只要选择要删除的数据列，在"选择数据源"对话框中单击"删除"按钮，即可实现数据删除。

④ 数据列位置的更改：在"选择数据源"对话框中选择需要调整显示位置的数据列，然后单击右边的向上的三角按钮或者向下的三角按钮，调节数据列的位置。

（4）删除图表，具体步骤如下。

在要删除的图表空白处单击鼠标右键，选择快捷菜单中的"清除"选项，或者选中图表，然后按下键盘上的 Delete 键，即可将图表删除。

3. 更改图表

在图表创建完成后，通常需要更改图表的类型、位置和所代表的数据源。

（1）更改图表的类型，具体步骤如下。

① 选中要更改类型的图表。

② 选择"图表工具"中的"设计"选项卡，在"类型"选项组中选择"更改图表类型"，弹出"更改图表类型"对话框，选则一种满意的图表类型。

③ 单击"确定"按钮，即可将所选图表类型应用于图表。

（2）更改图表的位置，具体步骤如下。

这里所说的更改图表位置，是在工作表之间进行而不是在一个工作表中调整图表位置。通过这种图表位置的更改，可以对"嵌入式图表"和"单独式图表"进行相互转换。

① 选中需要更改位置的图表。

② 选择"设计"选项卡，选择"位置"选项组中的"移动图表"，将弹出"移动图表"对话框。

③ 在"移动图表"对话框中根据需要修改图表的位置，单击"确定"按钮，即可将图表调整到所设置的位置。

（3）更改图表的数据源，具体步骤如下。

① 选中要进行更改数据源的图表。

② 选择"图表工具"中的"设计"选项卡，在"数据"选项组中选择"选择数据"按钮，显示"选择数据源"对话框。

③ 在"图表数据区域"输入框中，更改图表数据源的区域。

④ 单击"确定"按钮，图表将根据所更改的数据源区域进行相应的改动。

4. 设置图表

图表插入工作表后，为了使图表更美观，可以对图表文字、颜色、图案进行编辑和设置。

（1）在"字体"对话框设置图表文字格式，具体步骤如下。

① 将需要格式化字体的图表选中。在图表的空白处单击鼠标右键，然后在显示的快捷菜单中选择"字体"选项，将显示"字体"对话框。

② 对图表中的文字进行字体、字型、字号、字符间距以及效果和颜色等设置。

③ 设置完毕后，单击"确定"按钮，即可将所作设置应用于所选图表的文字。

（2）设置图表区域的边框样式和颜色，具体步骤如下。

① 将需要设置颜色的图表选中。在图表空白区中单击鼠标右键，在快捷菜单中选择"设置图表区格式"选项，弹出"设置图表区格式"对话框，如图 5.36 所示。

图 5.36　"设置图表区格式"对话框

② 在"边框颜色"和"边框样式"选项中，可以设置图表边框的颜色和样式。

③ 设置完成后，单击"确定"按钮，即可将所设置的边框颜色和边框样式应用于所选图表。

（3）设置图表的填充效果，具体步骤如下。

① 将要设置图案填充的图表选中。在图表空白区中单击鼠标右键，在快捷菜单中选择"设置图表区格式"选项，弹出"设置图表区格式"对话框，如图 5.36 所示。

② 在"填充"选项中，可以设置纯色填充、渐变填充、图片或纹理填充、图案填充和无填充效果。

③ 选择一种满意的填充效果，对其进行设置。

④ 单击"确定"按钮即可将所设置的效果应用于图表。

（4）添加或修改图表标题。

① 用鼠标单击要修改或需要设置的图表，在"图表工具"中的"设计"选项卡，选择"图表布局"选项组中，可以选择适合的图表标题布局。

② 单击要修改的标题，单击鼠标右键，在弹出的菜单中选中"编辑文字"选项，修改文字，然后单击鼠标右键，在弹出的菜单中选中"退出文本编辑"即可。

（5）添加或修改横（纵）坐标标题。

① 用鼠标单击要修改或需要设置的图表，在"图表工具"中的"设计"选项卡，选择"图

表布局"选项组中，可以选择适合的含有坐标轴标题的图表标题布局。

② 单击要修改的坐标标题，单击鼠标右键，在弹出的菜单中选中"编辑文字"选项，修改文字，然后单击鼠标右键，在弹出的菜单中选择"退出文本编辑"即可。

5.7　数据管理

电子表格软件中的数据文件一般称为数据列表（或数据清单），又常称为数据表。Excel 不仅具备简单的数据计算处理能力，而且在数据管理和分析方面具有数据库功能。Excel 2010 提供了一整套功能强大的命令，使得数据列表的管理变得非常容易。利用这些命令可以很容易地完成对数据的排序、筛选、分类汇总等操作。

我们以学生成绩表为例，如图 5.14 所示。

5.7.1　数据排序

1. 使用升序按钮和将需按钮进行排序

具体操作步骤如下。

（1）单击要排序的列。

（2）单击"数据"选项卡中"排序和筛选"选项组中的"升序"按钮或"降序"按钮。

2. 用"排序"按钮进行排序

用"排序"按钮可以根据多个列对数据进行排序，具体步骤如下。

（1）单击列表区域中的任意位置。

（2）单击"数据"选项卡中"排序和筛选"选项组中的"排序"按钮，弹出如图 5.37 所示对话框。

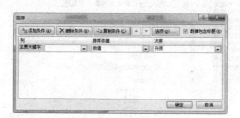

图 5.37　"排序"对话框

（3）单击"主要关键字"下拉箭头，选择"计算机"作为排序基础的字段。

（4）"排序依据"选择"数值"，"次序"选择"降序"。

（5）如果指定的主要关键字中出现相同值，可以根据需要单击添加条件，再指定"次要关键字"，在 Excel 2010 中，最多可以指定 63 个次要关键字。这里再选择"数学"作为次要关键字，"降序"。

（6）根据是否有标题行决定是否选中"数据包含标题"复选框，选中复选框，排序时排除第一行；未选中复选框，排序时包含第一行。

（7）单击"确定"按钮，结果如图 5.38 所示。

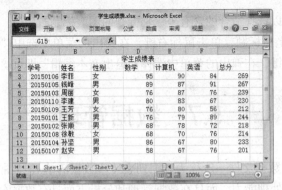

图 5.38 排序结果

5.7.2 数据筛选

数据筛选的功能是可以将不满足条件的记录暂时隐藏起来，只显示满足条件的数据。

1. 自动筛选

在"学生成绩表"中筛选出总成绩大于 240 分的男同学。

具体步骤如下。

（1）单击列表区域。

（2）单击"数据"选项中"排序和筛选"选择组中的"筛选"按钮。

（3）这时，每个数据列旁边出现下拉箭头，单击"总分"下拉箭头，打开如图 5.39 所示的下拉菜单，选择"数字筛选"下的"大于"选项，弹出如图 5.40 所示的对话框，在"大于"后面栏中输入 240，这样就筛选出了总分大于 240 分的同学，类似的方法再筛选出性别为"男"的同学，结果如图 5.41 所示。

图 5.39 "筛选"下拉菜单

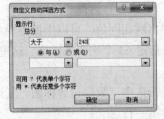

图 5.40 "自定义自动筛选方式"对话框

图 5.41 "筛选"结果

（4）如果要取消筛选结果，恢复原始数据，单击"数据"选项卡中"排序和筛选"选项组中的"清除"按钮，重新显示列表中的所有记录。

（5）若是要取消筛选，则单击"数据"选项卡中"排序和筛选"选项组中的"筛选"按钮，取消筛选。

在设置自动筛选的自定义条件时，可以使用通配符，其中问号（？）代表任意单个字符，星号（*）代表任意一组字符。

2. 高级筛选

如果条件比较多，可以使用"高级筛选"来进行。使用"高级筛选"功能，可以一次把想要的数据都筛选出来，并且可以将符合条件的数据复制到另一个工作表或当前工作表的其他空白位置上。高级筛选时，必须要在工作表中建立一个条件区域，输入各条件的字段名和条件值。条件区由一个字段名行和若干条件行组成，可以放置在工作表的任何空白位置。条件区字段名行中的字段名排列顺序可以与数据表区域不同，但对应字段名必须完全一致。条件区的第二行开始是条件行，同一条件行不同单元格的条件互为"与"的逻辑关系；不同条件行单元格的条件互为"或"的逻辑关系。

例如在"学生成绩表"中，将女学生总分大于等于 220 分的学生成绩筛选出来。具体步骤如下。

（1）在工作表的空白位置指定筛选条件，如图 5.42 所示。

图 5.42 筛选条件

（2）单击列表区域；单击"数据"选项卡中"排序和筛选"选项组中的"高级"按钮，弹出"高级筛选"对话框，如图 5.43 所示。

图 5.43 "高级筛选"对话框

（3）在"高级筛选"对话框中选中"将筛选结果复制到其他位置"选项；在"列表区域"框中指定要筛选的数据区域 A2：G12。

（4）指定"条件区域"D14：E15。

（5）在"复制到"文本框内指定复制筛选结果的目标区域 A17。

（7）若选中"选择不重复的记录"复选框，则显示的结果不包含重复的行。

（8）单击"确定"按钮，筛选结果复制到指定的目标区域，如图 5.44 所示。

图 5.44 "高级筛选"结果

5.7.3 分类汇总

分类汇总建立在已经排序的基础上，将相同类别的数据进行统计汇总。Excel 可以对工作表中选定的列进行分类汇总，并将分类汇总结果插入相应类别数据行的最上端或下端。

分类汇总并不局限于求和，也可以进行计数、求平均值等其他运算。

例如在学生成绩表中，按性别对总分进行分类汇总。具体步骤如下。

（1）按分类字段"性别"排序。

（2）单击列表区域。

（3）单击"数据"选项卡，选择"分级显示"选项组中的"分类汇总"按钮，弹出"分类汇总"对话框。

（4）在"分类汇总"对话框中进行设置，如图 5.45 所示。

（5）单击"确定"按钮，结果如图 5.46 所示。

图 5.45　"分类汇总"对话框

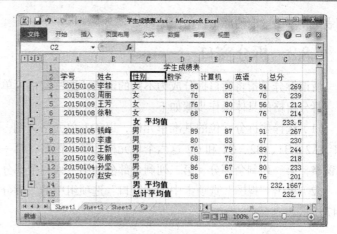

图 5.46　分类汇总结果

5.8　窗口操作

5.8.1　冻结窗口

有时在对页面很大的表格进行操作时，需要将某行或某列冻结，以便于编辑其他行或者列时保持可见。

1. 冻结首行

（1）在"学生成绩表"中，单击"视图"选项卡中的"窗口"选项组中的"冻结窗格"按钮。

（2）在弹出的列表中，选择"冻结首行"，即可实现冻结首行效果。此时拖动右侧的行滚动条，会发现第一行将始终位于首行位置。

取消"冻结首行"效果，单击"视图"选项卡中的"窗口"选项组中的"冻结窗格"按钮，在弹出的列表中，单击"取消冻结窗格"即可。

2. 冻结首列

（1）在"学生成绩表"中，单击"视图"选项卡中的"窗口"选项组中的"冻结窗格"按钮。

（2）在弹出的列表中，选择"冻结首列"，即可实现冻结首列效果。此时拖动下面的列滚动条，会发现第一列将始终位于首列位置。

取消"冻结首列"效果，单击"视图"选项卡中的"窗口"选项组中的"冻结窗格"按钮，在弹出的列表中，单击"取消冻结窗格"即可。

3. 冻结拆分窗格

（1）如果需要冻结前 n 行前 m 列，则需要单击单元格 xy（x 为从 a 开始数第 $m+1$ 列，y 为 $m+1$），我们以冻结前两行前三列为例，首先选中单元格 D3。

（2）单击"视图"选项卡中的"窗口"选项组中的"冻结窗格"按钮，在弹出的列表中，选择"冻结拆分窗格"，即可实现冻结效果。此时拖动行或列滚动条，会发现前三列和前两行始终保持可见。

取消冻结效果，单击"视图"选项卡中的"窗口"选项组中的"冻结窗格"按钮，在弹出的列表中，单击"取消冻结窗格"即可。

5.8.2　拆分窗口

所谓拆分是指将窗口拆分成为不同的窗格，这些窗格可单独滚动。

拆分窗格的具体操作步骤如下。

（1）选择要拆分定位的基准单元格，以 D3 单元格为例，拆分之后将划分为四个窗格，即：A1、A2、B1、B2、C1 和 C2 这六个单元格为第一窗格，第一行剩余部分和第二行剩余部分为第二窗格，第一列剩余部分、第二列剩余部分和第三列剩余部分为第三窗格，其余为第四窗格；

（2）单击"视图"选项卡中的"窗口"选项组中的"拆分"按钮，即可实现拆分效果，如图 5.47 所示。

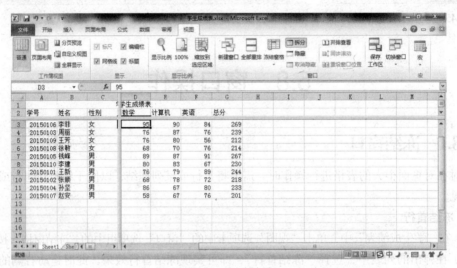

图 5.47　拆分效果

如果要进行水平拆分，要选择第一列的单元格；如果要进行垂直拆分，要选择第一行的单元格。

取消拆分：此时"视图"选项卡的"窗口"选项组中的"拆分"按钮已经处于选中状态，此时再次单击"拆分"按钮即可取消拆分效果。

第6章
演示文稿处理软件 PowerPoint 2010

PowerPoint 2010 是 Microsoft 公司集成办公软件 Office 2010 的主要成员，利用它能制作出包含文字、声音、图像以及视频等多媒体的演示文稿。PowerPoint 2010 简单易学，通过 PowerPoint 2010 提供的向导以及丰富的模板，都能很容易地制作出精美的演示文稿。

6.1　PowerPoint 2010 概述

PowerPoint 2010 比以前的版本功能更加强大，其新增功能主要有：添加个性化视频体验，可直接嵌入和编辑视频文件；使用美妙的图形创建高质量的演示文稿，提供数十个新增的 SmartArt 布局可以创建多种类型的图表；提供了全新的动态切换，可以轻松访问、发现、应用、修改和替换演示文稿等。

6.1.1　PowerPoint 2010 的启动和退出

1. 安装 PowerPoint 2010

PowerPoint 2010 是 Microsoft Office 2010 的一个重要组件，只需要安装 Office 2010 即可。

2. 启动 PowerPoint 2010

启动 PowerPoint 2010 的方法有多种，下面将介绍最常用的几种方法。

（1）单击"开始"菜单，选择"所有程序"选项，找到"Microsoft Office"文件夹，单击鼠标，就可看到"Microsoft PowerPoint 2010"，如图 6.1 所示，单击即可打开应用程序。

图 6.1　启动应用程序菜单

（2）在 Windows 的"资源管理器"或"我的电脑"中，双击任何一个 PowerPoint 2010 演示文稿文件，可启动 PowerPoint 2010 并打开该文件。

（3）若桌面上有快捷方式图标，则双击 PowerPoint 2010 快捷方式图标，也可启动 PowerPoint 2010。

3. 退出 PowerPoint 2010

退出 PowerPoint 2010，有以下几种方法。

（1）在 PowerPoint 2010 应用程序窗口，选择"文件"选项卡下的"退出"命令。

（2）按 Alt+F4 组合键。

（3）单击 PowerPoint 2010 标题栏右上角的关闭按钮。

当执行退出应用程序时，PowerPoint 2010 会弹出一个对话框，提示是否在退出之前保存文件。单击"保存"按钮，则保存所进行的修改后退出；单击"不保存"按钮，则在退出之前不保存文件；单击"取消"按钮，则取消此次退出操作。

6.1.2　PowerPoint 2010 的窗口组成

PowerPoint 2010 窗口主要用于编辑幻灯片的总体结构，既可以编辑单张幻灯片，也可以编辑大纲。我们把 PowerPoint 2010 的窗口划分为 8 个功能区域，如图 6.2 所示。

图 6.2　PowerPoint 2010 窗口

下面对 PowerPoint 2010 窗口所划分的 8 个功能区域作简要介绍。

1. 快速访问工具栏

常用命令工具按钮位于此处，用户可以在此处设置自己常用的命令，方便使用，如"保存"和"新建"等命令按钮，用户还可以向此处添加自己的常用命令。

2. 标题栏

标题栏位于窗口的顶部，它显示当前的演示文稿名。左边是快速访问工具栏，它的右边是"最小化"按钮、"还原/最大化"按钮和"关闭"按钮。

3. "文件"选项卡

"文件"选项卡可以查看一些基本的命令，如"新建""打开""保存""打印"和"退出"等。

4. 功能区

设计制作幻灯片时需要用到的命令均位于功能区的各个选项卡中。功能区主要包括"开始""插入""设计""切换""动画""幻灯片放映""审阅"和"视图" 8 个选项卡。该功能区的作用与其他软件中的菜单或工具栏相同。

5. 编辑区

编辑区用来显示和编辑演示文稿。

6. 状态栏

状态栏位于窗口的左下方，用来显示正在编辑的演示文稿的相关信息。如在普通视图中，会显示当前的幻灯片编号，并显示整个演示文稿中有多少张幻灯片。

7. 显示按钮

这里有 4 个按钮："普通视图""幻灯片浏览""阅读视图"和"幻灯片放映"按钮。

（1）"普通视图"按钮：切换到普通视图，可以同时显示幻灯片、大纲及备注。

（2）"幻灯片浏览"按钮：切换到幻灯片浏览视图，显示演示文稿中所有幻灯片的缩略图、完整的文本和图片。

（3）"阅读视图"按钮：非全屏模式下放映幻灯片，便于查看。

（9）"幻灯片放映"按钮：运行幻灯片放映。如果在幻灯片视图中，从当前幻灯片开始。

8. 缩放滑块

使用缩放滑块可以调整正在编辑的幻灯片的缩放比例。

6.1.3　PowerPoint 2010 的视图

PowerPoint 2010 主要提供了两类视图，分别是演示文稿视图和母版视图。其中演示文稿视图又包含 4 种视图：普通视图、幻灯片浏览视图、阅读视图和备注页视图。母版视图包括 3 种视图：幻灯片母版、讲义母版和备注母版。

下面介绍每种视图的主要作用。

1. 普通视图

普通视图是主要的编辑视图，可用于撰写或设计演示文稿。通常认为该视图有 4 个工作区域："大纲"选项卡、"幻灯片"选项卡、幻灯片窗格和备注窗格。

在该视图中，可以看到整张幻灯片。如果要显示其他幻灯片，可以直接拖动垂直滚动条上的滚动块，系统会提示切换的幻灯片编号和标题。当已经指到所需要的幻灯片时，松开鼠标左键，即可切换到该幻灯片中。

2. 幻灯片浏览视图

在该视图下，演示文稿以幻灯片浏览模式显示，每张幻灯片将按次序排列，用户可以看到整个演示文稿的内容，在该视图下，可以方便地调整幻灯片的位置。

3. 阅读视图

阅读视图用于向用那些利用计算机查看演示文稿的人员而非受众（例如，通过大屏幕）放映演示文稿。如果希望在一个设有简单控件以方便审阅的窗口中查看演示文稿，而不想使用全屏的幻灯片放映视图，则可使用阅读视图。

4. 备注页视图

如果要以整页格式查看和使用备注，可以在"视图"选项卡上的"演示文稿视图"组中单击"备注页"。

5. 母版视图

母版视图包括幻灯片母版、讲义母版和备注母版。它们是存储有关演示文稿信息的主要幻灯片，其中包括背景、颜色、字体等。在幻灯片母版、备注母版或讲义母版上，可以对与演示文稿关联的每个幻灯片、备注页或讲义的样式进行全局更改。

6.2　PowerPoint 2010 的基本操作

6.2.1　创建演示文稿

PowerPoint 2010 提供了几种创建演示文稿的方法。一、空白演示文稿：选择该选项后，可以从一个空演示文稿开始建立幻灯片。二、根据设计模板：通过该选项可以先选择一种设计模板，用以确定演示文稿的外貌，然后再丰富演示文稿的内容。三、根据现有文件：选择该选项就可以在其下方的列表框中打开一个已存在的演示文稿文件，通过对其进行修改、编辑，可建立新的演示文稿。

下面具体介绍这几种方法的创建过程。

1. 新建空白演示文稿

打开 PowerPoint 2010，单击"文件"选项卡，选中"新建"选项，进入图 6.3 所示的演示文稿创建方式选择界面。

图 6.3　新建菜单

新建演示文稿默认的方式为"空白演示文稿"，在演示文稿创建方式选择界面右侧，单击"创建"按钮，即可新建一个空白的演示文稿。

2. 使用模板创建演示文稿

使用 PowerPoint 2010 创建演示文稿的时候，可以通过使用主题模板功能来快速地美化和统一每一张幻灯片的风格。用户可以使用主题模板来创建演示文稿的结构方案，包括色彩配制、背景对象、文本格式和版式等，然后开始建立各个幻灯片。

如果想要依据主题模板来设计幻灯片，可以选择"设计"选项卡，再打开"所有主题"对话框，就看到可供选择的主题模板，如图 6.4 所示。将鼠标移动到某一个主题上，就可以实时预览到相应的效果。最后单击某一个主题，就可以将该主题快速应用到整个演示文稿中。

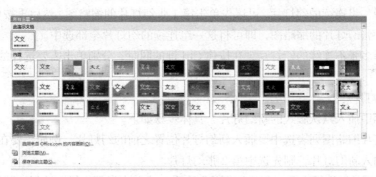

图 6.4　"所有主题"对话框

要想保存主题，需要在图 6.4 所示的"所有主题对话框"中，选择"保存当前主题"，则会弹出保存主题对话框，进行保存位置和保存文件名的设置。

使用主题模板设计幻灯片，还可以选择"文件"选项卡，单击"新建"项，然后选择"主题"选项，打开主题库，图 6.5 所示，选中某一主题，就可以建立新的演示文稿并应用该主题设计幻灯片。

图 6.5　打开主题库界面

3. 根据现有内容新建演示文稿

PowerPoint 2010 还允许依据现有的演示文稿来建立新的演示文稿。这样只需要在已有演示文稿的基础上进行编辑即可，可以达到快捷建立新演示文稿的目的，用户可按照下面步骤进行。

① 选择"文件"选项卡下"新建"命令，打开"可用的模板和主题"对话框。

② 单击"根据现有内容新建"选项卡，弹出"根据现有演示文稿新建"对话框，找到一个已经存在的演示文稿文件，单击"新建"按钮，就会依据原有演示文稿的内容和模板新建一个演示文稿。

用户可以根据需要，在所生成的演示文稿中插入各种对象进行编辑，也可以添加或删除幻灯片。

6.2.2　插入、删除幻灯片

制作了一个演示文稿后，就可以在幻灯片浏览视图中观看幻灯片的布局，检查前后幻灯片是否符合逻辑，用户可以对幻灯片进行更改，使之更加具有条理性。

1. 选择幻灯片

在普通视图的大纲选项列表中，显示了幻灯片的缩略图。此时，单击幻灯片的缩略图，即可选择该幻灯片。被选中的幻灯片的边框呈高亮显示。

如果要选择一组连续的幻灯片，可以先单击第 1 张幻灯片的缩略图，然后再按住 Shift 键的同时，单击最后一张幻灯片的缩略图，即可将这一组连续的幻灯片全部选中。

如果要选择多张不连续的幻灯片，在按住 Ctrl 键的同时，分别单击需要选择的幻灯片缩略图即可。

2. 插入幻灯片

在普通视图中插入默认版式的新幻灯片，具体步骤如下。

（1）在幻灯片缩略图列表选中要插入新幻灯片位置之前的幻灯片。例如，要在第 2 张和第 3 张幻灯片之间插入新幻灯片，则先选中第 2 张幻灯片。

（2）选择"开始"选项卡下"新建幻灯片"命令；或单击鼠标右键，选择"新幻灯片"命令。

如果想要按照用户要求插入幻灯片，则需要展开"新建幻灯片"列表，以"角度"主题为例，如图 6.6 所示，下面详细介绍该列表。

● "角度"：列表中给出了多种幻灯片设计的版式，单击某种版式，就会应用该版式建立一张新的幻灯片。

● "复制所选幻灯片"：如果事先在幻灯片缩略图列表选中第 2 张幻灯片，然后选择如图 6.6 所示列表中的"复制所选幻灯片"命令，就会在第 2 张幻灯片后生成一张幻灯片，该幻灯片与第 2 张幻灯片完全一样。

● "幻灯片（从大纲）"：选中该项命令，就会弹出"插入大纲"对话框，如果选择了指定文件类型中的某个文件，就会依据该文件的内容生成若干张幻灯片。

● "重用幻灯片"：选中该选项，就会弹出"重用幻灯片"对话框，浏览并打开指定的演示文稿文件，如图 6.7 所示。在"重用幻灯片"对话框的幻灯片列表中单击某张幻灯片，就会把该张幻灯片插入到当前编辑的演示文稿中。如果想要插入列表中的所有幻灯片，则需要在幻灯片列表处单击鼠标右键，在弹出的快捷菜单中选择"插入所有幻灯片"命令，即可完成操作。

图 6.6 "新建幻灯片"下拉列表

图 6.7 "重用幻灯片"对话框

3. 删除幻灯片

具体步骤如下。

（1）在幻灯片浏览视图中，选择要删除的幻灯片。

（2）选择"开始"选项卡下"剪切"命令或在右键的快捷菜单中选择"删除幻灯片"命令。

（3）如果要删除多张幻灯片，则重复执行上述步骤。

4. 移动幻灯片

具体步骤如下。

（1）在幻灯片浏览视图中选定要移动的幻灯片。

（2）按住鼠标左键，并拖动幻灯片到目标位置，拖动时所显示的直线就是插入点。

（3）松开鼠标左键，即可将幻灯片移动到新的位置。

5. 更改幻灯片版式

通常情况下创建的演示文稿中幻灯片的版式是固定的，第一张幻灯片默认的版式为"标题幻灯片"，从第二张幻灯片开始默认的版式为"标题和内容"。那么如何更改幻灯片的版式，达到最佳设计效果呢？需要先选中要更改版式的幻灯片，然后选择"开始"选项卡下"版式"，展开"Office 主题"版式列表，单击某一版式，即可将该版式应用到所选幻灯片。

6.2.3　保存演示文稿

在建立和编辑演示文稿的过程中，随时注意保存演示文稿是个很好的习惯。一旦计算机突然断电或者系统发生意外而非正常退出 PowerPoint 2010 的话，可以避免数据丢失。

1. 保存或另存演示文稿

在建立新演示文稿过程中，首次单击"文件"选项卡下的"保存"命令保存新建演示文稿或者在编辑演示文稿时单击"文件"选项卡下"另存为"命令另存该演示文稿时，都会弹出如图 6.8 所示的"另存为"对话框。

图 6.8　"另存为"对话框

PowerPoint 2010 中的"另存为"对话框与"打开"对话框相似：在"保存位置"列表框中可以选定文件的保存位置；在"文件名"列表框中可以指定文件名；在"保存类型"列表框中可以指定文件的保存类型。

2. 保存并发送文件

用户可以选择将任何一个已有的演示文稿发布到网络上与其他用户共享，也可以根据需要保存成其他文件形式，选择"文件"菜单的"保存并发送"命令，就可以看到如图 6.9 所示的保存样式列表，选择一种保存形式进行相关设置即可。

图 6.9　"保存并发送"下拉列表

6.3　幻灯片的编辑

用户建立了新的幻灯片后，便需要为新的幻灯片添加内容，而文本则是其中最重要的部分。另外，用户还可以在幻灯片中添加备注、图片、图形对象、艺术字、影片和声音、表格、图表等对象，这会使演示文稿更加生动有趣并富有吸引力。

6.3.1　文本的输入与编辑

在幻灯片中添加文本主要有两种方式：一是直接在占位符（指带有虚线标记边框的框）中输入文本；二是使用绘图工具区的"文本框"。

1. 向文本占位符中输入文本

具体步骤如下。

（1）单击占位符，在占位符内出现闪烁的插入点。

（2）输入内容，输入文本时，PowerPoint 2010 会自动将超出占位符的部分转到下一行，或者按 Enter 键开始新的文本行。

（3）输入完毕，单击幻灯片的空白区域即可。

2. 使用文本框输入文本

具体步骤如下。

（1）单击"绘图"工具栏中的"文本框"按钮。

（2）在幻灯片的空白处单击鼠标左键，并拖拽，可创建一空白文本框。

（3）在空白文本框中会出现一个闪烁的光标，可以输入文本。

（4）输入完毕后，单击文本框之外的任何位置就可以了。

6.3.2　插入图片、艺术字、表格

1．插入图片

在 PowerPoint 2010 中，用户既可以插入剪贴画，也可以插入来自文件的图片，还可以插入自己绘制的图形，从而使幻灯片更加美观。将剪贴画插入到幻灯片中的方法很多：一种是利用自动版式建立带剪贴画的幻灯片；另一种是向已存在的幻灯片中插入剪贴画。

（1）利用自动版式建立带剪贴画的幻灯片

具体步骤如下。

① 打开演示文稿，选择其中的一张幻灯片。

② 在"开始"选项卡中选择"版式"，打开幻灯片版式列表框。

③ 选择"标题和内容"样式，即可将所选幻灯片更改为一个含有"插入剪贴画"的版式，如图 6.10 所示。

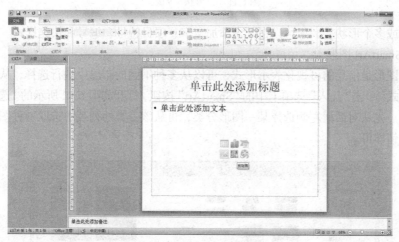

图 6.10　"插入剪贴画"的版式

④ 单击"插入剪贴画"，即可出现"剪贴画"对话框。

⑤ 单击所需的剪贴画，即可将选定好的剪贴画插入到幻灯片中预定的位置。

（2）在幻灯片中插入剪贴画

① 在幻灯片窗格，显示要插入剪贴画的幻灯片。

② 选择"插入"选项卡中的"剪贴画"按钮，弹出"剪贴画"对话框。

③ 单击所需的剪贴画，即可将选定好的剪贴画插入到幻灯片中。

（3）插入来自文件的图片

在幻灯片中插入来自文件的图片，具体步骤如下。

① 选择要插入图片的幻灯片。

② 选择"插入"选项卡中的"图片"按钮，打开"插入图片"对话框。

③ 在"查找范围"下拉列表框中选择图形文件所在的位置，选择想要插入的图片。

④ 单击"插入"按钮，即可插入所需的图形文件。

（4）插入图形

① 插入形状

可以在幻灯片中添加一个形状，或者合并多个形状以生成一个绘图或一个更为复杂的形状。

可用的形状包括：线条、基本几何形状、箭头、公式形状、流程图形状等。单击"插入"选项卡中的"形状按钮"，打开如图 6.11 所示的形状列表。

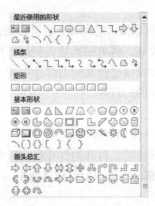

图 6.11　"形状"列表

添加一个或多个形状后，您可以在其中添加文字、项目符号、编号和快速样式。

② 插入 SmartArt 图形

SmartArt 图形是信息的可视化表示形式，可以从多种不同的布局中进行选择，从而快速轻松地创建所需形式。单击"插入"选项卡中的"SmartArt"按钮，打开如图 6.12 所示的"选择 SmartArt 图形"对话框。先从对话框左侧选择某一图形分类，再从该分类的列表中选取一种图形样式，单击"确定"按钮即可。

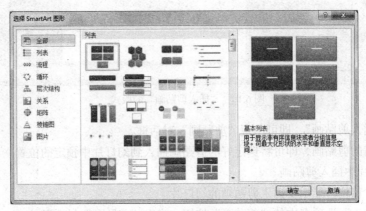

图 6.12　"选择 SmartArt 图形"对话框

2. 插入艺术字

艺术字是高度风格化的文字，经常被应用于各种演示文稿、海报和广告宣传册中，在演示文稿中使用艺术字，可以达到更为理想的设计效果，下面介绍艺术字的制作方法。

（1）插入艺术字

插入艺术字的具体步骤如下。

① 选择"插入"选项卡，单击"艺术字"，展开艺术字库，如图 6.13 所示。

② 选择一种艺术字效果，这时当前幻灯片上出现一个艺术字图形区，并在图形区里显示"请在此放置您的文字"字样，单击提示文字，插入点置于其中，输入艺术字的文字内容即可。

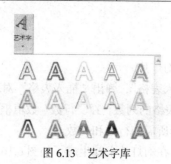

图 6.13　艺术字库

（2）编辑艺术字

插入艺术字之后，如果用户要对所插入的艺术字进行修改、编辑或格式化，可以选择如图 6.14 所示的工具按钮对艺术字和艺术字的图形区做相应设置。

图 6.14　绘图"工具"

① 形状填充：用于设置艺术字图形区的背景，可以是纯颜色、渐变色、纹理和图形。

② 形状轮廓：用于设置艺术字图形区边线的颜色、线条的样式和线条的粗细等。

③ 形状效果：用于设置艺术字图形区效果，包括预设、阴影、映像、发光、柔化边缘、棱台和三维旋转。

④ 文本填充：用于设置艺术字文本的填充色，可以是纯颜色、渐变色、纹理和图形。

⑤ 文本轮廓：用于设置艺术字文本的边线的颜色、线条的样式和线条的粗细等。

⑥ 文本效果：用于设置艺术字文本效果，包括预设、阴影、映像、发光、转换、棱台和三维旋转。

3．插入表格

向演示文稿中插入表格，包含以下几种方法。

图 6.15　"插入表格"对话框

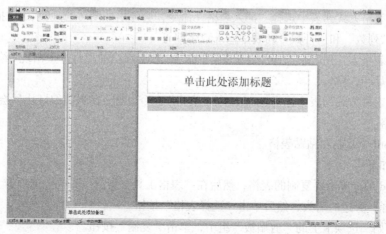

图 6.16　生成的表格

（1）创建表格幻灯片

步骤如下。

① 新建一张含有表格版式的幻灯片。

② 单击内容占位符上的"插入表格"，弹出"插入表格"对话框，如图 6.15 所示。

③ 在"列数"数值框中输入表格的列数，在"行数"数值框中输入表格的行数。用户也可以单击数值框边上的微调按钮来选择所需的行数和列数。

④ 单击"确定"按钮，此时，在幻灯片上就生成了如图 6.16 所示的表格，同时在 PowerPoint 功能区给出"表格"工具选项。

（2）利用插入选项卡的表格按钮

如果用户想向原有幻灯片中添加表格，可以单击"插入"选项卡中的"表格"按钮，展开生成表格方式列表，列表中提供了 4 种在幻灯片中生成表格的方法。

① 在如图 6.17 所示的生成表格方式列表上方给出了 10（列）×8（行）的方格，单击并移动鼠标指针以选择所需的行数和列数，例如选择"6×3 表格"，然后释放鼠标按钮，就可以在幻灯片上生成一个 6 列 3 行的表格。

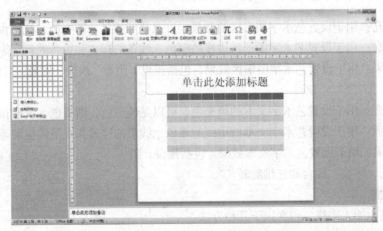

图 6.17　"表格"下拉列表

② 在生成表格方式列表中选择"插入表格"命令，会弹出如图 6.15 所示的"插入表格"对话框，然后在"列数"和"行数"列表中输入数字即可。

③ 在生成表格方式列表中选择"绘制表格"命令，就会在当前幻灯片上出现"绘图笔"工具，使用该工具可以绘制表格。

④ 在生成表格方式列表中选择"Excle 电子表格"命令，就会在当前幻灯片是绘制类似 Excel 环境的电子表格。

（3）从 Word 中复制和粘贴表格

具体步骤如下。

① 在 Word 中，单击要复制的表格，然后在"表格工具"下的"布局"选项卡上，单击"表格"组中"选择"旁边的箭头，然后单击"选择表格"按钮。

② 在"开始"选项卡上的"剪贴板"组中，单击"复制"按钮。

③ 在 PowerPoint 演示文稿中，选择要复制表格的幻灯片，然后在"开始"选项卡上单击"粘贴"按钮。

6.3.3　插入图表

用户可以创建特殊的图表幻灯片来表现一个完整的图表，或者将图表添加到现有的幻灯片中，还可以使用来自 Excel 的图表增强文本信息的效果。

1.　创建图表幻灯片

具体步骤如下。

（1）新建一个幻灯片并为其应用含有图表的版式，如图 6.18 所示。

（2）单击内容占位符上的"插入图表"选项，启动图表程序，打开"插入图表"对话框，如图 6.19 所示。选择一种图表样式，插入图表。

（3）若要替换示例表数据，则单击数据表上的单元格，然后键入所需的信息即可。

（4）若要返回幻灯片窗格，单击图表以外的区域即可。再次双击图表占位符可以重新启动图表程序。

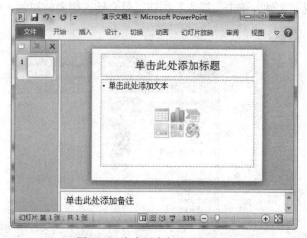

图 6.18　含有图表版式的幻灯片

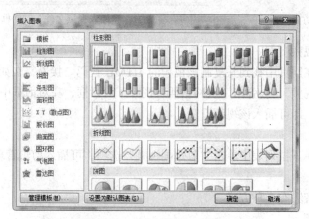

图 6.19　"插入图表"对话框

2.　向已有的幻灯片中添加图表

具体步骤如下。

（1）在幻灯片窗格中打开要插入图表的幻灯片。

（2）单击"插入"选项卡的"图表"按钮，即可启动图表程序，打开"插入图表"对话框，插入图表。此时不用担心图表的位置和大小，在输入数据后，用户还可以根据需要进行移动和调整。

3. 使用来自 Excel 的图表

用户可以将现有的 Excel 图表直接导入到 PowerPoint 中，其方法非常简单：只需直接将图表从 Excel 窗口拖曳或复制到 PowerPoint 的幻灯片中。

6.3.4 插入多媒体对象

为了让幻灯片给观众带来感官冲击，PowerPoint 2010 提供了插入音频和视频的功能。

1. 插入视频

PowerPoint 提供三种插入视频的方式。

（1）文件中的视频

选中要插入影片的幻灯片，选择"插入"选项卡中的"媒体"组的"视频"项，出现插入视频方式列表，如图 6.20 所示。选择"文件中的视频"命令，出现"插入视频文件"对话框，如图 6.21 所示。选择一个视频文件，单击"插入"按钮，就会插入想要的视频文件，播放幻灯片可以查看该视频。

图 6.20　插入视频方式列表　　　　图 6.21　　"插入视频文件"对话框

（2）来自网站的视频

打开视频网页，在网页中找到并复制该视频的 HTML 代码。接着，在如图 6.20 所示的列表中选择"来自网站的视频"，会弹出"从网站插入视频"对话框，在对话框中粘贴 HTML 代码，再单击"插入"按钮，即可插入该视频。

（3）剪贴画视频

插入视频时，若在下拉列表中单击"剪贴画视频"选项，可插入剪辑管理器中的视频。

2. 插入音频

向幻灯片中插入音频有 3 种方式。

（1）文件中的音频

在演示文稿中选中要插入声音的幻灯片。选择"插入"选项卡，在"媒体"组中单击"音频"按钮下方的下拉列表按钮，在弹出的下拉列表中单击"文件中的音频"选项，就可以选择一个声音文件插入到当前幻灯片中。

（2）剪贴画音频

插入声音时，若在下拉列表中单击"剪贴画音频"选项，看插入剪辑管理器中的声音。

（3）录制音频

若单击"录制音频"选项，可自行录制声音，录制完成后便可插入到当前幻灯片。

6.3.5　设置超级链接

在演示文稿中，若对文本或其他对象添加超链接，此后单击该对象时可直接跳转到其他位置。在 PowerPoint 中，超链接可以是从一张幻灯片到同一演示文稿中另一张幻灯片的链接，也可以是从一张幻灯片到不同演示文稿中幻灯片、电子邮件、网页或文件的链接。

下面介绍设置超链接的方法。

1.　利用超链接按钮创建超链接

利用功能区中的超链接按钮来设置超链接是常用的一种方法，虽然它只能创建鼠标单击的激活方式，但在超链接的创建过程中可以方便地选择所要跳转的目的地文件，同时还可以清楚地了解所创建的超链接路径。利用超链接按钮设置超链接，具体步骤如下。

（1）在要设置超链接的幻灯片中选择要添加链接的对象。

（2）选择"插入"选项卡中"链接"组里"超链接"按钮，弹出"插入超链接"对话框，如图 6.22 所示。

图 6.22　"插入超链接"对话框

（3）如果链接的是此文稿中的其他幻灯片，就在左侧的"链接到"选项中单击"本文档中的位置"图标，在"请选择文档中的位置"中单击所要链接到的那张幻灯片（此时会在右侧的"幻灯片预览"框中看到所要链接到的幻灯片）或是单击"书签"按钮，弹出"在文档中选择位置"对话框，如图 6.23 所示；如果链接的目的地在计算机其他文件中，或是在 Internet 上的某个网页上或是一个电子邮件的地址，则在"链接到"选项中，单击相应的图标进行相关的设置。

（4）单击"确定"按钮即可完成超链接的设置，包含超链接的文本默认带下划线。

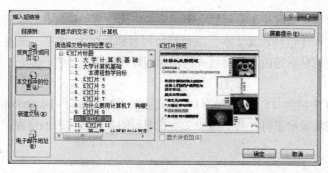

图 6.23　"在文档中选择位置"对话框

2. 利用"动作"创建超链接

用鼠标单击创建超链接的对象，使之高亮显示，并将鼠标指针停留在所选对象上。选择"插入"选项卡中"链接"组里的"动作"按钮，弹出"动作设置"对话框，如图 6.24 所示。在对话框中有两个选项卡"单击鼠标"与"鼠标移过"，通常选择默认的"鼠标单击"，单击"超级链接到"选项，展开超链接选项列表，根据实际情况选择其一，然后单击"确定"按钮即可。

如果要取消超链接，可使用鼠标右键单击插入了超链接的对象，在弹出的快捷菜单中单击"取消超链接"命令即可。

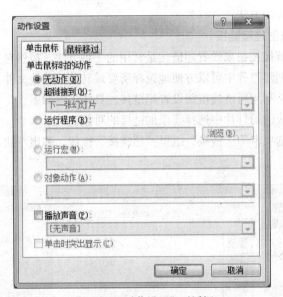

图 6.24   "动作设置"对话框

6.4 演示文稿的设计

美观的版面和合理的结构对于演示文稿的成功与否起着决定作用，整齐统一的幻灯片将会给人以良好的视觉效果，同时也能增强演示文稿的整体效果。可以通过改变幻灯片版式、母版、背景、主题等方法来改变幻灯片的外观。

6.4.1 版式

幻灯片版式包含要在幻灯片上显示的全部内容的格式设置、位置和占位符。占位符是版式中的容器，可容纳如文本（包括正文文本、项目符号列表和标题）、表格、图表、SmartArt 图形、影片、声音、图片及剪贴画等内容。而版式也包含幻灯片的主题（主题颜色、主题字体、主题效果和背景）。

PowerPoint 2010 中包含 11 种内置幻灯片版式。图 6.25 显示了 PowerPoint 2010 中内置的幻灯片版式。每种版式均显示了将在其中添加文本或图形的各种占位符的位置。

图 6.25　幻灯片版式

当创建新幻灯片时，默认采用的是标题幻灯片版式，如果要更改现有幻灯片的版式，可采取下面的方法。

（1）打开要更改版式的幻灯片。

（2）单击"开始"选项卡的"幻灯片"组中的"版式"按钮，在弹出的下拉菜单中选择一种版式即可。

6.4.2　设置背景样式

在 PowerPoint 2010 中，向演示文稿中添加背景是添加一种背景样式。背景样式是来自当前主题中，主题颜色和背景亮度组合的背景填充变体。当更改文档主题时，背景样式会随之更新以反映新的主题颜色和背景。如果希望只更改演示文稿的背景，则应该选择其他背景样式。更改文档主题时，更改的不只是背景，同时也会更改颜色、标题和正文字体、线条和填充样式以及主题效果的集合。

1.　向演示文稿中添加背景样式

具体步骤如下。

（1）单击要添加背景样式的幻灯片。要选择多个幻灯片，则单击第一个幻灯片，然后按住 Ctrl 键的同时单击其他幻灯片。

（2）单击"设计"选项卡下"背景"组的"背景样式"按钮的向下箭头，弹出"背景样式"列表。

（3）右键单击所需的背景样式，从弹出的快捷菜单中执行下列操作之一。

● 要将该背景样式应用于所选幻灯片，则单击"应用于所选幻灯片"。

● 要将背景样式应用于演示文稿中的所有幻灯片，单击"应用于所有幻灯片"。

● 要替换所选幻灯片和演示文稿中使用相同幻灯片母版的任何其他幻灯片的背景样式，单击"应用于相应幻灯片"。该选项仅在演示文稿中包含多个幻灯片母版时使用。

2.　自定义演示文稿的背景样式

如果内置的背景样式不符合需求，可以自定义演示文稿的背景样式。

具体步骤如下。

（1）单击要添加背景样式的幻灯片。

（2）单击"设计"选项卡下的"背景"组中的"背景样式"按钮的向下箭头，弹出"背景样式"列表。

（3）单击"设置背景格式"，出现如图 6.26 所示的"设置背景格式"对话框。

（4）设置以填充方式或图片作为背景。如果选择"填充"，则可以指定以"纯色填充""渐变填充"和"图片或纹理填充"等，并可以进一步设置相关的选项。

（5）设置完成后，单击"关闭"按钮。

图 6.26　"设置背景格式"对话框

6.4.3　母版

幻灯片母版是幻灯片层次结构中的顶层幻灯片，用于存储有关演示文稿的主题和幻灯片版式的信息，包括背景、颜色、字体、效果、占位符大小和位置。如果进行了修改，则将作用于所有幻灯片，不必一张一张的改。

母版有幻灯片母版、讲义母版和备注母版。

1. 幻灯片母版

如果当前幻灯片是标题幻灯片版式，那么幻灯片母版控制所有是标题幻灯片版式的幻灯片；如果当前幻灯片是其他版式的幻灯片，那么幻灯片母版控制除标题幻灯片版式之外的所有幻灯片的格式。

具体设置如下。

（1）选定除标题幻灯片以外的任何一张幻灯片。

（2）单击"视图"选项卡下"幻灯片母版"，进入幻灯片母版视图。

（3）单击标题和文本的占位符，可以设置字体、字号和颜色等。

（4）单击"关闭母版视图"按钮，可退出对母版的更改。

（5）更改母版后，每张幻灯片就更改了。

2. 讲义母版

可以为幻灯片制作讲义，讲义内容不显示在幻灯片中，但可以打印出来。

单击"视图"选项卡下"讲义母版"命令，在讲义母版视图中可以添加所需讲义内容，包括文本框、剪贴画、页眉、页脚等。

3. 备注母版

单击"视图"选项卡下"备注母版"命令，在备注母版视图中单击备注文本区，可以添加备注内容，如文本框、剪贴画、日期等。

6.5　动画效果

在演示文稿中合理地使用动画效果可以突出重点、吸引观众、增加趣味性。不仅可以在幻灯片上添加声音、影片等多媒体对象，还可以加上动画的播放效果，在幻灯片之间增加换页效果。

6.5.1　动画设计

1．自定义动画效果

为幻灯片中的对象添加动画效果，具体步骤如下。

（1）在普通视图中，显示包含要设置动画效果的文本或对象的幻灯片。

（2）选择要设置动画的对象。

（3）选择"动画"选项卡下的"动画"组，单击其中的动画效果即可。

在右侧"效果选项"下拉列表下还可以更改当前选中动画的其他效果。

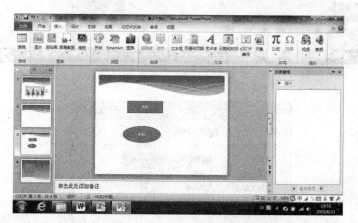

图 6.27　打开"动画窗格"

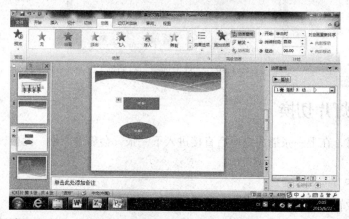

图 6.28　设置动画效果后的动画窗格

2．添加高级动画

用户可以在动画窗格中设置动画的播放顺序、播放时间、效果选项等。

（1）在"动画"选项卡下"高级动画"组中单击"动画窗格"按钮，打开动画窗格，如图 6.27 所示。

（2）选择幻灯片上某个对象设置动画效果，动画窗格就会出现一个效果，如图 6.28 所示。

（3）单击动画右侧的下拉按钮，在下拉菜单中选择"效果选项"，如图 6.29 所示。

（4）打开"效果选项"对话框，可设置动画效果和播放时间，如图 6.30 所示。

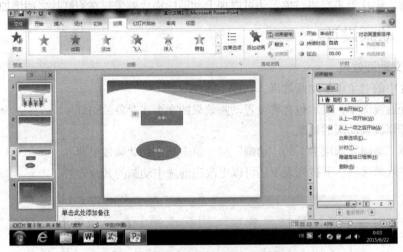

图 6.29　动画下拉列表

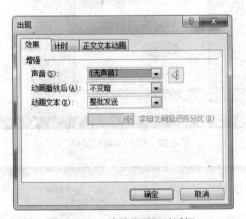

图 6.30　"效果选项"对话框

6.5.2　幻灯片切换

放映幻灯片时，在上一张播放完毕后直接进入下一张，会显得僵硬、死板，因此可以设置幻灯片的切换效果。

具体步骤如下。

（1）单击要设置切换效果的幻灯片的空白处。

（2）在"切换"选项卡下"切换到此幻灯片"选项组中单击其中某选项即可。

（3）在"效果选项"下拉列表中可以更改切换效果。

6.6　幻灯片的放映

演示文稿制作完成后，通过放映才能看到幻灯片的动画、切换等效果，一般情况下幻灯片的放映由演讲者自行控制，此外可以通过设置放映方式来设置自动放映来满足不同的放映需求。

6.6.1　设置放映方式

默认的幻灯片放映方式是由演讲者放映。根据不同的放映要求，我们可以在放映之前进行放映方式的调整，具体步骤如下。

（1）单击"幻灯片放映"选项卡下的"设置"组中的"设置放映方式"，打开如图 6.31 所示的对话框。

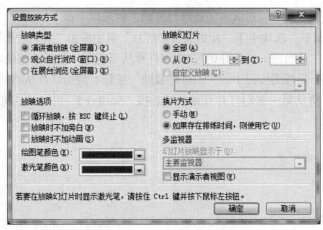

图 6.31　"设置放映方式"对话框

（2）"放映类型"有三种。

① 演讲者放映：默认方式，由演讲者单击鼠标控制全屏放映方式。

② 观众自行浏览：在标准窗口放映，观众利用滚动条进行放映和浏览，按"Esc"键可停止浏览。

③ 在展台浏览：自动全屏放映，按"Esc"键可停止放映。

（3）换片方式：人工换片或按照排练计时。

6.6.2　排练计时

排练计时是通过实际预演放映幻灯片，让 PowerPoint 记录下每张幻灯片的显示时间。当选择按照排练时间放映时，可以自动播放。操作步骤如下。

（1）单击"幻灯片放映"选项卡下的"设置"组中的"排练计时"，进入幻灯片播放状态，且屏幕上弹出"预演"工具栏，如图 6.32 所示，并开始计时。

图 6.32　"预演"工具栏

（2）单击第一个按钮显示下一项；第二个按钮，暂停计时；第三个按钮，重新本张幻灯片计时。第一个时间框内显示放映本张幻灯片所用的时间；第二个时间框显示所有幻灯片放映完所用的时间。

（3）当结束放映后，打开如图 6.33 所示的对话框，给出排练的时间。

（4）单击"是"按钮，可保存此次排练计时，否则放弃排练计时。

图 6.33　"排练时间"提示框

6.6.3　放映幻灯片

制作好演示文稿后。就可以对演示文稿进行放映，可采用下面方法。

（1）在"幻灯片放映"选项卡下"开始放映幻灯片"组中单击"从头开始"，则幻灯片从第一张开始放映，若选择"从当前幻灯片开始"，则幻灯片从当前这一张开始放映。

（2）单击窗口右下角视图按钮中的"幻灯片放映"按钮，则幻灯片从当前这一张开始放映。

（3）按<F5>键，将从第一张幻灯片开始放映，按"Shift+F5"组合键，将从当前幻灯片开始放映。

第7章

数据结构与算法

计算机是对各种各样的数据进行处理的计算工具，在进行数据处理时，实际需要处理的数据元素有许多，而这些大量的数据元素都需要存放在计算机中，因此，在计算机中如何组织数据、处理数据、更好地利用数据是计算机科学的基本研究内容，掌握数据在计算机中的各种组织和处理方法是深入学习计算机的基础。

7.1 数据结构的基本概念

本章的目的是为了提高数据处理的效率，所谓提高数据处理的效率，主要包括：提高数据处理的速度及尽量节省在数据处理过程中所占用的计算机存储空间。

7.1.1 数据结构的定义

本节主要学习数据结构的一些基本概念和术语，这些主要概念包括数据、数据元素、数据对象、数据结构及数据类型。

1. 数据

数据是描述客观事物的符号，是能被计算机识别并能输入到计算机处理的符号集合。数据不仅仅包括整型、实型等数值类型，还包括字符及声音、图像、视频等非数值型数据。例如，赵明的身高是 181cm，赵明是对一个人姓名的描述数据，181cm 是关于身高的描述数据。一张照片是图像数据，一部电影是视频数据。

2. 数据元素

数据元素是组成数据的有一定意义的基本单位，在计算机中通常作为整体考虑和处理。例如，一个数据元素可以由若干个数据项组成，数据项是数据不可分割的最小单位。数据元素具有广泛的含义，一般来说，现实世界中客观存在的一切个体都可以是数据元素。

例如：

表示数值的各个数：1、23、56、78、245、……都可以作为数值的数据元素。

学生信息表包括学号、姓名、性别、籍贯、所在院系、出生日期、家庭住址等数据项，这里的数据元素也称为记录。学生信息表如表 7.1 所示。

表 7.1　　　　　　　　　　　　　　　　学生信息表

学号	姓名	性别	籍贯	所在院系	出生日期	家庭住址
0501001	赵明	男	湖北	经管学院	1996.03	武汉
0501003	李蕊	女	福建	外语学院	1997.06	厦门
0501023	陆路	男	河南	人文学院	1996.12	洛阳

3. 数据对象

数据对象是性质相同的数据元素的集合，是数据的子集。例如，正整数数据对象是集合 N={1，2，3，……}，字母字符数据对象是集合 C={'A'，'B'，'C'，……}。

4. 数据结构

数据结构是数据元素之间存在的一种或多种特定关系，也就是数据的组织形式。在计算机中，数据元素并不是孤立的、杂乱无序的，而是具有内在联系的数据集合。如学生信息表是一种表结构，学校的组织结构是一种层次结构，城市之间的交通路线是一种图结构，如图 7.1、图 7.2 所示。

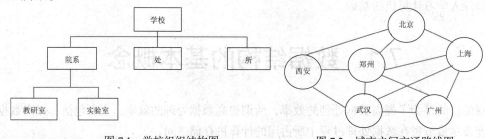

图 7.1　学校组织结构图　　　　　图 7.2　城市之间交通路线图

5. 数据类型

数据类型是用来刻画一组性质相同的数据及其上的操作。数据类型是按照值的不同进行划分的。在高级语言中，每个变量、常量和表达式都有各自的取值范围，该类型就说明了变量或表达式的取值范围和所能进行的操作。例如 C 语言中的字符类型规定了所占空间是 8 位，也就是它的取值范围，同时也定义了在其范围内可以进行赋值运算、比较运算等。

在 C 语言中，按照取值的不同，数据类型还可以分为两类：原子类型和结构类型。原子类型是不可以再分解的基本类型，包括整型、实型、字符型等；结构类型由若干个类型组合而成，是可以再分解的。例如，整型数组是由若干整形数据组成的，结构体类型的值是由若干个类型范围的数据构成的，它们的类型是相同的。

在计算机处理的发展史上，计算机已经不仅仅能够处理数值信息了，计算机所能处理的对象包括数值、字符、文字、声音、图像、视频等信息。任何信息只要经过数字化处理，能够让计算机识别，都能够进行处理。当然，这需要对需处理的信息进行抽象描述，让计算机理解。

7.1.2　数据结构的内容

在数据结构定义中，数据元素之间的相互关系应包含 3 方面的内容：数据的逻辑结构、数据的存储结构、对数据所施加的运算集合。

1. 逻辑结构

逻辑结构是指在数据对象中数据元素之间的相互关系。数据元素之间存在不同的逻辑关系构成了以下 4 种结构类型。

（1）集合

集合结构中的数据元素除了同属于一个集合外，数据元素之间没有其他关系。这就像数学中的自然数集合，集合中的所有元素都属于该集合，除此之外，没有其他特性。例如，集合{12，23，45，8，90}，集合中的数除了属于正整数外，元素之间没有其他关系，数据结构中的集合关系就类似于数学中的集合。集合表示如图 7.3 所示。

图 7.3　集合结构示意图　　　图 7.4　线性结构示意图

（2）线性结构

线性结构中的数据元素之间是一对一的关系。线性结构如图 7.4 所示。数据元素之间有一种先后次序的关系，a、b、c、d 是一个线性表，其中，a 是 b 的前驱，b 是 a 的后继。

（3）树形结构

树形结构中的数据元素之间存在一种一对多的层次关系。树形结构如图 7.5 所示。这就像学校的组织结构图，学校下面是教学的院系、行政机构的部处及研究所。

（4）图形结构

图形结构中的数据元素之间是多对多的关系。图形结构如图 7.6 所示。城市之间的交通路线图就是多对多的关系，A、B、C、D 是 4 个城市。城市 A 和城市 B、C、D 都存在一条直达路线，而城市 B 也可以和 A、C、D 存在一条路线。

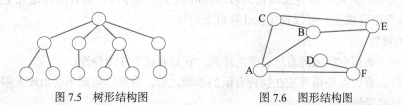

图 7.5　树形结构图　　　　　图 7.6　图形结构图

2. 物理结构

物理结构，也称为存储结构，指的是数据的逻辑结构在计算机中的存储形式。数据的存储结构应正确反映数据元素之间的逻辑关系。

数据元素的存储结构形式有 2 种：顺序存储结构和链式存储结构。顺序存储是将数据元素存放在地址连续的存储单元中，其数据间的逻辑关系和物理关系是一致的。顺序存储结构如图 7.7 所示。链式存储结构是将数据元素存放到任意的存储单元中，这组存储单元可以是连续的，也可以是不连续的，数据元素的存储关系并不能反映其逻辑关系，因此需要用一个指针存放数据元素的地址，这样通过地址就可以找到相关联数据元素的位置。链式存储结构如图 7.8 所示。

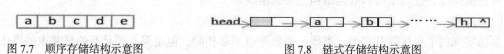

图 7.7　顺序存储结构示意图　　　　　图 7.8　链式存储结构示意图

数据的逻辑结构和物理结构是数据对象的逻辑表示和物理表示，数据结构要对建立起来的逻辑结构和物理结构进行处理，就需要建立起计算机可以运行的程序集合。

7.2 算法

7.2.1 算法的基本概念

在数据类型建立起来后，就要对这些数据类型进行操作，建立起运算的集合，即程序。运算的建立、方法的好坏直接决定着计算机程序运行效率的高低。如何建立一个比较好的运算集合，这就是算法要研究的问题。

1. 算法的定义

算法是描述解决问题的方法。为了解决某个问题或某类问题，需要用计算机表示成一定的操作序列。操作序列包括一组操作，每个操作都要完成特定的功能。例如，求 n 个数据的加法和的问题，其算法描述如下：

（1）定义一个变量存放 n 个数据的和，并赋予初值 0（sum=0）

（2）将 n 个数据依次加到 sum 中（假设 n 个数据存放在数组 a 中，for(i=0;i<n;i++) sum+=a[i]）

以上算法包括 2 个步骤，其中括号内是 C 语言的描述。

算法的描述可以是自然语言、伪代码、程序流程图及程序设计语言。其中，自然语言描述可以是汉字或英文等文字描述；伪代码形式类似于程序设计语言形式，但是不能直接运行；程序流程图的优点是直观，但是不易直接转化为可运行的程序；程序设计语言形式是完全采用类似于 C、C++、Java 等语言描述，可以直接在计算机上运行。

2. 算法的特性

算法是由若干条指令组成的有序有穷的序列，它具有以下 5 个特性。

（1）有穷性。有穷性是指算法在执行有限的步骤之后，自动结束而不会出现无限循环；并且每一个步骤在可接受的时间内完成。

（2）确定性。算法的每一个步骤都具有确定的含义，不会出现二义性。算法在一定条件下，只有一条执行路径，也就是相同的输入只能有一个唯一的输出结果，而不会出现输出结果的不确定性。

（3）可行性。算法的每一步都必须是可行的，也就是说，每一步都能通过执行有限次数完成。

（4）输入。算法具有零个或多个输入。

（5）输出。算法至少具有一个或多个输出。输出的形式可以是打印输出，也可以是返回一个或多个值。

3. 算法三要素

算法由操作、控制结构和数据结构三要素组成。

（1）操作

算法实现的平台尽管有多种，类库、函数库也不尽相同，但是都必须具有的最基本的操作功能是相同的。

① 算术运算：加法、减法、乘法、除法等运算。

② 关系运算：大于、小于、等于、不等于等运算。

③ 逻辑运算：非、与、或等运算。

④ 数据传输：输入、输出、赋值等运算。

（2）控制结构

一个算法功能的实现不仅取决于所选用的操作，而且还与各操作之间的执行顺序有关。算法中各个操作之间的执行顺序称之为算法的控制结构。算法的控制结构给出了算法的基本框架，它不仅决定了算法中各操作的执行顺序，而且直接反映了算法的设计是否符合结构化原则。

算法的基本控制结构有 3 种。

① 顺序结构：顺序结构是程序设计中最简单、最常用的基本结构。在此结构中，各操作块按照出现的先后顺序依次执行，它是任何程序的主体基本结构，即使在选择结构或循环结构中，也常常以顺序结构作为其子结构。

② 选择结构：指程序依据条件所列出表达式的结果来决定执行多个分支中的哪一个分支，进而改变程序执行的流程。根据条件的成立与否选择执行分支的结构称之为选择结构，也称为分支结构。

③ 循环结构：某类问题可能需要重复执行完全一样的计算和处理，而每次使用的数据都按照一定的规律在改变，这种可能重复执行多次的结构称之为循环结构。

（3）数据结构

算法操作的对象是数据，数据之间的逻辑关系、数据的存储方式及处理方式就是数据的数据结构，与算法设计是紧密相关的。

使用计算机进行计算，首先要解决的是如何将被处理的对象存储到计算机中，也就是要选择合适的数据结构。

7.2.2　算法分析

一个好的算法往往会提高程序运行的效率，算法效率和存储空间需求是衡量算法优劣的重要依据。算法的效率需要通过算法编制的程序在计算机上的运行时间来衡量，存储空间需求通过算法在执行过程中所占用的最大存储空间来衡量。

1. 算法设计的要求

一个好的算法应该具有以下特征。

（1）正确性

算法的正确性是指算法至少应该具有输入、输出和加工处理无歧义性，并能正确反映问题的需求，能得到问题的正确结论。通常算法的正确性包括 4 个层次。

① 算法所设计的程序没有语言错误。

② 算法所设计的程序对于几组输入数据能够得到满足要求的结果。

③ 算法所设计的程序对于特殊的输入数据能得到满足要求的结果。

④ 算法所设计的程序对于一切合法的输入都能得到满足要求的结果。

对于这 4 个层算法正确性的含义，层次④是最困难的，一般情况下可将层次③作为衡量一个程序是否正确的标准。

（2）可读性

算法设计的目的首先是为了便于阅读、理解和交流，其次是计算机执行。可读性好有利于阅读者对算法的理解，晦涩难懂的算法往往隐含错误不易被发现，且难于调试和修改。

（3）健壮性

当输入数据不合法时，算法也能做出相应的处理，而不会产生异常或莫名其妙的结果。例如，计算三角形的面积的算法，正确的输入应该是三角形的三条边的边长，但如输入字符类型的数据，就不应该继续计算，而应该报告输入错误，同时给出提示信息。

（4）高效率和低存储量

效率指的是算法的执行时间。对于同一个问题，如果有多个算法能够实现，执行时间短的算法效率高，执行时间长的效率低。存储量需求指的是算法在执行过程中需要的最大存储空间。设计算法应尽量选择高效率和低存储量需求的算法。

2. 算法的效率评价

衡量一个算法在计算机上执行的时间通常有 2 种方法：事后统计方法和事前分析估算方法。

（1）事后统计方法

这种方法主要是通过设计好的测试程序和数据，利用计算机的计时器对不同算法编制好的程序比较各自的运行时间，从而确定算法效率的优劣。但是此方法有 3 个缺陷：一是必须依据算法事先编制好程序，这通常需要花费大量的时间与精力；二是时间的比较依赖计算机硬件和软件等环境因素，有时会掩盖算法本身的优劣；三是算法的测试数据设计困难，并且程序的运行时间往往还与测试数据的规模有关，效率高的算法在小的测试数据面前往往得不到体现。

（2）事前分析估算法

在计算机程序编制之前，对算法依据数学中的统计方法进行估算，这主要是因为算法的程序在计算机上执行的时间取决于以下几个因素：

① 算法编制的策略；

② 编译产生的代码质量；

③ 问题的规模；

④ 书写的程序语言，对于同一个算法，语言级别越高，执行效率越低；

⑤ 机器执行指令的速度。

以上因素中，算法采用不同的策略或不同的编译系统或不同的语言实现或在不同的机器上运行时，效率都不尽相同。抛开以上因素，算法效率可以通过问题的规模来衡量。

一个算法由控制结构和基本语句构成，则算法的运行时间取决于两者执行时间的总和，所有语句的执行次数可以作为语句的执行时间的度量。语句的重复执行次数称之为语句额度。

例如，斐波那契数列的算法和语句的额度如下：

```
f0=1;                           1
f1=1;                           1
printf("&d,&d",f0,f1);          1
for(i=2;i<=n;i++)               n
{
    fn=f0+f1;                   n-1
    pringf(",&d",fn);           n-1
    f0=f1;                      n-1
    f1=fn;                      n-1
}
```

每一条语句的最右端是对应语句的额度，即语句的执行次数，因此算法的总的执行次数为 $T(n)=1+1+1+n+4(n-1)=5n-1$。

3. 算法时间复杂度

（1）时间频度

算法的时间频度是指执行算法所需要的计算工作量。

一个算法执行所消耗的时间，从理论上是无法计算出来的，必须在计算机上运行测试才可知道。不过又不可能也无必要对每个算法都上机进行测试，只需要知道哪个算法花费的时间多，哪个花费的时间少即可。因此可以用算法在执行过程中所需要的基本运算的执行次数来度量算法的工作量。基本运算反映了算法运算的主要特征，一个算法花费的时间与算法中基本运算的执行次数成正比的，哪个算法中基本运算执行次数多，它所花费的时间就多。所以，用基本运算的次数来度量时间是可行的，有利于比较同一个问题的不同算法的优劣。

算法所执行的基本运算次数与问题的规模有关，即算法所需要的时间用算法所执行的基本运算次数来度量，而算法所执行的基本运算次数是问题规模的函数。将一个算法中的基本运算执行次数称之为时间频度，记为 $T(n)$，其中 n 为问题的规模。

（2）时间复杂度

当 n 不断变化时，时间频度 $T(n)$ 也不断变化，不过它的变化规律是什么呢？为此引入时间复杂度的概念，进而分析 $T(n)$ 随 n 的变化情况，并确定 $T(n)$ 的数量级。

算法的时间复杂度记作：$T(n)=O(f(n))$

它表示随问题规模 n 的增大，算法的执行时间的增长率与 $f(n)$ 的增长率相同，称作时间复杂度，其中 $f(n)$ 是问题规模 n 的某个函数。

一般情况下，随 n 的增大，$T(n)$ 的增长最慢的算法为最优的算法。例如，下面 3 段程序中，给出原操作 x=x+1 的时间复杂度分析：

```
(1) x=x+1;
(2) for(i=1;i<=n;i++)
        x=x+1;
(3) for(i=1;i<=n;i++)
        for(j=1;j<=n;j++)
            x=x+1;
```

程序段（1）的时间复杂度为 $O(1)$，称之为常量阶；程序段（2）的时间复杂度为 $O(n)$，称之为线性阶；程序段（3）的时间复杂度为 $O(n^2)$，称之为平方阶。前面介绍过的斐波那契数列的时间复杂度 $T(n)=O(n)$。

常用的时间复杂度所消耗的时间依次是：

$$O(1)<O(\log_2 n)<O(n)<O(n^2)<O(n^3)<O(2^n)<O(n!)<O(n^n)$$

在不同的算法中，若算法中语句执行的次数为一个常量，则时间复杂度为 $O(1)$。在时间频度不同时，时间复杂度有可能相同，例如：$T(n)=n^2+3n+3$ 与 $T(n)=3n^2+n+5$，它们的频度不同，但是时间复杂度相同，都是 $O(n^2)$。

4. 算法空间复杂度

（1）空间频度

一个算法在执行时所占用的存储空间的开销，称之为空间频度。

（2）空间复杂度

空间复杂度是指算法在计算机内执行时所占用的存储空间的开销规模。空间复杂度通过计算所需的存储空间来实现。算法空间复杂度的计算公式记作：

$$S(n)=O(f(n))$$

其中，n 为问题的规模，$f(n)$ 为语句关于 n 所占用存储空间的函数。一般情况下，一个程序在计算机上执行时，除了需要存储程序本身的指令、常量、变量和输入数据外，还需要存储对数据操作的存储单元。若输入数据所占用空间只取决于问题本身，与算法无关，那么只需要分析该算法在实现时所需的辅助单元即可。若算法执行时所需的辅助空间相对于输入数据量而言是一个常数，则称此算法为原地工作，空间复杂度为 O(1)。

7.3 线性表、栈和队列

7.3.1 线性表

线性结构的特点是：在非空的有限集合，只有唯一的第一个元素和唯一的最后一个元素。第一个元素没有直接前驱元素，最后一个元素没有直接后继元素，其他元素都有唯一的前驱元素和唯一的后继元素。线性表是一种最简单的线性结构，它可以用顺序存储结构和链式存储结构存储，可以在线性表的任意位置进行插入和删除操作。

1. 线性表的逻辑结构

一个线性表由有限个类型相同的数据元素组成。在这有限个数据元素中，数据元素构成一个有序的序列，除了第一个元素和最后一个元素外，其他元素都有唯一的前驱元素和唯一的后继元素。线性表的逻辑结构图如图 7.9 所示。

图 7.9　线性表的逻辑结构示意图

在简单的线性表中，例如："book""pen""pencil"等就属于线性结构。可以将每个英文单词看成一个线性表，表中的每一个英文字母就是一个数据元素，每个数据元素之间存在着唯一的顺序关系，例如"pencil"中的字母"p"后面是字母"e"，字母"e"后面是字母"n"。

在较复杂的线性表中，一个数据元素可以由若干个数据项组成。例如在表 7.1 所示的学生信息表中，一个数据元素由学号、姓名、性别、籍贯、所在院系、出生日期、家庭住址共 7 个数据项组成，这时数据元素也称为记录。

综上所述，线性表是由 n 个类型相同的数据元素组成的有限序列，记为$(a_1,a_2,\cdots,a_{i-1},a_i,a_{i+1},\cdots a_n)$。其中，数据元素可以是原子类型或结构类型。线性表的数据元素之间存在着序偶关系，即具有一定的顺序。线性表中的数据元素 a_{i-1} 在 a_i 的前面，a_i 又在 a_{i+1} 的前面，a_{i-1} 称之为 a_i 的直接前驱元素，a_i 称之为 a_{i-1} 的直接后继元素。除了第一个数据元素 a_1 外，每个元素有且仅有一个直接前驱元素；除了最后一个数据元素 a_n 外，每个元素有且仅有一个直接后继元素。

2. 线性表的抽象数据类型

线性表的抽象数据类型包括数据对象集合和基本操作集合。其中，数据对象集合定义了线性表的数据元素及元素之间的关系，基本操作集合定义了在该数据对象上的一些基本操作。

（1）数据对象集合

线性表的数据对象集合为$\{a_1,a_2,\cdots,a_n\}$，每个元素的类型均为 DataType。其中，除了第一个数据元素 a_1 外，每个元素有且仅有一个直接前驱元素；除了最后一个数据元素 a_n 外，每个元素有且仅有一个直接后继元素。数据元素之间的关系是一对一的关系。

（2）基本操作集合

线性表的基本操作主要有以下几种。

① InitList(&L)：初始化操作，建立一个空的线性表 L。这就像新生入学刚建立一个学生信息表，准备登记学生信息。

② ListEmpty(L)：若线性表 L 为空，返回 1，否则返回 0。这就像刚建立了学生信息表，还没有学生来登记。

③ GetElem(L,i,&e)：将线性表 L 中的第 i 个位置元素值返回给 e。这就像在学生信息表中查找一个学生。

④ LocateElem(L,e)：在线性表 L 中查找与给定值 e 相等的元素，如果存在，则返回该元素在表中的序号，否则返回 0 表示不存在。

⑤ InsertList(&L,i,e)：在线性表 L 中的第 i 个位置插入新的元素 e，这就像新来了一位学生报到，被登记到学生信息表中。

⑥ DeleteList(&L,i,&e)：删除线性表 L 中的第 i 个元素，并用 e 返回其值。这就像学生转校，需将该学生从学生信息表中删除。

⑦ ListLength(L)：返回线性表 L 的元素个数。这就像计算学生信息表中的学生人数。

⑧ ClearList(&L)：将线性表清空。这就像学生已经毕业，不再需要保留学生信息，可将这些学生信息全部清空。

3. 线性表的顺序表示与实现

（1）线性表的顺序存储结构

表的顺序存储指的是将线性表中的元素存放在一组连续的存储单元中。这样的存储方式使得线性表逻辑上相邻的元素，其在物理存储单元也是相邻的。采用顺序存储结构的线性表称为顺序表。

假设线性表由 n 个元素，每个元素占用 m 个存储单元，如果第一个元素的存储位置记为 $LOC(a_1)$，第 i 个元素的存储位置记为 $LOC(a_i)$，第 $i+1$ 个元素的存储位置记为 $LOC(a_{i+1})$，因为第 i 个元素与第 $i+1$ 个元素是相邻的，因此，第 i 个元素和第 $i+1$ 个元素满足关系：$LOC(a_{i+1})=LOC(a_i)+m$

线性表的第 i 个元素的存储位置与第 1 个元素 a_1 的存储位置满足关系：$LOC(a_i)=LOC(a_1)+(i-1)*m$

其中，第 1 个元素的位置 $LOC(a_1)$ 称为起始地址或基地址。

顺序表反映了线性表中元素的逻辑关系，只要知道第 1 个元素的存储地址，就可以得到线性表中任何一个元素的存储地址，同样知道任何一个元素的存储地址，也可以得到其他元素的存储地址。因此线性表中的任何一个元素都可以随机存取，线性表的顺序存储结构是一种随机存取的存储结构。线性表的顺序存储结构如图 7.10 所示。

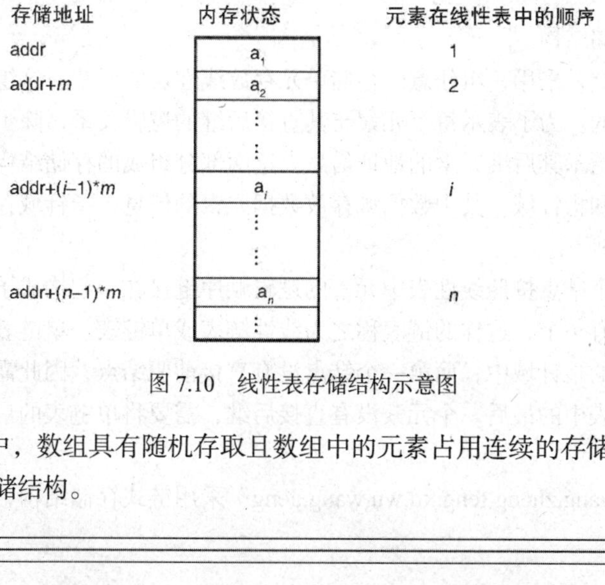

图 7.10　线性表存储结构示意图

由于在 C 语言中，数组具有随机存取且数组中的元素占用连续的存储空间，因此采用数组描述线性表的顺序存储结构。

（2）顺序表的基本运算

在顺序存储结构中，线性表的基本运算如下。

① 线性表的初始化操作。线性表的初始化操作就是将线性表初始化为空的线性表，只需将线性表的长度置为 0 即可。

② 判断线性表是否为空。线性表为空的标志就是线性表的长度 Length 为 0。

③ 按序号查找操作。查找操作分为 2 种：按序号查找和按内容查找。按序号查找就是查找线性表 L 中的第 i 个元素，如果找到就将该元素值赋值给 e。查找第 i 个元素的值，首先判断要查找的序号是否合法，若合法，则返回对应位置的值并返回 1 表示查找成功，否则返回-1 表示错误。

④ 按内容查找操作。按内容查找就是查找线性表 L 中与给定的元素 e 相等的元素。如果找到，就返回该元素在线性表中的序号；否则返回 0 表示失败。

⑤ 插入操作。插入操作就是在线性表 L 中的第 i 个位置插入新元素 e，使得线性表 $\{a_1,a_2,\cdots,a_{i-1},a_i,a_{i+1},\cdots a_n\}$ 变为 $\{a_1,a_2,\cdots,a_{i-1},e,a_i,a_{i+1},\cdots a_n\}$，线性表的长度也由 n 变为 n+1。在顺序表中的第 i 个位置插入新元素 e，首先将第 i 个位置以后的元素依次向后移动一个位置，然后将元素 e 插入到第 i 个位置。移动元素时要从后往前移动元素，先移动最后一个元素，再移动倒数第二个元素，依此类推。

⑥ 删除操作。删除操作就是将线性表 L 中的第 i 个元素删除，使得线性表 $\{a_1,a_2,\cdots,a_{i-1},a_i,a_{i+1},\cdots a_n\}$ 变为 $\{a_1,a_2,\cdots,a_{i-1},a_{i+1},\cdots a_n\}$，线性表的长度也由 n 变为 n-1。为了删除第 i 个元素，需将第 $i+1$ 个元素后面的元素依次向前移动一位，将前面的元素覆盖，移动时要先将第 $i+1$ 个元素移动到第 i 个位置，再将第 $i+2$ 个元素移动到第 $i+1$ 个位置，依此类推，直到将最后一个元素移到倒数第二个位置，最后将顺序表的长度减1。

⑦ 清空操作。线性表的清空操作就是删除线性表中的所有元素，只需将线性表的长度置为 0 即可。

4. 线性表的链式表示与实现

在顺序表中，由于逻辑上相邻的元素其物理位置也相邻，可以随机存取顺序表中的任何一个元素。但顺序表也有缺点：插入和删除运算需要移动大量的元素、存储分配必须事先进行分配、事先分配的存储单元的大小可能不适合问题的需求。而链式存储的线性表就可以很好地解决这些问题。

（1）单链表的存储结构

线性表的链式存储是采用一组任意的存储单元存放线性表的元素。这组存储单元可以是连续的，也可以是不连续的。为了表示每个元素与其直接后继的逻辑关系，除了需要存储元素本身的信息外，还需要存储指示其后继元素的地址信息。这两部分组成的存储结构，称之为结点。结点包括 2 个域：数据域和指针域。其中数据域存放数据元素的信息，指针域存放元素的直接后继的存储地址，如图 7.11 所示。

通过指针域将 n 个结点按照线性表中元素的逻辑顺序链接在一起构成了链表。由于链表中的每个结点的指针域只有一个，这样的链表称之为线性链表或单链表。单链表的每个结点的地址存放在其直接前驱结点的指针域中，而第一个结点没有直接前驱结点，因此需要一个头指针指向第一个结点，同时由于表中的最后一个元素没有直接后继，需要将单链表的最后一个结点的指针域置为"空"（NULL）。

例如：线性表（yang,zheng,feng,xu,wu,wang,geng）采用链式存储结构，链表的存取必须从头指针 head 开始，头指针指向链表的第一个结点，从头指针可以找到链表中的每个元素。线性表的链式存储结构如图 7.12 所示。如图 7.12 所示的通过结点的指针域表示线性表的逻辑关系，而不要求逻辑上相邻的元素在物理上相邻的存储方式称之为链式存储。

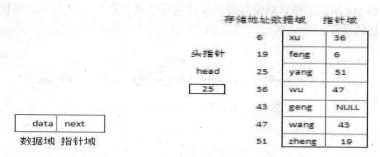

图 7.11　结点表示　　　图 7.12　线性表的链式存储结构示意图

一般情况，将链表表示成通过箭头连接起来的序列，箭头表示指针域中的指针，因此图 7.12 所示的线性表可以用如图 7.13 所示的序列表示。

有时为了操作方便，在单链表的第一个结点之前增加一个结点，称为头结点。头结点的数据域可存放如线性表的长度等信息，头结点的指针域存放第一个结点的地址信息，指向第一个结点。头指针指向头结点，不再指向链表的第一个结点。带头结点的单链表如图 7.14 所示。

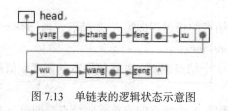

图 7.13　单链表的逻辑状态示意图

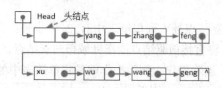

图 7.14　带头结点单链表的逻辑状态示意图

（2）单链表的基本运算

单链表的基本运算包括链表的建立、单链表的插入、单链表的删除、单链表的长度等。

① 单链表的初始化操作。单链表的初始化就是将单链表初始化为空的单链表，需要为头结点分配存储单元，并且将头结点的指针域置为空即可。

② 判断单链表是否为空。判断单链表是否为空就是看单链表的头结点的指针域是否为空。

③ 按序号查找。按序号查找就是查找单链表中的第 i 个结点，如果找到则返回该结点的指针，否则返回 NULL 表示失败。要查找单链表中的第 i 个元素，需要从单链表的头指针 head 出发，利用结点的 next 域扫描链表的结点，并通过计数器，累计扫描过的结点数量，直到计数器为 i，就找到了第 i 个结点。

④ 按内容查找操作。按内容查找就是查找单链表中与给定的元素 e 相等的元素，如果查找成功则返回该元素结点的指针，否则返回 NULL。查找运算按照从单链表中的头指针开始，依次与 e 比较。

⑤ 定位查找。为了删除第 i 个结点，需根据内容查找到该结点，返回该结点的序号。按内容查找并返回结点的序号的函数称为定位函数。定位函数是通过从单链表的头指针出发，依次访问每个结点，并将结点的值与 e 比较，若相等，则返回该序号表示成功，否则返回 0 表示失败。

⑥ 插入操作。插入操作是将元素 e 插入到链表的指定位置 i，插入成功返回 1，否则返回 0；若没有与 e 相等的元素，则返回 0 表示失败。

在单链表的第 i 个位置插入一个新元素 e，首先需在链表中找到其直接前驱结点，即第 i-1 个结点，并由指针 pre 指向该结点，如图 7.15 所示。然后动态申请一个新结点由 p 指向该结点，将值 e 赋给 p 指向结点的数据域，如图 7.16 所示。将 p 指针指向的结点的指针域指向第 i 个结点，同时修改 pre 结点的指针域使其指向 p 指向的结点，如图 7.17 所示，这样就完成了在第 i 个位置插入结点的操作。

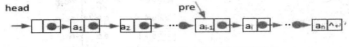

图 7.15 找到第 i 个结点的直接前驱结点

图 7.16 p 指向生成的新结点

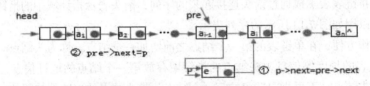

图 7.17 将新结点插入到单链表中

将新结点插入到单链表中有 2 个步骤：将新结点的指针指向第 i 个结点，即 p->next=pre->next；将直接前驱结点的指针域指向新结点，即 pre->next=p。

⑦ 删除操作。删除操作就是将单链表中的第 i 个结点删除，并将该结点的元素赋值给，删除成功返回 1，否则返回 0。

要将单链表中的第 i 个结点删除，首先要找到第 i 个结点的直接前驱结点，即第 i-1 个结点，用指针 pre 指向该结点，然后用指针 p 指向第 i 个结点，将该结点的数据域赋值给 e，如图 7.18 所示，最后删除第 i 个结点，即 pre->next=p->next，并动态释放指针 p 指向的结点，删除过程如图 7.19 所示。

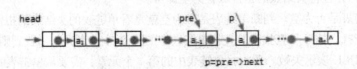

图 7.18 找到第 i-1 个结点和第 i 个结点

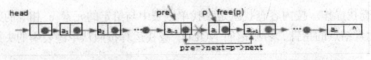

图 7.19 删除第 i 个结点

⑧ 求表长操作。求表长操作就是将单链表的元素个数返回。要求单链表中的元素个数，只需从头指针开始一次访问单链表中的每个结点并计数，直到最后一个结点。

⑨ 销毁链表操作。单链表的结点空间是动态申请的，在程序结束时需将这些结点空间释放，单链表的结点空间释放可通过 free 函数释放。

5. 循环链表

单链表上的访问是一种顺序访问，从其中某个结点出发，可找到它的直接后继，但无法找到它的直接前驱。因此，可考虑创建新的链表，它具有单链表的特征，但又不增加额外的存储空间，仅对表的链接方式稍作改变，使得对表的处理更加灵活方便。从单链表可知，最后一个结点的指针域为 NULL，表示单链表结束。如果将单链表的最后一个结点的指针域改为存放链表中头结点（或第一个结点）的地址，这就使得整个链表构成了一个环，这种链表称之为单循环链表。其逻辑结构如图 7.20 所示。

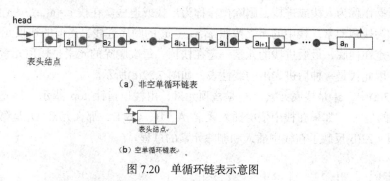

图 7.20　单循环链表示意图

在单循环链表中增加一个表头结点，它的数据可以是任意数据。单循环链表与单链表相比，具有以下 2 个特点。

① 在单循环链表中增加了一个表头结点，其数据域为任意或按需设置，指针域指向线性表的第一个元素的结点。循环链表的头指针指向表头结点。

② 单循环链表中最后一个结点的指针域不为空，而是指向表头结点，即在单循环链表中，所有结点的指针构成了一个环状链。

6. 双向链表

对线性链表中的每个结点设置 2 个指针域，一个称之为左指针 Llink，用以指向其直接前驱结点；一个称之为右指针 Rlink，用以指向其直接后继结点。其节点存储结构如图 7.21（a）所示，此线性表称为双向链表，其逻辑结构如图 7.21（b）所示。

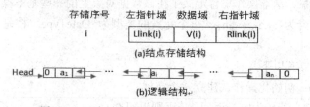

图 7.21　双向链表的逻辑结构和结点的存储结构

7.3.2　栈

栈也是一种重要的线性结构，栈具有线性表的特点：每个元素只有一个前驱元素和后继元素（除了第一个和最后一个例外），但在操作上与线性表不同，栈是一种操作受限的线性表，只允许在栈的一端进行插入和删除操作。栈可以用顺序存储结构和链式存储结构，采用顺序存储结构的栈称为顺序栈，采用链式存储结构的栈称为链栈。

1. 栈的表示与实现

栈作为一种限定性线性表，只允许在表的一端进行插入和删除操作。

（1）栈的定义

栈，也称为堆栈，它是一种特殊的线性表，只允许在表的一端进行插入和删除操作，允许进行插入和删除操作的一端称为栈顶，另一端称为栈底。栈顶是动态变化的，它由一个称为栈顶指针（top）的变量表示。当表中没有元素时，称为空栈。

栈的插入操作称为入栈或进栈，删除操作称为出栈或退栈。在栈 $s=(a_1,a_2,\cdots,a_n)$ 中，a_1 称为栈底元素，a_n 称为栈顶元素。栈中的元素按照 $a_1,a_2,\cdots,a_n$ 的顺序进栈，当前的栈顶元素为 a_n。最先进栈的元素一定在栈底，最后进栈的元素一定在栈顶。每次删除的元素是栈顶元素，也就是最后进栈的元素，因此栈是一种后进先出的线性表，如图 7.22(a)所示。

在图 7.22(a)中，a_1 是栈底元素，a_n 是栈顶元素，由栈顶指针 top 指示。最先出栈的是元素 a_n，最后出栈的是 a_1。如果在栈中依次插入元素 A、B、C、D，那么元素 D 是第一个从栈中删除的元素，图 7.22(b)反映了在栈中插入和删除元素的过程。

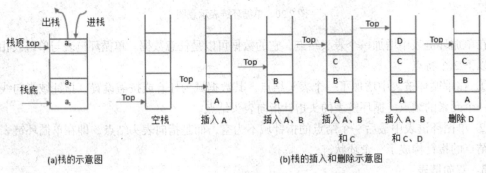

图 7.22　栈的操作示意图

（2）栈的抽象数据类型

栈的抽象数据类型包括数据对象集合和基本操作集合。其中，数据对象集合定义了栈的数据元素及元素之间的关系，基本操作集合定义了在该数据对象上的一些基本操作。

栈的数据对象集合为{$a_1,a_2,\cdots,an$}，每个元素的类型为 DateType。栈是一种线性表，元素之间是一对一的关系。

栈的基本操作主要有以下几种。

① InitStack(&S)：初始化操作，建立一个空栈。

② StackEmpty(S)：若栈为空，返回 1，否则返回 0。

③ GetTop(S,&e)：返回栈 S 的栈顶元素给 e。

④ PushStack(&S,e)：在栈 S 中插入元素 e，使其成为新的栈顶元素。

⑤ PopStack(&S,&e)：删除栈 S 的栈顶元素，并用 e 返回其值。

⑥ StackLength(S)：返回栈 S 的元素个数。

⑦ ClearStack(S)：清空栈 S。

2. 栈的顺序表示与实现

采用顺序存储结构的栈称为顺序栈。顺序栈利用一组连续的存储单元存放栈中的元素，存放顺序依次从栈底到栈顶。由于栈中元素之间的存放地址的连续性，在 C 语言中同样采用数组实现栈的顺序存储。增加栈顶指针，用于指向顺序栈的栈顶元素（top=0 表示栈空）。

顺序栈的结构如图 7.23 所示，元素 A、B、C、D、E 依次进栈，栈底元素为 A，栈顶元素为 E。在实际操作中，栈顶指针指向栈顶元素的下一个位置。设栈为 S，当有元素 e 进栈时，元素进栈即 S.stack[top]=e，然后执行 S.top++操作，使栈顶指针后移。顺序栈的说明如下：

（1）初始化时，将栈顶指针置为 0，即 S.top=0；

（2）设置栈空条件为 S.top==0，栈满条件为 S.top==StackSize-1；

（3）进栈操作时，先将元素放入栈中，即 S.stack[S.top]=e，然后使栈顶指针加 1，即 S.top++；出栈操作时，先使栈顶指针减 1，即 S.top--，然后元素出栈，即 e=S.stack[S.top]；

（4）栈的长度即栈中元素的个数为 S.top。

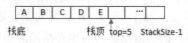

图 7.23　顺序栈结构示意图

顺序栈的基本运算如下。

（1）栈的初始化操作。栈的初始化操作就是将栈初始化为空栈，只需将栈顶指针置为 0 即可。

（2）判断栈是否为空。栈为空的标志是栈顶指针 top 为 0。

（3）取栈顶元素操作。将栈顶元素赋值给 e，成功返回 1，否则返回 0。

（4）进栈操作。进栈操作就是将数据元素 e 压入栈中，元素进栈后需将栈顶指针 top 增加 1。元素进栈成功返回 1，否则返回 0。

（5）出栈操作。出栈操作就是将栈 S 的栈顶元素赋值给 e，出栈前先使栈顶指针减 1。元素出栈成功返回 1，否则返回 0。

（6）返回栈的长度操作。栈的长度即栈中元素的个数，只需返回栈 S 的栈顶指针的值。

（7）清空栈的操作。将栈顶指针置为 0 即可。

3．栈的链式表示与实现

由于顺序存储结构需事先静态分配，而存储规模往往难于确定。如果栈空间分配过小，可能造成溢出；如果栈空间过大，造成存储空间浪费。为了克服此缺点采用链式存储结构表示栈。

采用链式存储方式的栈称为链式栈。链栈由一个个结点构成，结点包含数据域和指针域。在链栈中，利用每个结点的数据域存储栈中的每一个元素，利用指针域表示元素之间的关系。插入和删除元素的一端为栈顶，栈顶由栈顶指针 top 表示。

为了操作方便，通常在链栈的第一个结点之前设置一个头结点。栈顶指针 top 指向头结点，头结点的指针指向链表的第一个结点。例如，元素 a、b、c、d 依次进入链栈，如图 7.24 所示。在图中，top 为栈顶指针，始终指向链栈的头结点。最先进栈的元素在链栈的尾端，最后进栈的元素在链栈的栈顶。在链表中插入一个元素，实际上就是在链表第一个结点之前插入新结点；删除链表的栈顶元素，实际上就是删除链表的第一个结点。由于链栈的操作都是在链表的表头位置进行的，所以链表的基本操作的时间复杂度都为(1)。

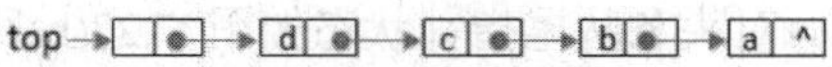

top → □ e → □ d e → □ c e → □ b e → □ a ∧

图 7.24　链栈示意图

链表的说明如下。

（1）链栈通过链表实现。链表的第一个结点为栈顶，最后一个结点为栈底。

（2）设栈顶指针为 top，初始化时，不带头结点 top=NULL，带头结点 top->next=NULL。

（3）不带头结点的栈空条件为 top==NULL，带头结点的栈空条件为 top->next==NULL。

（4）进栈操作与链表的插入操作类似，出栈操作与链表的删除操作类似。

7.3.3 队列

队列也是一种限定性线性表，允许在一端进行插入操作，在另一端进行删除操作。

1. 队列的定义

队列是一种特殊的线性表，它包含一个对头（front）和一个队尾（rear）。其中，对头只允许删除元素，队尾只允许插入元素。队列的特点就是先进入队列的元素先出来，即先进先出（FIFO）。假设队列为 $q=(a_1,a_2,\cdots,a_i,\cdots,a_n)$，那么 a_1 就是对头元素，a_n 则是队尾元素。进入队列时，按照 $a_1,a_2,\cdots,a_i,\cdots,a_n$ 顺序进入的，退出队列时也是按照此顺序。出队列时，只有当前面的元素都退出之后，后面的元素才能退出。队列操作如图 7.25 所示。

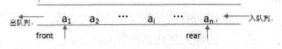

图 7.25 队列操作示意图

2. 队列的基本操作

（1）InitQueue(&Q)：初始化操作，建立一个空队列 Q。

（2）QueueEmpty(Q)：若 Q 为空队列，返回 1，否则返回 0。

（3）EnterQueue(&Q,x)：插入元素 x 到队列 Q 的队尾。

（4）DeleteQueue(&Q,&e)：删除 Q 的对首元素，并用 e 返回其值。

（5）Gethead(Q,&e)：用 e 返回 Q 的队首元素。

（6）ClearQueue(&Q)：将队列 Q 清空。

3. 队列的顺序存储结构

顺序队列通常采用一维数组进行存储。其中连续的存储单元依次存储队列中的元素，同时使用 2 个指针分别表示数组中存放的第一个元素和最后一个元素的位置。其中指向第一个元素位置的指针称为对头指针（front），指向最后一个元素的指针称为队尾指针（rear），队列的表示如图 7.26 所示。

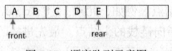

图 7.26 顺序队列示意图

为了方便用 C 语言描述，约定：初始化建立空队列时，front=rear=0，队头指针 front 和队尾指针 rear 都指向队列的第一个位置，如图 7.27(a)所示；插入新元素时，队尾指针 rear 增 1，空队列中插入 a、b、c 三个元素之后对头和队尾指针状态如图 7.27(b)所示；删除元素时，队头指针增 1，在删除 a、b 两个元素之后对头和对尾指针的状态如图 7.27(c)所示。队列为空时，队头指针 front 指向对头元素的位置，队尾指针 rear 指向队尾元素所在位置的下一个位置。

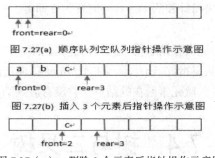

图 7.27(a)　顺序队列空队列指针操作示意图

图 7.27(b)　插入 3 个元素后指针操作示意图

图 7.27（c）　删除 2 个元素后指针操作示意图

（1）顺序队列的基本运算

① 队列的初始化操作：队列的初始化就是将队列初始化为空队列，只需将队头指针和队尾指针同时置为 0 即可。

② 判断队列是否为空：队列是否为空的标志就是队头指针和队尾指针是否同时指向队列中的同一个位置，即队头指针和队尾指针是否相等。

③ 入队操作：入队操作就是将元素插入到队列中。在将元素插入到队列之前先要判断队列是否已满，因为队尾指针的最大值是 QueueSize，所以通过检查队尾指针 rear 是否等于 QueueSize 来判断队列是否已满。如果队列未满，则执行插入操作，然后队尾指针加 1，并将队尾指针向后移动。

④ 出队操作：出队操作就是将队列中的队首元素删除。在删除队首元素时，应先通过队头指针和队尾指针是否相等判断队列是否已空。若队列非空，则删除对头元素，然后将对头指针向后移动，使其指向下一个元素。

但是有可能出现所谓的"假溢出"，即：队尾指针指向队列的最后，但前面有许多元素已经出队，也就是空出很多位置，这时要插入元素，仍然会发生溢出。例如，若队列的最大容量为 6，当 front=rear=6 时，再进队列时将发生溢出。为了克服此情况，一般采用循环队列形式。

（2）循环队列

所谓循环队列，就是将队尾指针 rear 和对头指针 front 到达存储空间的最大值 QueueSize 时，让队尾指针和对头指针自动转化为存储空间的最小值 0。这样就将顺序队列使用的存储空间构造成一个逻辑上首尾相连的循环队列。

当队尾指针 rear 达到最大值 QueueSize-1 时，如果要插入新元素，就将队尾指针 rear 自动转化为 0；当队头指针 front 达到最大值 QueueSize-1 时，如果要删除一个元素，就将队头指针 front 自动转化为 0。在循环队列中，可通过求余操作实现队列的首尾相连。

循环队列的基本操作说明如下。

① 初始化操作：将队列队头指针和队尾指针同时置为 0。

② 判断队列是否为空：就是判断队头指针和队尾指针是否同时指向队列中的同一个位置。

③ 入队操作：将元素插入到队列之前先要判断队列是否已满。可根据对满条件 front==(rear+1)%QueueSize 来判断。如果未满，则执行插入操作，队尾指针加 1，将队尾指针向后移动。

④ 出队操作：在删除队首元素时，先通过队头指针和队尾指针是否相等来判断队列是否已空。若队列非空，则删除队首元素，将队头指针向后移动，使其指向下一个元素。

⑤ 取对头元素：先判断队列是否为空。若不为空，则将对头元素取出。

⑥ 清空操作：只需将队头指针和队尾指针同时置为 0 即可。

4. 队列的链式存储结构

与栈相似，队列也可采用链式存储结构。队列的链式存储，称之为链队列。在链队列中，有 2 个指针：队头指针 front 和队尾指针 rear。队头指针 front 指向链队列中最先入队的元素所在的结点；队尾指针 rear 指向最后入队元素所在的结点，它没有后继结点。

7.4 树与二叉树

线性数据结构中的每个元素都有唯一的前驱元素和唯一的后继元素，即前驱元素和的后继元素是一对一的关系，而本节介绍的树中的元素有唯一的前驱元素和多个后继元素，即前驱元素与后继元素是一对多的关系。树形结构是非常重要的一种数据结构，在实际应用中非常广泛，主要应用于文件系统、目录组织等大量的数据处理中。

7.4.1 树的基本概念

树是一种非线性的数据结构，树中的元素之间是一对多的关系，所有元素之间的关系具有明显的层次关系。

1. 树的定义

树是 $n(n{\geqslant}0)$ 个结点的有限序列，其中，$n=0$ 时，称为空树；当 $n>0$ 时，称为非空树，满足以下条件：

（1）有且只有一个称为根的结点；

（2）当 $n>1$ 时，其余 $n-1$ 个结点可以划分为 m 个有限集合 T_1、T_2、…、T_m，且这 m 个有限集不相交，其中 T_i（$1{\leqslant}i{\leqslant}m$）又是一棵树，称为根的子树。

树的逻辑结构如图 7.28 所示。

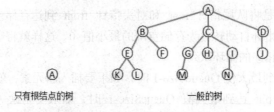

只有根结点的树 一般的树

图 7.28 树的逻辑结构示意图

在图中，"A" 为根结点，左边树只有根结点，右边树有 14 个结点，除了根结点，其余的 13 个结点分为 3 个不相交的子集：$T_1=\{B,E,F,K,L\}$，$T_2=\{C,G,H,I,M,N\}$，$T_3=\{D,J\}$。其中 T_1、T_2 和 T_3 是根结点 "A" 的子树，且它们本身也是一棵树。例如，T_2 的根结点是 "C"，其余的 5 个结点又分为 3 个不相交的子集：$T_{21}=\{G,M\}$，$T_{22}=\{H\}$，$T_{23}=\{I,N\}$。其中，T_{21}、T_{22} 和 T_{23} 是 T_2 的子树，"G" 是 T_{21} 的根结点，$\{M\}$ 是 "G" 的子树，I 是 T_{23} 的根结点，$\{N\}$ 是 I 的子树。

数据结构中的树像是一颗倒挂的树。根结点就像是树根，一棵树只有一个树根。根结点的各个子树类似于树的各个枝权。位于树的最末端、没有子的结点称为叶子结点，即 "K" "L" "F" "M" "H" "N" "J" 都是叶子结点，类似于树的叶子。树中的根结点与子树的结点存在一对多的关系。例如，"B"结点有 2 棵子树：$T_{11}=\{E，K，L\}$ 和 $T_{12}=\{F\}$，而 T_{11} 和 T_{12} 只有一个根结点。

2．树的基本概念

（1）结点：树中的一个数据元素。

（2）结点的度和树的度：一个结点包含子树的数量（及后继的个数）称为结点的度，树中结点度的最大值称为树的度。

（3）根结点和叶子结点：没有前驱的结点称为根结点，没有后继的结点称为叶子结点。

（4）子结点和父结点：若结点有子树，则子树的根结点为该结点的子结点，而该结点为子树根结点的父结点。

（5）分支结点：除叶子结点外的所有结点，称为分支结点。

（6）结点的层数和树的高度（深度）：根结点的层数为 1，其他结点的层数为从根结点到该结点所经过的分支数量加 1，树中结点所处的最大层数称为树的高度。

（7）孩子节点：一个结点的子树的根结点。

3．树的基本特征

（1）有且仅有一个结点没有前驱，该结点为根结点。

（2）除根结点外，其余每个结点有且仅有一个直接前驱（父结点）。

（3）树中每个结点可以由多个直接后继（子结点）。

4．树的存储结构

树在计算机中通常采用多重链表表示。多重链表中的每个结点描述了树中对应结点的信息，而每个结点的指针域数量将随树中该结点的度而定。在表示数的多重链表中，由于每个结点的度不一，因此多重链表中各结点的链域个数也就不同，这导致对树进行处理的算法相对复杂。若采用定长的结点来表示树中和每个结点，即取树的度作为每个结点的链域个数，可使对树的各种处理算法大为简化，但又容易造成存储空间的浪费（有可能在很多结点中存在空链域），而二叉树会给处理带来方便。

7.4.2　二叉树及其基本性质

1．二叉树的定义

二叉树是由 $n(n≥0)$ 个结点构成的另一种树结构。二叉树中的每个结点最多只有 2 棵子树，且二叉树中的每个结点都有左右次序之分（即次序不能颠倒）。因此在二叉树中，每个结点的度只可能是 0、1 和 2，每个结点的孩子结点有左右之分，位于左边的孩子结点称为左孩子结点，位于右边的孩子结点称为右孩子结点。如果 $n=0$，则称该二叉树为空二叉树。

下面给出二叉树的 5 种基本形态，如图 7.29(a)所示。

一个由 12 个结点构成的二叉树如图 7.29(b)所示。从图中看出，在二叉树中，一个结点最多只有 2 个孩子结点，并且有左右之分。例如："F"是"C"的左孩子结点，"G"是"C"的右孩子结点，"L"是"G"的右孩子结点，"G"的左孩子结点不存在。

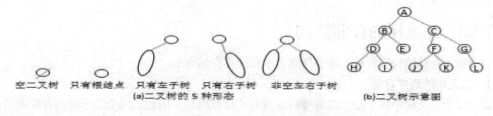

图 7.29　二叉树示意图与 5 种基本形态

在二叉树中还存在 2 种特殊的树：满二叉树和完全二叉树。每层结点都是满的二叉树称为满二叉树，即在满二叉树中，每一层的结点都具有最大的结点个数，如图 7.30（a）所示。在满二叉树中，每个结点的度或者为 2，或为 0（即叶子结点），不存在度为 1 的结点。从满二叉树的根结点开始，从上而下、从左至右，依次对每个结点进行连续编号，如图 7.30（b）所示。

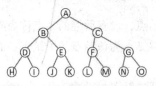
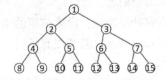

图 7.30（a） 满二叉树示意图　　　　图 7.30（b） 带编号满二叉树示意图

如果一颗二叉树有 n 个结点，且二叉树的 n 个结点的结构与满二叉树的前 n 个结点的结构完全相同，则称这样的二叉树为完全二叉树，完全二叉树及对应编号如图 7.31（a）和图 7.31（b）所示，而图 7.31（c）就不是完全二叉树。

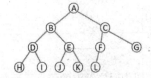
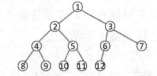
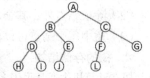

图 7.31（a） 完全二叉树示意图　　图 7.31（b） 带编号完全二叉树示意图　　图 7.31（c） 非完全二叉树示意图

2. 二叉树的性质

二叉树具有以下重要性质。

性质 1：在二叉树中，第 $m(m\geq 1)$ 层上至多有 2^{m-1} 个结点（规定根结点为第一层）。

性质 2：深度为 $k(k\geq 1)$ 的二叉树至多有 2^k-1 个结点。

性质 3：对任何一棵二叉树 T，若叶子结点总数为 n_0，度为 2 的结点总数为 n_2，则有 $n_0=n_2+1$。

性质 4：如果完全二叉树有 n 个结点，则深度为 $\lfloor \log_2n \rfloor +1$。符号 $\lfloor x \rfloor$ 表示不大于 x 的最大整数。

性质 5：如果完全二叉树有 n 个结点，按照从上而下、从左至右的顺序对二叉树中的每个结点从 1 到 n 进行编号，则对于任意结点 i 有以下性质：

（1）如果 $i=1$，则序号 i 对应的结点就是根结点，该结点没有双亲结点。如果 $i>1$，则序号为 i 的结点的双亲结点的序号为 $\lfloor i/2 \rfloor$。

（2）如果 $2i>n$，则序号为 i 的结点没有左孩子结点；如果 $2i\leq n$，则序号为 i 的结点的左孩子结点的序号为 $2i$。

（3）如果 $2i+1>n$，则序号为 i 的结点没有右孩子结点；如果 $2i+1\leq n$，则序号为 i 的结点的右孩子结点的序号为 $2i+1$。

7.4.3　二叉树的存储结构

二叉树的存储结构有两种：顺序存储表示和链式存储表示。

1. 二叉树的顺序存储

由于完全二叉树中每个结点的编号可通过公式计算得到，因此，完全二叉树的存储可按照从上而下、从左至右的顺序依次存储在一维数组中。完全二叉树的顺序存储如图 7.32 所示。

图 7.32 完全二叉树的顺序存储表示示意图

按照从上而下、从左至右的顺序将非完全二叉树也进行编号，将结点依次存放在一维数组中，为了正确反映二叉树中结点之间的逻辑关系，需在数组中将二叉树中不存在的结点位置空出，并用"^"填充。非完全二叉树的顺序存储结构如图 7.33 所示。

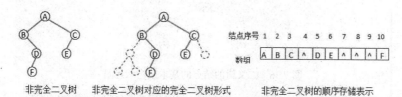

图 7.33 非完全二叉树的顺序存储表示示意图

顺序存储对于完全二叉树来说比较适合，因为采用顺序存储能够节省内存单元，并能利用公式得到每个结点的存储位置。但对于非完全二叉树来说，顺序存储方式就浪费内存空间，在最坏情况下，若每个结点只有右孩子结点，而没有左孩子结点，则需占用 2^k-1 个存储单元，而实际该二叉树只有 k 个结点。

2. 二叉树的链式存储

在二叉树中，每个结点由一个双亲结点和两个孩子结点，从一棵二叉树的根结点开始，通过结点的左右孩子地址就可找到二叉树的每个结点，因此，二叉树的链式存储结构包括 3 个域：数据域、左孩子指针域和右孩子指针域。其中，数据域存放结点的值，左孩子指针域指向左孩子的结点，右孩子指针域指向右孩子的结点，这种链式存储结构称为二叉树链表存储结构，如图 7.34 所示。

lchild	data	rchild
左孩子 指针域	数据域	右孩子 指针域

图 7.34 二叉链表存储结构结点示意图

如果二叉树采用二叉链表存储结构，其二叉树的存储表示如图 7.35 所示。

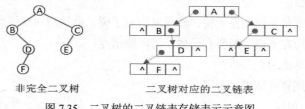

图 7.35 二叉树的二叉链表存储表示示意图

7.4.4 二叉树的遍历

在二叉树的应用中，常常需对二叉树中每个结点进行访问，即二叉树的遍历。

1. 二叉树遍历的定义

所谓二叉树遍历，即是按照某种次序，访问二叉树中的所有结点，使得每个结点被且仅被访问一次。

二叉树的遍历过程其实就是将二叉树的非线性序列转换成一个线性序列的过程。由二叉树定义可知，二叉树是由根结点、左子树和右子树构成的。若将这三部分依次遍历，就完成了整个二叉树的遍历。二叉树的结点的基本结构如图 7.36 所示。如果用 D、L、R 分别代表遍历根结点、遍历左子树和遍历右子树，根据组合原理，共有 6 种遍历方案：DLR、DRL、LDR、LRD、RDL、RLD。如果限定先左后右的次序，则只有 3 种方案：DLR、LDR、LRD。其中 DLR 称为先序遍历，LDR 称为中序遍历，LRD 称为后序遍历。

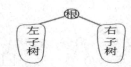

图 7.36　二叉树的结点的基本结构示意图

2. 先序遍历 DLR

所谓先序遍历，就是根结点最先访问，其次遍历左子树，最后遍历右子树。并且在遍历左、右子树时，始终依次访问根结点、遍历左子树、遍历右子树。

先序遍历的遍历算法为：

若二叉树为空，则算法结束；否则

① 输出根结点；

② 先序遍历左子树；

③ 先序遍历右子树。

3. 中序遍历 LDR

所谓中序遍历，就是先遍历左子树，然后访问根结点，最后遍历右子树。并且在遍历左、右子树时，始终依次遍历左子树、访问根结点、遍历右子树。

中序遍历的遍历算法为：

若二叉树为空，则算法结束；否则

① 中序遍历左子树；

② 输出根结点；

③ 中序遍历右子树。

4. 后序遍历 LRD

所谓后序遍历，就是先遍历左子树，然后遍历右子树，最后访问根结点。并且在遍历左、右子树时，始终依次遍历左子树、遍历右子树、访问根结点。

后序遍历的遍历算法为：

若二叉树为空，则算法结束；否则

① 后序遍历左子树；

② 后序遍历右子树；

③ 输出根结点。

例如，二叉树如图 7.37 所示，根据先序遍历、中序遍历、后序遍历

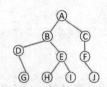

图 7.37　二叉树示意图

的定义，可分别得到二叉树的先序序列为：A、B、D、G、E、H、I、C、F、J；中序序列为：D、G、B、H、E、I、A、F、J、C；后序序列为：G、D、H、I、E、B、J、F、C、A。

7.5　查找

查找是数据处理领域中的重要内容，查找的效率直接影响到数据处理的效率。所谓查找，就是根据给定的值，在一个线性表中查找出等于给定值的数据元素。若线性表中存在这样的元素，则意味着查找成功。此时查找的信息为给定整个数据元素的输出或指出该元素在线性表中的位置；若线性表中不存在这样的数据元素，则意味着查找不成功。

在需查找的数据结构中，每条记录一般包含多个数据域，查找条件一般是给定其中的一个或多个域的值，这些作为查找条件的域称为关键字。若关键字可唯一标识数据结构中的一条记录，则称此关键字为主关键字；若关键字不能唯一标识不同的记录，则称此关键字为次关键字。

7.5.1　顺序查找

顺序查找是最简单的查找方法，其基本思想是：从线性表的一端开始，依次将每个记录的关键字与给定值进行比较，若某记录的关键字等于该值，表示查找成功，返回记录序号；若将线性表所有记录都比较完，仍未找到关键字与给定值相等的记录，则表示查找失败，返回一个失败值。

顺序查找过程中，若线性表的第一个元素就是被查找元素，则只需做一次比较就查找成功，效率最高；但如果被查找的元素是线性表的最后一个元素，或被查找元素在线性表中不存在，则为了查找此元素就需与线性表中的所有元素都进行比较，效率最低。平均情况下，顺序查找法在线性表中查找一个元素，大约需要与线性表中一半的元素进行比较。所以若线性表较大，顺序查找的效率是很低的，不过有 2 种情况只能采用顺序查找：若线性表是无序表或者即使是有序表、但采用的是链式存储结构。

7.5.2　二分法查找

二分法查找又称折半查找。这种查找方法要求查找表的数据是线性结构的，并且要求查找表中的数据是按关键字有序排列的。

二分法查找的具体过程是：假设有 n 个元素的查找表，首先计算位于查找表中间位置元素的序号 m（$m=n/2$），取 s[m]的关键字与给定值 key 进行比较，比较结果有 3 种可能：

① 若 s[m]=key，表示查找成功；

② 若 s[m]>key，表示关键字 key 只可能在查找表的前半部分（假设查找表中的数据是升序排列的），则在前半部分继续进行二分法查找；

③ 若 s[m]<key，表示关键字 key 只可能在查找表的后半部分（假设查找表中的数据是升序排列的），则在后半部分继续进行二分法查找；

从上面的过程可看出，每二分一次，可使查找范围缩小一半，当查找范围缩小到只剩一个元素时，而该元素仍然与关键字不相等时，则说明查找失败。在最坏情况下，二分法查找所需的比较次数为 O(n*Log2n)，其查找效率比顺序查找法要高得多。

7.6 排序

排序是数据结构中一种非常重要和常用的技术，它在计算机的其他领域应用也非常广泛，在对数据的处理的过程中，对数据进行排序是不可避免的。

7.6.1 基本概念

排序的定义如下。

将一个无序的元素序列按照元素的关键字递增或递减排列成为有序的序列。设包含 n 个元素的序列（E_1，E_2，…，E_n），其对应的关键字为（k_1，k_2，…，k_n），为了将元素按非递减（或非递增）排列，需要对下标 $1,2,…,n$ 构成一种能让元素按照非递减（或非递增）的排列，即 p_1，p_2，…，p_n，使关键字呈现非递减（或非递增）排列，即 $k_{p1} \leqslant k_{p2} \leqslant … \leqslant k_{pn}$，从而使元素构成一个非递减（或非递增）的序列，即（E_{p1}，E_{p2}，…，E_{pn}），这样的一种操作称之为排序。

7.6.2 交换类排序法

交换排序即通过依次交换逆序的元素实现排序，冒泡排序法与快速排序法就属于交换排序法。

1. 冒泡排序法

冒泡排序的基本思想是：从第一个元素开始，依次比较相邻的两个元素，若两个元素逆序，则进行交换，即若 L.data[i].key>L.data[i+1].key，则交换 L.data[i]与 L.data[i+1]。假设元素序列中有 n 个待比较的元素，在第一趟排序结束，就会将元素序列中关键字最大的元素移到序列的末尾，即第 n 个位置；在第二趟排序结束，就会将元素序列中关键字次大的元素移到序列的第 n-1 个位置；依此类推，经过 n-1 趟排序后，元素序列构成一个有序的序列。这样的排序类似于气泡慢慢的向上浮起，因此称为冒泡排序法。

例如，一组元素序列的关键字为（56,22,67,32,59,12,89,26），对该关键字序列进行冒泡排序（升序），第一趟排序过程如图 7.38 所示。从图中可看出，第一趟排序结束后，关键字最大的元素被移到了序列的末尾。按照这种方法，冒泡排序的全过程如图 7.39 所示。

序号	1	2	3	4	5	6	7	8
初始状态	56	22	67	32	59	12	89	26
第一趟排序	22	56	67	32	59	12	89	26
第一趟排序	22	56	67	32	59	12	89	26
第一趟排序	22	56	32	67	59	12	89	26
第一趟排序	22	56	32	59	67	12	89	26
第一趟排序	22	56	32	59	12	67	89	26
第一趟排序	22	56	32	59	12	67	89	26
第一趟排序	22	56	32	59	12	67	26	89
第一趟结果	22	56	32	59	12	67	26	89

图 7.38 第一趟排序过程

序号	1	2	3	4	5	6	7	8
初始状态	56	22	67	32	59	12	89	26
第一趟排序	22	56	32	59	12	67	26	89
第二趟排序	22	56	32	59	12	26	67	89
第三趟排序	22	56	32	12	56	26	67	89
第四趟排序	22	32	56	12	26	59	67	89
第五趟排序	12	22	32	56	26	59	67	89
第六趟排序	12	22	32	26	56	59	67	89
第七趟排序	12	22	26	32	56	59	67	89
最后的结果	12	22	26	32	56	59	67	89

图 7.39 冒泡排序全过程示意图

2. 快速排序法

快速排序法是冒泡排序法的一种改进，与冒泡排序类似，只是快速排序是将元素序列中的关键字与指定的元素进行比较，将逆序的两个元素进行交换。快速排序的基本算法思想是：设待排序的元素序列的个数为 n，分别存放在数组 data[1…n] 中，令第一个元素作为枢轴元素，即将 a[1] 作为参考元素，令 pivot=a[1]。初始时，令 $i=1$，$j=n$，然后按照以下方法操作。

① 从序列 j 位置往前，依次将元素的关键字与枢轴元素比较。如果当前元素的关键字大于等于枢轴元素的关键字，则将前一个元素的关键字与枢轴元素的关键字比较；否则，将当前元素移到位置 i，即比较 a[j].key 与 pivot.key，如果 a[j].key≥pivot.key，则连续执行 j--操作，直到找到一个元素使 a[j].key<pivot.key，则将 a[j]移到 a[i]中，并执行一次 i++操作；

② 从序列的 i 位置开始，依次将该元素的关键字与枢轴函数比较。如果当前元素的关键字小于枢轴函数的关键字，则将后一个元素的关键字与枢轴函数的关键字比较；否则，将当前元素移到位置 j。即比较 a[j].key 与 pivot.key，如果 a[i].key<pivot.key，则连续执行 i++，直到遇到一个元素使 a[i].key≥pivot.key，则将 a[i]移到 a[j]中，并执行一次 j--操作。

循环执行步骤①、②，直到出现 i≥j，则将元素 pivot 移到 a[i]中。此时整个元素序列在位置 i 被划分为 2 部分，前一部分的元素关键字都小于 a[1].key，后一部分元素的关键字都大于等于 a[1].key。即完成了一趟快速排序。

按照上述方法，在每一部分继续进行以上划分操作，直到每一部分只剩下一个元素不能继续划分为止。这样整个元素序列就构成了以关键字非递增的排列。

7.6.3　插入类排序法

插入法排序的算法思想是：在一个有序的元素序列中，不断地将新元素插入到该已经有序的元素序列中的合适位置，直到所有元素都插入到合适的位置则排序结束。

1. 直接插入排序法

直接插入排序法的基本思想是：假设前 i-1 个元素有序，将第 i 个元素的关键字与前 i-1 个元素的关键字进行比较，找到合适的位置，将第 i 个元素插入。按照类似的方法，将剩下的元素依次插入到已经有序的序列中，完成插入排序。

具体算法实现：假设待排序的元素有 n 个，对应的关键字分别是 a_1, a_2, …, a_n，因为 a_1 第 1 个元素是有序的，所以从第 2 个元素开始，将 a_2 与 a_1 进行比较。如果 $a_2<a_1$，则将 a_2 插入到 a_1 之前；否则，说明已经有序，不需要移动 a_2。这样有序的元素个数为 2，然后将 a_3 与 a_2、a_1 进行比较，确定 a_3 的位置。首先将 a_3 与 a_2 比较，如果 $a_3≥a_2$，则说明 a_1、a_2、a_3 已经有序。如果 $a_3<a_2$，则继续将 a_3 与 a_1 比较，如果 $a_3<a_1$，则将 a_3 插入到 a_1 之前，否则将 a_3 插入到 a_1 与 a_2 之间即完成了 a_1、a_2、a_3 的排序。依此类推，直到最后一个关键字 a_n 插入到前 n-1 个有序排列。

2. 希尔排序法

基本思想是：通过将待排序的元素分为若干个子序列，利用直接插入排序思想对子序列进行排序，然后将该子序列缩小，接着对子序列进行直接插入排序。按照这种思想，直到所有的元素都按照关键字有序排列为止。

具体算法实现：假设待排序的元素有 n 个，对应的关键字分别为 a_1, a_2, …, a_n，设距离（增量）为 $c_1=4$ 的元素为同一个子序列，则元素的关键字 a_1, a_5, …, a_i, a_{i+4}, …, a_{n-5} 为一个子序列，同理 a_2, a_6, …, a_{i+1}, a_{i+5}, …a_{n-4} 为一个子序列。然后分别对同一个子序列的关键字利用直接插入排序法进行排序，之后，缩小增量令 $c_2=2$，分别对同一个子序列的关键字进行插入排序，依此类推，最后令增量为 1，这时只有一个子序列，对整个元素进行排序。

7.6.4　选择类排序法

选择排序法的基本思想是：从待排序的元素序列中选择关键字最小或最大的元素，将其放到已排序元素序列的最前面或最后面，其余的元素构成新的待排序元素序列，并从待排序元素序列中选择关键字最小的元素，将其放到已排序元素序列的最前面或最后面。依此类推，直到待排序元素序列中没有待排序的元素，选择排序结束。常见的有简单选择排序和堆排序，再此我们只介绍简单选择排序法。

简单选择排序法的基本思想是：假设待排序的元素序列有 n 个，第一趟经过 $n-1$ 次比较，从 n 个元素序列中选择关键字最小的元素，并将其放在元素序列的最前面即第一个位置；第二趟排序从剩余的 $n-1$ 个元素中，经过 $n-2$ 次比较选择关键字最小的元素，将其放在第二个位置。依此类推，直到没有待排序的元素，简单选择排序结束。

简单选择排序的空间复杂度为 $O(1)$，在最好的情况下，其元素序列已经是有序序列，则不需要移动元素；在最坏情况下，其元素序列是按相反顺序排列的，则在每一趟排序过程中都需要移动元素，因此需要移动元素的次数为 $3(n-1)$。而简单选择排序的比较次数与元素的关键字排列无关，在任何情况下，都需要进行 $n(n-1)/2$ 次。因此，综合以上考虑，简单选择排序的时间复杂度为 $O(n^2)$。

第8章
程序设计基础

　　程序设计是给出解决特定问题程序的过程，是软件构造活动中的重要组成部分。程序设计往往以某种程序设计语言为工具。程序设计过程通常包括分析、设计、编码、测试、排错等不同阶段。专业的程序设计人员常被称为程序员。

8.1　计算机求解问题的步骤

　　什么是程序设计？对于初学者来说，往往简单地认为程序设计就是编写一个程序。这种理解是不对的。程序设计是指利用计算机解决问题的全过程，它包含多方面的内容，而编写程序只是其中的一部分。利用计算机来解决实际问题，首先要根据实际问题将其在计算机中表达出来（即建立模型）。在这个模型中，要用计算机内部的数据表示实际要处理的对象。处理这些数据的程序模拟要处理对象在现实中的求解过程，最后通过解释计算机程序的运行结果，得到实际问题的解。计算机求解问题的一般步骤如图 8.1 所示。

图 8.1　计算机求解问题的一般步骤

1. 分析问题
　　分析问题阶段的主要任务是根据实际问题研究所给定的条件，进行认真的分析，得出最后应达到的目标，找出解决问题的规律。要弄清楚所要解决的问题是什么，准确地理解和描述问题是解决问题的关键。

2. 建立数学模型
　　数学模型是一种模拟，是用数学符号、数学式子、图形等对实际问题本质属性的抽象而又简洁的刻划。数学模型一般并非现实问题的直接翻版，它的建立常常既需要对现实问题深入细微的观察和分析，又需要灵活巧妙地利用各种数学知识。这种应用知识从实际问题中抽象、提炼出数学模型的过程就称为数学建模。

　　用计算机解决实际问题必须建立研究对象的数学模型。建立数学模型是计算机求解问题最关键且较困难的一步，涉及计算机处理数据要经历的 3 个阶段，即现实世界、信息世界和计算机世界。现实世界是指客观存在的现实世界中的事实及其联系。信息世界是现实世界在人们头脑中的反映，是对客观事物及其联系的一种抽象描述。计算机世界的数据处理是对信息世界的数据进行进一步抽象，使用的方法为数据模型的方法，其数据处理在数据库的设计过程中也称为逻辑设计。总之，在这一阶段要对现实世界的信息进行收集、分类，并抽象成信息世界的描述形式，然后再将其描述转换成计算机世界中的数据描述。

3. 算法设计

算法是求解问题的方法和步骤，算法设计是程序设计的核心。算法设计是指设计求解某一类型问题的一系列可以通过计算机的基本操作来实现的步骤。求解一个问题的算法可以有多种，目的是要找到一种时间和空间复杂度最小的算法，以提高程序执行的效率。

算法设计方法也称为算法设计技术。常用的算法设计方法有求值法、累加法、累乘法、递推法、递归法、穷举法、贪心算法、分治法、迭代法、分支界限法、回溯法和动态规划法等。

4. 算法表示

算法确定后除了用自然语言描述外，对于复杂一点的算法，应该选择一些更专业的表示方法。算法的描述方法有流程图、N-S图、伪代码和PAD图等，其中最普遍的是流程图。

5. 算法实现

算法实现即编写计算机程序代码的过程，也就是我们平常所说的编程序，也就是将算法"翻译"成符合某种计算机程序设计语言语法规则的程序代码。

虽然算法与计算机程序密切相关，但二者也存在区别：计算机程序是算法的一个实例，是将算法通过某种计算机程序设计语言表达出来的具体形式；同一个算法可以根据需要选择用任何一种计算机程序设计语言来实现。

6. 程序调试

程序调试是将编制的程序投入实际运行前，用手工或编译程序等方法进行测试，修正语法错误和逻辑错误的过程。程序调试的任务是根据测试时所发现的错误，进一步诊断，找出原因和具体的位置进行修正。

程序调试也称算法测试。算法测试的实质是对算法应完成任务的实验证实，测试方法一般有两种：白盒测试和黑盒测试。白盒测试对算法的各个分支进行测试，黑盒测试检验对给定的输入是否有指定的输出。

在Visual Basic程序设计语言中，常见的错误分为4类，即语法错误、编译错误、运行错误和逻辑错误。

7. 整理结果

程序运行后，要对运行结果进行分析，看是否符合实际问题的要求。如果不符合，说明前面的步骤存在问题，必须返回，从头开始逐步检查，找出错误并重新设计；如果符合，问题得到解决，还要编写程序文档。

许多程序是提供给别人使用的，如同正式的产品应当提供产品说明书一样，正式提供给用户的程序，必须向用户提供程序说明书。编写程序文档的目的是让别人了解你编写的算法。首先要把代码编写清楚，代码要有合理的注释。另外还包括算法的流程图，各个阶段的有关记录，算法的正确性证明，算法测试过程、结果，对输入/输出的要求及格式的详细说明等。

当所开发的软件系统非常大时，一种文档可以分成几卷编写。如项目开发计划可分为质量保证计划、配置管理计划、用户培训计划和安装实施计划等，系统设计说明书可分为系统设计说明书和子系统设计说明书，程序设计说明书可分为程序设计说明书、接口设计说明书和版本说明等，操作手册可分为操作手册和安装实施过程，测试计划可分为测试计划、测试设计说明和测试规程等。

8.2　程序设计语言

8.2.1　程序与程序设计

计算机系统由硬件和软件两部分组成，计算机是依靠硬件和软件的配合进行工作的，硬件是计算机系统的基础，软件安装附着在硬件上，指挥和控制硬件工作。计算机软件是指计算机程序及其相关文档。

程序即计算机程序，是指为了得到某种结果而可以由计算机等具有信息处理能力的装置执行的代码化指令序列。文档是指用来描述程序的内容、组成、设计、功能规格、开发情况、测试结果及使用方法的文字资料和图表等，如程序设计说明书、流程图和用户手册等。

程序设计过程通常包括分析、设计、编码、测试、排错等不同阶段，但通常简单地理解程序设计是用某种程序设计语言（也称为计算机语言）来编写计算机程序的过程。如下面这段程序就是用 C 程序设计语言（也称 C 语言）编写的用来实现两个变量的值交换的程序。

```
void swap(int m, int n)
    {
    int  temp;                      /*定义名叫 temp 的整型变量*/
    temp=m;   m=n;   n=temp;        /*交换变量 m 和 n 的值*/
    }
```

用某种程序设计语言编写的代码称为源程序，也称为源代码。源代码是不能直接被计算机执行的，要通过编译程序编译或解释程序解释成目标程序（二进制代码），再通过连接程序连接成可执行程序后才能执行。如用 C 语言编写的源程序扩展名为 ".c"。通过 C 语言编译器编译所得到的二进制代码为目标程序，目标程序的扩展名为 ".obj"。目标程序尽管已经是机器指令，但还不能运行，因为目标程序还没有解决函数调用问题，需要将各个目标程序与库函数连接，才能形成完整的可执行程序。目标程序与库函数连接后形成的完整的可在操作系统下独立执行的程序称为可执行程序，可执行程序的扩展名为 ".exe"。

任何设计活动都是在各种约束条件和相互矛盾的需求之间寻求一种平衡，程序设计也不例外。在计算机技术发展的早期，由于机器硬件资源比较昂贵，程序的时间和空间代价往往是设计关心的主要因素；随着硬件技术的飞速发展和软件规模的日益庞大，程序的结构、可维护性、复用性、可扩展性等因素显得日益重要。

在计算机技术发展的早期，软件构造活动主要就是程序设计活动，但随着软件技术的发展，软件系统越来越复杂，逐渐分化出许多专用的软件系统，如操作系统、数据库系统、应用服务器等，而且这些专用的软件系统越来越成为普遍的计算环境的一部分。这种情况下软件构造活动的内容越来越丰富，不再只是纯粹的程序设计，还包括数据库设计、用户接口界面设计、接口设计、通信协议设计和复杂的系统配置过程。

8.2.2　程序设计语言的发展

程序设计语言是用于编写计算机程序的语言。语言的基础是一组记号和一组规则。根据规则由记号构成的记号串的总体就是语言。在程序设计语言中，这些记号串就是程序。

程序设计语言包含三个方面，即语法、语义和语用。语法表示程序的结构或形式，即表示构成程序的各个记号之间的组合规则，但不涉及这些记号的特定含义、也不涉及使用者；语义表示程序的含义，即表示按照各种方法所表示的各个记号的特定含义，但也不涉及使用着；语用表示程序与使用的关系。

程序设计语言种类很多，但一般来说，各种语言的基本成分不外乎以下四种。

① 数据成分。用以描述程序中所涉及的数据。

② 运算成分。用以描述程序中所包含的运算。

③ 控制成分。用以表达程序中的控制结构。

④ 传输成分。用以表达程序中数据的传输。

计算机程序设计语言从诞生到现在，其发展过程是其功能不断完善、描述问题的方法越来越贴近人类思维方式的过程。程序设计语言的发展经历了五个阶段。

1. 第一代语言——机器语言

机器语言是计算机诞生和发展初期使用的语言，表现为二进制的编码形式，是由计算机可以直接识别的一组由 0 和 1 序列构成的指令码。这种机器语言是从属于硬件设备的，不同的计算机设备有不同的机器语言。直到如今，机器语言仍然是计算机硬件所能"理解"的唯一语言。在计算机发展初期，人们就是直接使用机器语言来编写程序的，那是一项相当复杂和繁琐的工作。

例如，计算 A=8+12 的机器语言程序如下：

```
10110000 00000111   ：把 8 放入累加器 A 中
00101100 00001100   ：将 12 与累加器 A 中的值相加，结果仍放入累加器 A 中
11110100            ：结束，停机
```

可以看出，使用机器语言编写程序是很不方便的。它要求程序员熟悉计算机的所有细节，程序的质量完全决定于程序员个人的编程水平。特别是随着计算机硬件结构越来越复杂，指令系统变得越来越庞大，一般的工程技术人员难以完成程序的编写。

机器语言程序既难编写、难修改、难维护，也难读、难懂。机器语言需要用户直接对存储空间进行分配，且不同机器使用的指令系统也不尽相同，编程效率极低，所以现在已经没有人使用机器语言直接编程了。

当然，机器语言也有其优点，编写的程序代码不需要翻译计算机即可直接执行，因此占用空间少，执行速度快。

2. 第二代语言——汇编语言

汇编语言开始于 20 世纪 50 年代初期。为了克服机器语言的缺点，人们将机器指令中表示操作的代码用英文助记符来表示，如用 ADD 表示加法、MOV 表示数据传递等。

例如，计算 A=8+12 的汇编语言程序如下：

```
MOV A, 8     ：将 8 放入累加器 A 中
ADD A, 12    ：将 12 与累加器 A 中的值相加，结果仍放入累积器 A 中
HLT          ：结束，停机
```

汇编语言克服了机器语言难读、难懂的缺点，同时又保持了其编程质量高、占用存储空间少、执行速度快的优点，故在编写系统软件和过程控制软件时，仍经常采用汇编语言。但汇编语言仍然是面向机器的语言，使用它编程需要直接安排存储、规定寄存器和运算器的动作次序等。此外，不同计算机的指令长度、寻址方式、寄存器数目等都不相同，所以汇编语言程序的通用性

较差，可移植性差。

采用汇编语言编写的程序（源程序），必须经过汇编程序（一种语言处理程序）翻译成计算机能够直接识别的机器语言（如图 8.2 所示）后，才能被计算机执行。

图 8.2　汇编语言源程序的执行过程

机器语言和汇编语言都属于面向机器的低级语言。

3. 第三代语言——高级语言

从最初与计算机交流的痛苦经历中，人们意识到，应该设计一种这样的语言：它接近于数学语言或自然语言，同时又不依赖于计算机硬件，编写出的程序能在所有计算机上通用。经过努力，1954 年，第一个完全脱离机器硬件的高级语言——FORTRAN 语言问世了。经过 60 多年的发展，共有几百种高级语言出现，有重要意义的有几十种，影响较大、使用较普遍的有十几种。

例如，计算 A=8+12 的 Visual Basic（简称 VB）语言程序如下：

```
A=8+12
```

可以看出，高级语言的表示形式近似于自然语言，对各种公式的表示近似于数学公式。一条高级语言语句的功能往往相当于十几条甚至几十条汇编语言的指令，程序编写相对比较简单。因此，在工程计算、数据处理等方面，人们常用高级语言来编写程序。

用高级语言编写的程序称为高级语言源程序，也不能在计算机中直接执行，必须经过编译或解释程序翻译成机器语言后才能执行，其执行过程如图 8.3 所示。虽然程序翻译占去了一些计算机时间，在一定程度上影响了计算机的使用效率，但是实践证明，高级语言是有效地使用计算机与计算机执行效率之间的一个很好的折中手段。

图 8.3　高级语言源程序的执行过程

第三代语言又称为"过程语言"，顾名思义，它是面向"过程"的。用过程语言编写程序，用户不必了解计算机的内部逻辑，而主要考虑解题算法的逻辑和过程的描述，把解决问题的执行步骤通过语言告诉计算机。

4. 第四代语言——非过程化语言

第四代语言(Fourth‐Generation Language，以下简称 4GL)的出现是出于商业需要。4GL 这个词最早是在 80 年代初期出现在软件厂商的广告和产品介绍中的。1985 年，美国召开了全国性的 4GL 研讨会，也正是在这前后，许多著名的计算机科学家对 4GL 展开了全面研究，从而使 4GL 进入了计算机科学的研究范畴。

4GL 其原意是非过程化程序设计语言，是针对以处理过程为中心的第三代语言提出的，希望通过某些标准处理过程的自动生成，使用户只说明要做什么，而把具体的执行步骤的安排交给软件自动处理。

用户在使用这种语言时，不必关心问题的解法和处理过程的描述，只需说明所要完成的工作目标及工作条件，就能得到所要的结果，而其他的工作都由系统来完成。换句话说，原来费时费力的编程工作现在主要由系统来承担。因此，非过程化语言比过程化语言使用起来更加方便。但是非过程化语言目前只适用于部分领域，其通用性及灵活性不如过程化语言。

如果说第三代语言要求人们告诉计算机怎么做，那么第四代语言只要求人们告诉计算机做什么。因此，人们称第四代语言是面向目标的语言。

关系数据库的标准语言 SQL 即属于第四代语言。例如，用户想检索出满足一定条件的学生名单，只要通过 SQL 语言的 SELECT 语句告诉计算机查询的范围(如查学生信息表)、查询内容(查出姓名和年龄)和检索条件(查年龄大于 20 岁的学生)即可得到查询结果。该语句形式如下：

```
SELECT    name, age
    FROM    students
    WHERE   age>20
```

目前 4GL 尚未发展成熟，主要面向基于数据库应用的领域，还不适用于科学计算、高速实时系统和系统软件等的开发。

5. 第五代语言——人工智能语言

第五代语言就是自然语言，又被称为知识库语言或人工智能语言，目标是最接近日常生活所用语言的程序语言。

用人工智能语言解决问题与传统的方法有什么区别呢？

在处理一些简单问题时，一般传统方法和人工智能用的方法没有什么区别。但在解决复杂问题时，人工智能方法与传统方法有差别。

传统方法通常把问题的全部知识以各种模型表达在固定程序中。

对于人工智能技术要解决的问题，往往无法把全部知识都体现在固定的程序中。通常需要建立一个知识库（包含事实和推理规则），程序根据环境和所给的输入信息以及所要解决的问题来决定自己的行动，所以它是在环境模式的制导下的推理过程。这种方法有极大的灵活性、对话能力、有自我解释能力和学习能力。这种方法对解决一些条件和目标不大明确或不完备（即不能很好地形式化，不好描述）的非结构化问题比传统方法好，它通常采用启发式、试探法策略来解决问题。

在人工智能的研究发展过程中，一百来种人工智能语言先后出现过，但很多都被淘汰了。LISP 语言和 PROLOG 语言是第五代语言的代表。LISP 语言是为处理人工智能中大量出现符号编程问题而设计的，它的理论基础是符号集上的递归函数论。PROLOG 语言是为处理人工智能中也是大量出现的逻辑推理问题（首先是为解决自然语言理解问题）而设计的。

LISP 和 PROLOG 号称第五代语言，其实还远远不能达到自然语言的要求，真正意义上的第五代语言尚未出现。

8.2.3　常见的程序设计语言

程序设计语言有很多种，其中常见的有 FORTRAN、COBOL、Basic、Pascal、C、Java、Delphi 等。

1.　FORTRAN 语言

FORTRAN 语言是 1954 年由美国著名的计算机先驱人物约翰·巴克斯开发的第一个高级语言。FORTRAN 是 Formula Translation 的缩写，意为"公式翻译"。它是为科学、工程问题或企事业管理中的那些能够用数学公式表达的问题而设计的，其数值计算的功能较强。

FORTRAN 语言首先引入了与汇编语言中的助记符有本质区别的变量的概念，并引入了表达式语言、子程序等概念，成为以后出现的其他高级程序设计语言的重要基础。FORTRAN 语言一经问世便很快流行起来，因其执行的高效率与近乎完善的输入/输出功能，至今在科学计算领域仍充满生命力。

2.　COBOL 语言

COBOL（COmmon Business Oriented Language，通用事务处理语言）是在美国国防部推动下，由政府机构和工业界联合开发的一种语言，于 1960 年正式推出。COBOL 语言是专门为企业管理而设计的高级语言，可用于统计报表、财务会计、计划编制、作业调度、情报检索和人事管理等方面。COBOL 语言曾经使用非常广泛，20 世纪 70 年代近一半的程序是用 COBOL 语言编写的。

COBOL 语言是一种面向过程的高级语言，它的主要特点是面向文件、接近英语自然语言、通用性强和功能模块化。COBOL 语言是一种典型的按文件系统方式进行数据处理的语言。文件（如档案、账册等）是事务数据处理的基础。COBOL 程序将处理对象按一定方式组织成文件，记录在计算机的外部设备上。它采用 300 多个英语单词作为保留字，以一种接近于英语书面语言的形式来描述数据特性和数据处理过程，便于理解和学习。

3.　Basic 语言

Basic（Beginner's All-purpose Symbolic Instruction Code，初学者通用符号指令代码）语言是 1964 年由美国的 John G. Kemeny 和 Thomas E. Kurtz 在 FORTRAN 语言的基础上开发的。由于简单易学，Basic 语言得到了广泛普及。

Basic 语言的特点是构成简单、"人机会话"的语言，功能较全、执行方式灵活。Basic 语言最基本的语句只有 17 种，且都是常见的英文单词或其变形，如 READ、END 等；通过键盘操作，用 Basic 语言编写完的程序，可以在计算机上边编写、边修改、边运行；Basic 语言除了能进行科学计算和数据处理外，还能进行字符处理、图形处理、音乐演奏等；Basic 语言有两种执行方式，分别是程序执行方式和命令执行方式。

Basic 语言采用的是解释器，就是逐句将源程序翻译成机器语言程序，译出一句就立即执行，边翻译边执行。与编译器相比，解释器比编译器费时更多，但可少占内存。

Basic 语言演化出很多版本。1987 年 Microsoft 公司推出了 Quick Basic（简称 QB），1988 年 Microsoft 公司推出 Visual Basicfor Windows（简称 VB）。2001 年 Visual Basic.NET 推出。

4.　Pascal 语言

Pascal 语言是由瑞士计算机科学家 Niklaus Wirth 设计的一种语言，1968 年提出后被全世界广泛接受。这个语言的名称是为了纪念著名的法国哲学家和数学家，也是计算科学的先驱 Blaise Pascal 而起的。

Pascal 语言是基于 DOS 的语言，是最早出现的结构化编程语言，具有丰富的数据类型和简洁灵活的操作语句，适用于描述数值和非数值问题。Pascal 语言的主要特点是严格的结构化形式、丰富完备的数据类型、运行效率高和查错能力强。Pascal 语言还是一种自编译语言。对于程序设计的初学者，Pascal 语言有益于培养良好的程序设计风格和习惯，国际奥林匹克信息学竞赛把 Pascal 语言作为三种程序设计语言之一，从 20 世纪 70 年代末往后的很长一段时间里，Pascal

成为世界范围的计算机专业教学语言。

20 世纪 80 年代，随着 C 语言的流行，Pascal 语言走向了衰落。目前，在商业上仅有 Borland 公司仍在开发基于 Pascal 语言系统的 Delphi，它使用了面向对象与软件组件的概念，主要用于开发商用软件。

5. C 和 C++语言

C 语言是由美国贝尔实验室的 Kennet L. Thompson 和 Dennis M. Ritchie 于 1972 年设计开发的，当时主要用于编写 UNIX 操作系统。后来由于其功能丰富、使用灵活、执行速度快、可移植性强，迅速成为最广泛使用的程序设计语言之一。

C 语言是一门通用计算机编程语言，应用广泛。C 语言的设计目标是提供一种能以简易的方式编译、处理低级存储器、产生少量的机器码以及不需要任何运行环境支持便能运行的编程语言。

C 语言既可以用来开发系统软件，也可以用来开发应用软件，应用领域很广泛。例如，在中国广泛使用的计算机辅助设计软件 AutoCAD、数学软件系统 Mathematica 等，以及许多语言编译系统本身，其软件系统的全部或部分都是用 C 语言开发的。C 语言已经成为最重要的软件系统开发语言之一。

1980 年，贝尔实验室的 Bjarne Stroustrup 对 C 语言进行了扩充，加入了面向对象的概念，并于 1983 年改名为 C++。目前，C++已经成为应用最广的面向对象程序设计语言。Microsoft 公司的 Visual C++和 Borland 公司的 C++ Builder 是 C++语言最常用的开发工具，利用这些开发工具，可以高效率的开发出复杂的 Windows 应用程序。

最新出现的 C#语言使用了 C++的语法和语义，是基于 Microsoft 公司推出的新一代软件开发环境. NET 平台的高级程序设计语言。

6. Java 语言

Java 语言是 SUN 公司于 1995 年推出的一种跨平台的面向对象的网络编程语言。Java 是一种简单的、面向对象的、分布式的、解释的、健壮安全的、结构中立的、可移植的、性能很优异的多线程的动态语言。

Java 的编程类似 C++，但舍弃了 C++的指针对存储器地址的直接操作，程序运行时，内存由操作系统分配，这样可以避免病毒通过指针侵入系统，安全系数更高。

Java 语言最主要的特点是，同一个 Java 程序不用重新编译就可以在不同平台的计算机上运行。Java 在网络上的独特优势以及其跨平台的特点，使得它已经成为 Internet 上最受欢迎的编程语言之一。

Java 广泛应用于 PC、数据中心、游戏控制台、超级计算机、移动电话和互联网中。

7. 网页设计类语言

目前，最常用的 3 种动态网页设计语言有 ASP（Active Server Pages）、JSP（Java Server Pages）、PHP（Hypertext Preprocessor）。三者都提供在 HTML 代码中混合某种程序代码、由语言引擎解释执行程序代码的能力。

ASP 是一个 Web 服务器端的开发环境，利用它可以产生和执行动态的、互动的、高性能的 Web 服务应用程序。ASP 支持 VBScript、JScript 等脚本语言。

JSP 是用 Java 语言作为脚本语言的，并可以在 Servlet 和 JavaBean 的支持下，完成功能强大的站点程序。

PHP 是一种跨平台的服务器端的嵌入式脚本语言。它大量地借用 C、Java 和 Perl 语言的语法，并融合 PHP 自己的特性，使 Web 开发者能够快速地写出动态生成页面。

8.3　程序设计方法

当设计问题求解方法时，如果能够结合程序设计方法进行设计，则利用计算机语言编程实现就要容易得多。因此，了解和掌握程序设计方法与技术，也是直接关系到问题求解在设计阶段的成与败，失败的因素往往在于不了解计算机将会采用什么方法或技术去实现，而不得不重新设计问题求解的方法。目前，最常用的程序设计方法有结构化程序设计方法和面向对象程序设计方法这两种。

8.3.1　早期的程序设计方法

在 20 世纪 70 年代中期之前，由于当时的计算机硬件昂贵、运行速度慢、内存容量小等原因，那时的程序设计方法追求程序的高效率，编程过份依赖技巧，忽视程序清晰，不注重所编写程序的结构，很少考虑程序的规范化问题。

早期的程序设计方法的程序结构混乱、可读性及可维护性差、通用性更差。其中典型问题是：频繁使用 goto 跳转语句（如图 8.4 所示），过于注重如何节省内存空间。可以说，早期的程序设计方法时期也就是没有固定程序设计方法的时期。

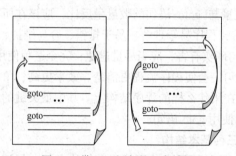

图 8.4　带 goto 语句的程序结构

虽然这些方法存在很多问题，但当时受限于计算机硬件条件，程序的规模也比较小，对于单人完成较为简单的任务，事实上这些方法还是经常被采用的。

8.3.2　结构化程序设计方法

20 世纪 60 年代中期，大容量、高速度的计算机出现，使计算机的应用范围迅速扩大，软件开发急剧增长，软件需要处理的复杂问题也越来越多。高级语言开始出现，计算机软件系统的规模越来越大，早期的程序设计方法不能满足软件设计的需求，软件危机开始爆发，结构化程序设计方法开始诞生。

结构化程序设计的思想和方法是荷兰科学家 E·W·Dijkstra 在 1965 年提出的，这是软件发展的一个重要里程碑。结构化程序设计的主要观点是采用自顶向下、逐步细化的设计方法；使用顺序、选择、循环三种基本控制结构构造程序；模块化设计；限制使用 goto 语句。

1971 年，Niklaus Wirth 教授推出了第一个结构化程序设计语言——Pascal，在计算机软件开发与编程人员中，兴起了学用 Pascal 语言结构化编程的高潮。

经典的结构化程序设计语言有 Pascal、C、FORTRAN、Basic 和 Ada 语言。本小节涉及的例子都用 C 语言实现。

1. 结构化程序设计的原则

结构化程序设计的主要思想是将复杂问题分解成若干个简单问题来降低程序的复杂性。

（1）自顶向下

程序设计时，应先考虑总体，后考虑细节；先考虑全局目标，后考虑局部目标。不要一开始就过多追求众多的细节，先从最上层总目标开始设计，逐步使问题具体化。

（2）逐步细化

对复杂问题，应设计一些子目标作为过渡，逐步细化。经过若干步逐步求精后，最后细化到可以用三种基本结构及基本操作来实现。

（3）模块化设计

一个复杂问题，肯定是由若干稍简单的问题构成。模块化是把程序要解决的总目标分解为子目标，再进一步分解为具体的小目标，把每一个小目标称为一个模块。以模块化设计为中心，将待开发的软件系统划分为若干个相互独立的模块，这样使完成每一个模块的工作变得单纯而明确，为设计一些较大的软件打下了良好的基础。

（4）限制使用 goto 语句

结构化程序设计方法的起源来自对 goto 语句的认识和争论。虽然在块和进程的非正常出口处和合成程序源目标时使用 goto 语句会使程序执行效率较高，但是 goto 语句是有害的，是造成程序混乱的根源，程序的质量与 goto 语句的数量呈反比，应该在所有高级程序设计语言中取消 goto 语句。取消 goto 语句后，程序易于理解、易于排错、容易维护，容易进行正确性证明。

最终的结论是 goto 语句确实有害，应当尽量避免；完全避免使用 goto 语句也并非明智的方法，有些地方使用 goto 语句，会使程序流程更清楚、效率更高；争论的焦点不应该放在是否取消 goto 语句上，而应该放在用什么样的程序结构上。其中最关键的是，应在以提高程序清晰性为目标的结构化方法中限制使用 goto 语句。

2. 结构化程序设计的三种基本结构

采用结构化程序设计方法编写程序，可使程序结构良好、易读、易理解、易维护。1966 年，计算机科学家 Bohm 和 Jacopini 证明了任何简单或复杂的算法都可以由顺序、选择、循环这三种基本控制结构组合而成。这三种结构都是单入口单出口的控制结构，避免使用 goto 语句。

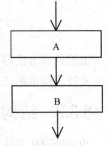

图 8.5　顺序结构

（1）顺序结构

顺序结构表示程序中的各操作是按照它们出现的先后顺序执行的，其流程图如图 8.5 所示。

在图 8.5 所示的顺序结构中，程序的执行顺序是先执行处理框 A 再执行处理框 B。顺序结构是最简单也是最基本的一种结构。在包含选择结构和循环结构的程序中，程序的总体结构还是顺序结构。若有两个选择结构的操作，程序先执行第一个选择结构，再执行第二个选择结构。

顺序结构中使用的语句通常包括定义变量语句、给变量赋值的赋值语句、输入/输出语句和函数调用语句等。

（2）选择结构

选择结构也称分支结构，它可以根据不同的条件，选择不同的分支来执行。根据分支的个数不同，选择结构分为单分支、双分支和多分支，其流程图分别如图 8.6、图 8.7、图 8.8 所示。

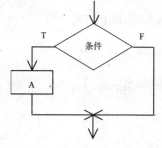

图 8.6 单分支选择结构

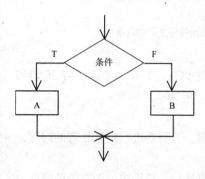

图 8.7 双分支选择结构

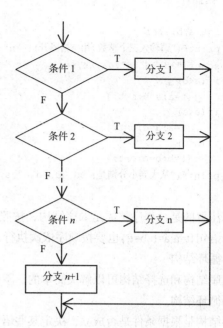

图 8.8 多分支选择结构

在图 8.6 所示的单分支选择结构中，条件如果成立（即条件为 T），则执行处理框 A；条件若不成立（即条件为 F），则什么都不执行。

在图 8.7 所示的双分支选择结构中，条件如果成立，则执行处理框 A；条件若不成立，则执行处理框 B。

在图 8.8 所示的多分支选择结构中，条件 1 如果成立，则执行分支 1；条件 1 若不成立，则判断条件 2；条件 2 若成立，则执行分支 2；条件 2 若还不成立，则继续进行下一个条件的判断，直到条件 n；若条件 n 成立，则执行分支 n；若仍不成立，则执行分支 $n+1$。

在高级语言中，都有相应的选择结构的语句，如在 C 语言中选择结构的双分支语句形式如下：

If （表达式） 语句 1   Else   语句 2

说明：

若表达式值为真，则执行语句 1，否则执行语句 2。

例如，对分数 mark 进行判断，若小于 60 分，则显示 "不及格"，否则显示 "及格"。用 C 语言的选择结构实现如下：

```
If (mark < 60)
    printf( "不及格");
Else
    printf( "及格");
```

例 8.1 输入 3 个整数，按照从大到小的顺序排序后输出。

在 C 语言中可以用 3 个单分支选择结构来实现，程序代码如下所示：

```
#include <stdio.h>
```

```
void main()                              /*     输入三个整数，按从大到小的顺序排列   */
{
    int a,b,c,t;                         /*     定义 4 个整型变量 a，b，c，t   */
    printf("请输入三个整数(用空格隔开)：\n");
    scanf("%d %d %d",&a,&b,&c);          /*     输入 3 个整型数据分别赋给 a，b，c   */
    if(a<b)
        {t=a;a=b;b=t;}                   /*     若 a<b，则互换   */
    if(a<c)
        {t=a;a=c;c=t;}                   /*     若 a<c，则互换   */
    if(b<c)
        {t=b;b=c;c=t;}                   /*     若 b<c，则互换   */
    printf("从大到小分别是：%d %d %d\n",a,b,c);   /*   输出排序之后的数据 */
}
```

需要注意的是，程序整体是顺序结构，按照语句的先后顺序执行。另外，选择结构 if 语句里的复合语句{t=a;a=b;b=t;}也要按顺序依次执行"t=a;""a=b;"和"b=t;"语句。

（3）循环结构

用顺序结构和选择结构可以解决简单的、不出现重复的问题。若需要进行重复处理的问题，可以采用循环结构。

循环结构是根据条件是否成立，决定某些语句是否需要重复执行。要构成一个有效的循环，应当指定两个条件：①需要重复执行的操作，这称为循环体；②循环结束的条件，即在什么情况下停止重复的操作。两者缺一不可，若没有指定循环结束的条件或者不可能达到循环结束的条件，则此循环为无休止的死循环。算法的特性是有效性、确定性和有穷性，若程序永远不结束，这是不正常的。

循环结构大体分为两种：当型和直到型。"当型"是当循环条件成立时执行循环体，"直到型"是当循环条件不成立时执行循环体。循环结构的流程图如图 8.9 和图 8.10 所示。

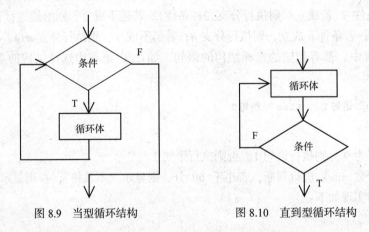

图 8.9　当型循环结构　　　　　　图 8.10　直到型循环结构

在 C 语言中，循环结构的语句有 while 语句、do…while 语句和 for 循环语句。

① while 语句

while 语句的一般形式如下：

while （条件） 循环体语句

while 语句为当型循环结构，当条件为真时，执行循环体语句，否则退出循环。

例 8.2 用 while 语句计算并输出 1~100 的累加和。

在 C 语言中，其程序代码如下所示：

```c
#include <stdio.h>
void main()                    /*  用 while 语句计算并输出 1~100 的累加和   */
{
    int i,sum=0;               /*  定义 2 个整型变量 i 和 sum，其中 sum 初始化为 0  */
    i=1;
    while(i<=100)              /*  while 循环，循环条件为 i<=100  */
    {   sum=sum+i;             /*   循环体，累加，i 的值加 1     */
        i++;
    }
    printf("%d\n",sum);        /*  输出求和结果  */
}
```

运行结果如下：

5050

② do…while 语句

do…while 语句的一般形式如下：

do

**　　循环体语句**

while　(条件)；

do…while 语句也是当型循环结构，它的特点是先执行循环体，然后对条件进行判断，若条件成立，则再次执行循环体，否则退出循环。

若要用 do…while 语句来实现计算 1~100 的累加和，可将例 8.2 程序代码中的循环结构改为如下语句：

```c
do                      /*  do…while 循环，先循环，后判断  */
{   sum=sum+i;          /*  循环体，累加，i 的值加 1  */
    i++;
}while(i<=100);
```

运行得出的结果是一样的。

③ for 循环语句

for 循环语句的一般形式如下：

for　(表达式 1；条件；表达式 2) 循环体语句

它的执行过程如下。

先求解表达式 1，再判断条件，若条件为真，则执行循环体，否则退出循环结构。若顺利执行循环体，执行完循环体后求解表达式 2，然后再次判断条件，不断循环。

若用 for 语句来实现计算 1~100 的累加和，可将例 8.2 程序代码中的循环结构改为如下语句：

```c
for(i=1;i<=100;i++)         /*    for 循环    */
    sum=sum+i;              /*    循环体   */
```

for 循环也是当型循环结构。在 Basic 语言中，有相应的直到型循环结构，这里就不再举例。

8.3.3　面向对象程序设计方法

面向对象程序设计（Object-Oriented Programming，OOP）是一种程序设计范型，同时也是一种程序开发的方法，是建立在"对象"概念基础上的方法学。对象指的是类的实例。它将对象作为程序的基本单元，将程序和数据封装其中，以提高软件的重用性、灵活性和扩展性。

1. 发展由来

OOP 方法起源于面向对象的编程语言（Object-Oriented Programming Language，OOPL）。

早期的计算机编程是基于面向过程的方法，例如实现算术运算 1+3+5 = 9，通过设计一个算法就可以解决当时的问题。随着计算机技术的不断提高，计算机被用于解决越来越复杂的问题，使用面向过程的结构化程序设计语言会出现很多问题。

20 世纪 50 年代后期，在用 FORTRAN 语言编写大型程序时，常出现变量名在程序不同部分发生冲突的问题。鉴于此，ALGOL 语言的设计者在 ALGOL60 中采用了以"Begin……End"为标识的程序块，使块内变量名是局部的，以避免它们与程序中块外的同名变量相冲突。这是编程语言中首次提供封装（保护）的尝试。

60 年代中后期，Simula 语言在 ALGOL 基础上研制开发，它将 ALGOL 的块结构概念向前发展一步，提出了对象的概念，并使用了类，也支持类继承。Simula 语言被认为是第一个面向对象程序设计语言。

70 年代，Smalltalk 语言诞生，它取 Simula 的类为核心概念，它的很多内容借鉴于 Lisp 语言。由 Xerox 公司经过对 Smalltalk72、76 持续不断的研究和改进之后，于 1980 年推出商品化的产品，它在系统设计中强调对象概念的统一，引入对象、对象类、方法、实例等概念和术语，采用动态联编和单继承机制。

在面向对象程序设计方法中，一切事物皆对象，通过面向对象的方式，将现实世界的事物抽象成对象，现实世界中的关系抽象成类、继承，帮助人们实现对现实世界的抽象与数字建模。通过面向对象的方法，更利于用人理解的方式对复杂系统进行分析、设计与编程。同时，面向对象能有效提高编程的效率，通过封装技术，消息机制可以像搭积木一样快速开发出一个全新的系统。

目前较常用的面向对象程序设计语言有 Visual Basic、C++和 Java 语言等。本小节涉及的例子都用 Visual Basic 语言实现。

2. 基本概念

面向对象程序设计有很多新概念，下面分别进行介绍。

（1）对象和类

对象是要研究的任何事物。从一本书到一家图书馆，从单的整数到数据量庞大的数据库、极其复杂的自动化工厂、航天飞机都可看作对象，它不仅能表示有形的实体，也能表示无形的（抽象的）规则、计划或事件。对象由数据（描述事物的属性）和作用于数据的操作（体现事物的行为）构成一个独立整体。从程序设计者来看，对象是一个程序模块。从用户角度来看，对象为他们提供所希望的行为。在对内的操作通常称为方法。一个对象请求另一对象为其服务的方式是通过发送消息。

类是对象的模板，即类是一组有相同数据和相同操作的对象的集合，一个类所包含的数据和方法描述一组对象的共同属性和行为。类是在对象之上的抽象，对象则是类的具体化，是类的实例。类可有其子类，也可有其他类，形成类层次结构。

（2）消息

在面向对象的系统中，对象与对象之间并不是彼此孤立的，它们之间存在着联系。对象之间的联系是通过消息来传递的。消息一般由三部分组成：接收消息的对象、消息名及实际变元。当一个对象需要其他对象为其服务时，可以向那个对象发出请求服务的消息。收到消息的对象会根据这个消息执行相应的功能。对象之间传递消息的示意图如图 8.11 所示。

图 8.11　消息传递

（3）对象的三要素

对象的三要素分别指对象的属性、事件和方法。

属性是一个对象的特征。每一种对象都有一组特定的特征，如一本书都有书名、书号、出版社等特征，一辆汽车都有品牌、型号、排量、颜色等特征。

在 Visual Basic 语言中，常用的对象命令按钮 CommandButton 有名称（Name）、标题（Caption）、字体（Font）、高度（Height）、宽度（Width）、可见性（Visible）、可用性（Enabled）和样式（Style）等属性。

事件是对象能够识别和响应的一种操作或动作。在 Visual Basic 语言中，对象常有的事件有单击（Click）、双击（DblClick）、键盘按下（KeyPress）和得到焦点（GotFocus）等事件。事件通常和操作或动作是相应的，不同的对象能响应的动作是不同的，其事件也是不同的。

方法是对象所具有的功能或行为。对象具有某种行为实际上是程序设计语言事先已经编写好一些通用的子程序将其封装在对象里。用户可以直接使用对象的方法来完成某种操作，不用去关心这种操作是如何实现的，这给用户带来很大的方便。程序设计语言对不同的对象设计了跟它对应的不完全相同的方法，因此方法是隶属于对象的，在调用方法时一定要指明对象。如在 Visual Basic 中为窗体对象设计了 Print（打印）、Cls（清除屏幕）、Hide（隐藏）和 Show（显示）等方法。

（4）事件驱动

在传统的面向过程的应用程序中，代码的执行总是从第一行开始，随着程序流程执行代码的不同部分。程序执行的先后次序由设计人员编写的代码决定，用户无法改变程序的执行流程。

在面向对象的程序设计中，程序是由若干个规模较小的事件过程组成。当程序处于运行状态时，特定事件的发生将引发对象执行相应的事件过程。例如，用户单击一个命令按钮时，将引发该命令按钮单击事件过程里的一小段程序的执行。用户对着命令按钮单击，命令按钮响应单击动作，激发单击事件，执行单击事件过程里的程序。若用户始终不单击该命令按钮，其单击事件过程里的程序永远也不会执行。

例 8.3：在 VB 中，命令按钮 Command1 的单击事件。

命令按钮 Command1 的单击事件程序代码只有当用户用鼠标单击(Click)命令按钮 Command1 时才会被执行，这就是所谓的事件驱动机制。

Command1 的单击事件代码如下：

```
Private Sub Command1_Click()    '命令按钮 Command1 的单击事件过程
```

```
    Dim s As Integer, i As Integer    '定义整型变量s、i
    s = 0                             '将s初始化为0
    For i = 1 To 100                  'For循环计算1~100的累加和
        s = s + i
    Next i
    Form1.Print s                     '将结果在窗体Form1上显示出来
End Sub
```

Command1 的单击事件程序的功能是求 1~100 的累加和。

在 VB 集成开发环境中，单击工具栏的启动"▶"按钮后，将出现如图 8.12 所示的运行界面。用鼠标单击命令按钮"计算"后，将在窗体上打印 1~100 的累加和 5050，运行结果如图 8.13 所示。

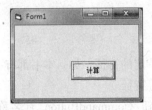

图 8.12 运行界面

图 8.13 运行结果界面

说明：

① 命令按钮 Command1 上默认显示"Command1"，将 Command1 的 Caption 属性在属性窗口更改为"计算"后才显示如图 8.12 所示的界面。第一个命令按钮的名称默认为"Command1"，Caption 属性只决定命令按钮上显示的提示。

② 启动运行后，命令按钮 Command1 处于等待事件发生的状态。用户若不单击"计算"按钮，其单击事件里的计算 1~100 的累加和的程序将不会执行。程序的运行由事件驱动。

③ "计算"按钮若多次单击，其 Click 单击事件将多次执行。多次激发事件，事件过程就执行多次。

④ 命令按钮 Command1 的 Click 单击事件的程序依然由结构化程序设计的三大结构组合而成。面向对象是整体的程序设计思路的更改，但里面小段的程序仍由三大结构组成。例 8. 3 中的程序由顺序结构和循环结构组成。

面向对象的程序设计并不是要抛弃结构化程序设计方法，而是站在比结构化程序设计更高、更抽象的层次上解决问题。当所要解决的问题被分解为低级代码模块时，仍需要结构化编程的方法和技巧，但是，面向对象的程序设计模式在分解一个大问题为小问题时采取的思路与结构化方法是完全不同的。

⑤ 语句"Form1.Print s"通过调用窗体对象 Form1 的 Print 方法来实现在 Form1 上显示计算结果的功能。

对象方法的调用格式为：

[对象名.]方法 [参数]

根据需要，其中的对象名和参数可以选择省略。

要注意，事件驱动机制除了影响用户运行程序时的动作，还影响用户编写程序的位置。

例如，若用户希望单击窗体对象 Form1 时计算显示 1~100 的累加和，则程序应该编写在窗体 Form1 的 Click 单击事件中。程序代码如下：

```
Private Sub Form_Click()      '命令按钮 Form1 的单击事件过程
    Dim s As Integer, i As Integer      '定义整型变量 s、i
    s = 0                     '将 s 初始化为 0
    For i = 1 To 100              'For 循环计算 1~100 的累加和
      s = s + i
    Next i
    Form1.Print s                 '将结果在窗体 Form1 上显示出来
End Sub
```

当然，程序改在窗体对象 Form1 的 Click 事件后，启动运行后应该单击窗体 Form1 才会运行程序。

例 8.4：命令按钮 Command1 和 Command2 的单击事件。在窗体 Form1 上设计两个命令 Command1 和 Command2 来实现计算 1~100 的奇数和以及偶数和。

计算奇数和的命令按钮 Command1 的 Click 单击事件代码如下：

```
Private Sub Command1_Click()     '命令按钮 Command1 的单击事件过程
    Dim s As Integer, i As Integer      '定义整型变量 s、i
    s = 0                     '将 s 初始化为 0
    For i = 1 To 100 Step 2          'For 循环计算 1~100 的奇数和
      s = s + i
    Next i
    Form1.Print s                 '将结果在窗体 Form1 上显示出来
End Sub
```

计算偶数和的命令按钮 Command2 的 Click 单击事件代码如下：

```
Private Sub Command2_Click()     '命令按钮 Command2 的单击事件过程
Dim s As Integer, i As Integer      '定义整型变量 s、i
    s = 0                     '将 s 初始化为 0
    For i = 2 To 100 Step 2          'For 循环计算 1~100 的偶数和
      s = s + i
    Next i
    Form1.Print s                 '将结果在窗体 Form1 上显示出来
End Sub
```

启动运行后，运行界面如图 8.14 所示。先单击"奇数和"按钮后单击"偶数和"按钮，运行结果界面如图 8.15 所示。若先单击"偶数和"按钮后单击"奇数和"按钮，运行结果界面如图 8.16 所示。

图 8.14　运行界面一

图 8.15　运行结果一

图 8.16　运行结果二

说明：

① 程序运行后，命令按钮 Command1 和 Command2 都处于等待事件发生的状态。若用户不单击这两个命令按钮，编写的 Click 事件代码就毫无用处。程序的运行完全由事件驱动。

② 从运行结果可以看出，若用户先单击"奇数和"按钮，就先激发 Command1 的 Click 事件，窗体上先显示 1~100 的奇数和 2500。若先单击"偶数和"按钮，就先激发 Command2 的 Click 事件，窗体上先显示偶数和 2550。程序的运行顺序由事件激发的先后顺序决定。

3. 主要特征

面向对象程序设计有几个重要特征，分别是抽象、封装、继承和多态。

（1）抽象性

抽象就是忽略事物的非本质特征，只注意那些与当前目标有关的本质特征，从而找出事物的共性，把具有共同性质的事物划分为一类，得出一个抽象的概念。

在理解复杂的现实世界和解决复杂的特定问题时，如何从繁杂的信息中抽取出有用的、能够反映事物本质的东西，降低其复杂程度是解决问题的关键，而抽象正是降低复杂度的最佳途径。

抽象可分为过程抽象和数据抽象。过程抽象即功能抽象，舍弃个别功能，抽取共同拥有的功能。数据抽象是一种更高级别的抽象，它将现实世界中存在的客体作为抽象单元，其抽象内容既包括客体的属性特征，也包括行为特征（起到信息隐藏的作用）。数据抽象是面向对象程序设计所采用的核心方法。

（2）封装性

封装是将对象的属性和行为分别使用适当的数据结构和方法来描述，并将它们绑定在一起形成一个可供访问的基本逻辑单元。

用户对数据结构的访问只能通过使用类提供的外部接口。这样，将描述这些属性的数据结构和访问这些数据结构的方法封装在一个对象中，从而使数据结构得到隐藏，不允许外界直接访问。其他对象只能通过封装提供的外部接口（这些方法）对该对象实施各项操作，保证了数据结构的安全，提高了系统的可维护性和可移植性。

封装是一种信息隐藏技术，封装的目的在于把对象的设计者和对象的使用者分开，使用者不必知晓行为实现的细节，只须用设计者提供的外部接口来访问该对象。

（3）继承性

继承性是子类自动共享父类之间数据和方法的机制。它由类的派生功能体现。一个类直接继承其父类的全部描述，同时可修改和扩充。

继承具有传递性。继承分为单继承（一个子类只有一父类）和多重继承（一个类有多个父类）。

继承可分为公有继承（Public）、私有继承（Private）和保护继承（Protected）三种访问控制方式。

继承是面向对象技术提高软件开发效率的重要措施。类的对象是各自封闭的，如果没有继承机制，则类对象中数据、方法就会出现大量重复。继承对于软件复用和扩充有着及其重要的意义，利用代码重用技术，能够降低开发投入，加快软件开发速度、提高软件质量，减少维护成本。

（4）多态性

对象根据所接收的消息而做出动作。同一消息为不同的对象接受时可产生完全不同的行动，这种现象称为多态性。它是一种用统一的方式来处理一组各具个性却同属一族的不同个体的机制，这就使得同样的消息被不同的对象接收时，将被解释为不同的语义。

例如：定义了多个"add"相加的同名函数，但它们的参数类型各不相同，如果用整型之间、实型之间、双精度浮点型之间分别表示相加运算，则当同样的消息（相加）被不同类型的对象（变量）接收后，不同类型的变量将采用不同的方式进行加法运算。

多态性的实现受到继承性的支持，利用类继承的层次关系，把具有通用功能的协议存放在类层次中尽可能高的地方，而将实现这一功能的不同方法置于较低层次，这样，在这些低层次上生成的对象就能给通用消息以不同的响应。在面向对象程序设计语言中可通过在派生类中重定义基类函数（定义为重载函数或虚函数）来实现多态性。

4. 面向对象软件开发

采用面向对象技术的软件开发过程一般分为面向对象分析(Object Oriented Analyzing，OOA)、面向对象设计(Object Oriented Designing，OOD)和面向对象程序设计(Object Oriented Programming，OOP)三个阶段，如图 8.17 所示。

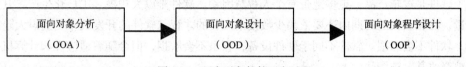

图 8.17　面向对象软件开发过程

（1）面向对象分析（OOA）

面向对象分析是一种软件开发过程分析的方法学。当使用 OOA 的时候，必须把软件开发过程中的每样东西都想成类。从类中建立的每个新的个体称为类的一个实例。OOA 的过程主要关心怎样导出系统需要的类。

（2）面向对象设计（OOD）

面向对象设计阶段的焦点是软件系统的"如何/怎样"的问题。设计阶段的典型问题包括"这个类如何收集数据"、"这个类如何计算"以及"这个类如何打印报表"等。

（3）面向对象程序设计（OOP）

面向对象程序设计是采用面向对象的语言具体实现 OOD 的设计。在 Windows 环境下常用的面向对象的程序设计语言有：C++、Java、Visual Basic 等。虽然它们风格各异，但都具有共同的思维和编程模式。

8.4　软件工程基本概念

随着计算机技术的飞速发展，人们对计算机软件的功能、数量、质量、开发时间和成本等提出了越来越高的要求。为了缓解软件开发效率低与计算机软件需求增长快的矛盾，计算机科学技术领域引入了工程化的方法解决软件危机问题，从而逐步形成了计算机软件工程学，简称软件工程。

8.4.1　软件定义与软件特点

1. 软件的定义

众所周知，一个完整的计算机系统由硬件系统和软件系统组成。

计算机硬件是一系列可见、可感知的电子器件、电子设备的总成，是计算机系统的物理部件，是计算机系统运行的物质基础。

计算机软件是计算机系统中与硬件相互依存的另一部分，它是保障计算机系统运行的基础。

软件控制硬件运行、发挥计算机效能、处理各种计算和事物。计算机软件是程序、数据及其相关文档的完整集合。对计算机软件的组成，下面分别说明：

（1）程序。程序是按事先设计的功能和性能要求编写的指令序列。

（2）数据。数据是使程序能够正确运行的数据结构。

（3）文档。文档是与程序开发、维护和使用有关的图文资料。

因此，程序并不等于软件，程序只是软件的一部分。

2. 软件的特点

软件在开发、生产、维护和使用等方面与计算机硬件相比存在明显的差异。软件的特点表现在以下几个方面。

（1）软件是逻辑产品，更多地带有个人智慧因素。软件难以大规模、工厂化生产，其产品数量及质量，在相当长的时期内还要依赖少数技术人员的才智。软件的开发效率受到很大限制。

（2）软件不会磨损。软件不同于硬件设备，它虽不会磨损，但会随着适应性和计算机技术的进步而被修改甚至被淘汰。

（3）软件的生产与硬件不同。软件没有明显的制作过程。一旦开发成功，软件可以大量复制副本。因此对软件质量的控制，必须着重在软件开发方面下功夫。

（4）软件的成本高。软件的成本主要体现在人力成本方面。软件开发需要投入大量、高强度的脑力劳动，成本高，风险大。

（5）软件维护困难。软件开发过程的时间长，情况复杂，软件质量也较难评估，软件维护意味着修改原来的设计，使得软件的维护很困难甚至无法维护。

（6）软件对硬件的依赖性很强。硬件是计算机系统的物质基础，由于技术的进步，硬件的发展很快，为了适应硬件的发展，必然要求软件随之改变，然而软件开发周期长，开发难度大，这就使得软件难以及时跟上硬件的发展。往往出现了新的硬件产品，却没有相应的软件与之配合。因此，软件必须不断升级、修改和维护。

（7）软件对运行环境的变化敏感。软件对运行环境的变化也很敏感，特别是与之协作的软件或支撑它运行的软件平台的变化很敏感，相关软件的一个很小的改变，往往会引起软件的一系列改变。

按软件功能划分，软件可以分为系统软件、应用软件和支撑软件。

8.4.2 软件危机与软件工程

1. 软件危机

20 世纪 60 年代以前，软件设计往往只是为了一个特定的应用而在指定的计算机上设计和编制，软件的规模比较小，文档资料通常不存在，很少使用系统化的开发方法，设计软件等同于编制程序。

60 年代中期，大容量、高速度的计算机的出现，使计算机的应用范围迅速扩大，软件开发急剧增长。软件系统的规模越来越大，复杂度越来越高，软件可靠性问题也越来越突出。原来的软件设计方式不再能满足要求，迫切需要改变软件生产方式，提高软件生产率，软件危机开始爆发。

1968 年，"软件危机"一词首次在北大西洋公约组织（NATO）在德国的国际学术会议上被提出。为了解决问题，在 1968 年、1969 年连续召开两次著名的 NATO 会议，同时提出了软件工程的概念。

软件危机是指落后的软件生产方式无法满足迅速增长的计算机软件需求，从而导致软件开发与维护过程中出现一系列严重问题的现象。

软件危机主要表现在如下几个方面。

（1）软件的开发成本和进度难以估计，软件开发成本难以控制，进度不可预计。

（2）开发的软件常常不能满足用户的需求，或者用户的要求已经改变。

（3）开发的软件的质量和可靠性很差。

（4）软件文档不全，难以使用，难以维护。

（5）软件开发速度跟不上社会需求的增长。

（6）软件常常是不可维护的，在维护的同时又可能产生新的错误。

（7）软件维护的费用很高，往往占全部费用的 40%。

软件危机产生的原因有以下两点。

（1）与软件本身的特点有关。软件是逻辑部件，在运行和使用期间，维护复杂。软件规模庞大，开发过程不仅需要技术支持，更需要科学有效的管理方法。

（2）与软件开发和维护的方法不正确有关。早期个体化的开发，忽视需求分析，轻视维护，忽略文档，导致软件开发成本高，维护代价大。

为了解决软件危机，软件工程从技术和管理两个方面研究如何更好地开发和维护计算机软件。

2. 软件工程

软件工程是应用计算机科学理论和技术以及工程管理的原则和方法，按预算和进度实现满足用户要求的软件产品的定义、开发、发布和维护的工程，或以之为研究对象的学科。

软件工程是应用于计算机软件的定义、开发和维护的一整套方法、工具、文档、实践标准和工序。

软件工程包括 3 个要素，分别是方法、工具和过程。方法是完成软件工程项目的技术手段；工具支持软件的开发、管理、文档生成；过程支持软件开发的各个环节的控制、管理。

软件工程是一门多学科、跨学科的科学，它借鉴了传统工程的原理和方法，同时应用了计算机科学、数学、工程科学和管理科学的很多理论和知识，以求高效地开发高质量的软件。软件工程知识结构主要有三个支撑，如图 8.18 所示。

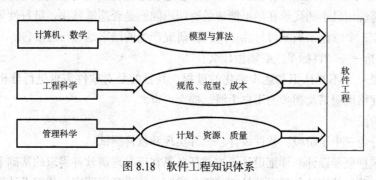

图 8.18　软件工程知识体系

8.4.3　软件工程过程与软件生命周期

1. 软件工程过程

软件工程过程是指为获得软件产品，在软件工具的支持下由软件工程师完成的一系列软件工程活动。软件工程过程通常包括以下四个方面活动。

（1）P（Plan）——软件规格说明。规定软件的功能及其运行时的限制。

（2）D（Do）——软件开发。开发出满足规格说明的软件。

（3）C（Check）——软件确认。确认开发的软件能够满足用户的需求。

（4）A（Action）——软件演进。软件在运行过程中不断改进以满足客户新的需求。

从软件开发的观点看，软件工程过程就是使用适当的资源（包括人员、硬件、软件、时间等），为开发软件进行的一组开发活动，在活动结束时将输入（即用户需求）转化为输出（即最终符合用户需求的软件产品）。

2．软件生命周期

软件生命周期是指软件产品从提出、实现、使用维护到停止使用退役的整个过程。一般包括可行性研究与需求分析、设计、实现、测试、交付使用以及维护等活动，如图 8.19 所示。这些活动还可以重复，执行时也可以有迭代。

软件生命周期可以分为三个阶段，分别是定义阶段、开发阶段和维护阶段，如图 8.19 所示。

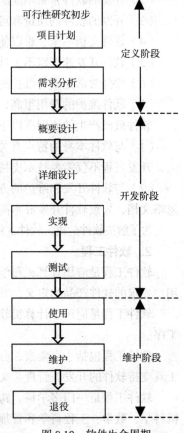

图 8.19　软件生命周期

（1）定义阶段

软件定义阶段的任务是确定软件开发工程必须完成的总目标，即根据用户具体需求解决系统"要做什么"的问题。它又包含三个部分：问题定义、可行性研究和需求分析。

①　问题定义——"要解决的问题是什么？"

问题定义首先要收集和分析相关信息，准确、完整地描述出用户提出的要求，最后产生的结果是问题描述书。

②　可行性研究——"问题定义阶段所确定的问题是否可解？价值如何？"

可行性研究的目的不是解决问题，而是确定问题是否值得去解，也就是说用最小的代价在尽可能短的时间内问题是否能够解决。可行性研究通常要从技术、经济和操作三个方面来判断可行性。可行性研究产生的结果是可行性报告。

③　需求分析——"目标系统必须做什么？"

需求分析是一个不断认识和逐步细化的过程，其目的是对软件需求进行分析并给出详细定义，编写软件规格说明书及初步的用户手册，提交评审。

（2）开发阶段

开发阶段分为三个子阶段：软件设计、软件实现和软件测试。

软件设计包括概要设计和详细设计，主要任务是在反复理解软件需求的基础上，给出软件的结构、模块的划分、功能的分配以及处理流程，编写总体设计说明书、详细设计说明书和测试计划初稿，提交评审。

软件实现即源程序编码，把软件设计转换成计算机可以接受的程序代码，编写用户手册、操作手册和单元测试计划。

软件测试要设计测试用例，检验软件各个组成部分，编写测试分析报告。

（3）维护阶段

软件经过评审确认后提交用户使用，就进入了维护阶段。这个阶段的首要工作是检查软件文档和代码是否齐全、一致，分析系统运行和维护环境的现实状况，确认系统的可维护性；其次必须建立维护的组织，明确维护人员的职责；在运行使用中不断地维护，根据新提出的需求进行必要而且可能的扩充和删除。

8.4.4 软件工程的目标与原则

1. 软件工程的目标

软件工程需要达到的基本目标是：付出较低的开发成本；达到要求的软件功能；取得较好的软件性能；开发的软件易于移植；需要较低的维护费用；能按时完成开发，及时交付使用。

基于软件工程的目标，软件工程的理论和技术性研究的内容主要包括：软件开发技术和软件工程管理。

软件开发技术包括软件开发方法学、开发过程、开发工具和软件工程环境，其主体内容是软件开发方法学。

软件工程管理包括软件管理学、软件工程经济学、软件心理学等内容。

软件工程管理要求按照预先制定的计划、进度和预算执行，从而实现预期的经济效益和社会效益，它是软件按工程化生产时的重要环节。

软件工程经济学是研究软件开发中成本的估算、成本效益分析的方法和技术，用经济学的基本原理来研究软件工程开发中的经济效益问题。

软件心理学是软件工程领域具有挑战性的一个全新的研究视角，它是从个体心理、人类行为、组织行为和企业文化等角度来研究软件管理和软件工程的。

软件工程的目标是在给定成本、进度的前提下，开发出具有有效性、可靠性、可理解性、可维护性、可重用性、可适应性、可移植性、可追踪性和可互操作性且满足用户需求的产品。

2. 软件工程的原则

在软件开发过程中，必须遵循软件工程的基本原则。这些原则适用于所有的软件项目。这些基本原则包括抽象、信息隐蔽、模块化、局部化、一致性、完备性和可验证性。

软件工程的基本原则是为了达到上述的软件工程目标，在软件开发过程中，必须遵循的一些基本原则。这些基本原则包括以下几个。

（1）抽象。抽象是忽略事物非本质的细节，抽取事物最基本的特性和行为。采用分层次抽象，自顶向下，逐层细化的办法控制软件开发过程的复杂性。

（2）信息隐蔽。为了使模块接口尽量简单，消除复杂性，可以采用封装技术，将各个程序模块的实现细节隐藏起来。

（3）模块化。将一个复杂的软件系统，分解成一个一个较小的、容易处理的、具有独立功能的模块。模块化有助于复杂问题简单化、信息的隐藏和抽象，是软件开发中最重要的技术原则之一。

（4）局部化。局部化原则要求把模块内部的资源和成员局限于模块内部，共同实现模块的功能。局部化原则有助于控制软件结构的复杂性。

（5）一致性。保持软件系统中模块、借口等各个部分在概念、定义、操作的一致性，避免产生异义和歧义。

（6）完备性。软件系统不丢失任何有效成员，保持软件功能在需求规范中的完整性。

（7）可验证性。在"自顶向下，逐步求精"的分解过程中，对所有分解所得到的模块，必须易于检查、测试和评审。

8.4.5　软件开发工具与软件开发环境

1．软件开发工具

软件开发工具是用于辅助软件生命周期过程的基于计算机的工具。人们通常可以设计并实现工具来支持特定的软件工程方法，减少手工方式管理的负担。软件开发工具的种类包括支持单个任务的工具以及囊括整个生命周期的工具。下面分类介绍。

（1）软件需求工具，包括需求建模工具和需求追踪工具。

（2）软件设计工具，用于创建和检查软件设计。软件设计方法很多，因此这类工具的种类也很多。

（3）软件构造工具，包括程序编辑器、编译器和代码生成器、解释器和调试器等。

（4）软件测试工具，包括测试生成器、测试执行框架、测试评价工具、测试管理工具和性能分析工具。

（5）软件配置管理工具，包括追踪工具、版本管理工具和发布工具。

（6）软件维护工具，包括理解工具（如可视化工具）和再造工具（如重构工具）。

（7）软件工程管理工具，包括项目计划与追踪工具、风险管理工具和度量工具。

（8）软件工程过程工具，包括建模工具、管理工具和软件开发环境。

（9）软件质量工具，包括检查工具和分析工具。

软件开发工具包（Software Development Kit，SDK）是一些被软件工程师用于为特定的软件包、软件框架、硬件平台、操作系统等建立应用软件的开发工具的集合。

2．软件开发环境

软件开发环境是指在基本硬件和宿主软件的基础上，为支持系统软件和应用软件的工程化开发和维护而使用的一组软件。它由软件工具和环境集成机制构成，前者用以支持软件开发的相关过程，后者为工具集成和软件的开发、维护及管理提供统一的支持。

计算机辅助软件工程(CASE，Computer Aided Software Engineering)是当前软件开发环境中富有特色的研究工作和发展方向。CASE 将各种软件工具、开发机器和一个存放开发过程信息的中心数据库组合起来，形成软件工程环境。CASE 的成功产品将最大限度地降低软件开发的技术难度并使软件开发的质量得到保证。

8.5　结构化分析方法

自从软件工程一词提出以来，软件研究人员不断探索新的软件开发方法，至今已形成了多种软件开发方法。软件开发方法包括分析方法、设计方法和程序设计方法。

结构化方法是 20 世纪 80 年代使用最广泛的软件开发方法。它首先用结构化分析方法对软件进行需求分析，然后用结构化设计方法进行总体设计，最后是结构化编程。

8.5.1　需求分析与需求分析方法

1．需求分析

软件需求是指用户对目标软件系统的期望，具体体现在功能、行为、性能、设计约束等多个方面。

需求分析的任务是发现需求、求精、建模和定义需求的过程。需求分析将创建所需的数据模型、功能模型和控制模型。

（1）需求分析的定义

1997 年 IEEE 软件工程标准词汇表对需求分析定义如下：

① 用户解决问题或达到目标所需的条件或权能；

② 系统或系统部件要满足合同、标准、规范或其他正式规定文档所需具有的条件或权能；

③ 一种反映①或②所描述的条件或权能的文档说明。

（2）需求分析阶段的工作

需求分析阶段的工作，可以概括为 4 个方面。

① 需求获取

需求获取的目的是确定对目标系统的各方面需求。

需求获取涉及的关键问题有：对问题空间的理解；人与人之间的通信；不断变化的需求。

② 需求分析

对获取的需求进行分析和综合，给出系统解决方案和系统的逻辑模型。绘制关联图、创建开发原型、分析可行性、确定需求优先级、为需求建立模型、编写数据字典、应用质量功能调配。

③ 编写需求规格说明书

需求规格说明书作为需求分析的阶段成果，可以为用户、分析人员和设计人员之间的交流提供方便，还可以直接支持目标软件系统的确认，也可以作为控制软件开发进程的依据。

④ 需求评审

在需求分析的最后一步，要复审需求分析阶段的工作，验证需求文档的一致性、可行性、完整性和有效性等。

2. 需求分析方法

需求分析方法有多种，常见的有如下三种。

（1）面向数据流的结构化分析方法

结构化分析（Structured Analysis，SA）是传统的分析方法，以数据在不同模块中移动的观点来看待一个系统，采用"自顶向下，逐步求精"的原则来分析系统的需求，适用于分析大型的数据处理系统，利用数据流图来对问题进行分析，一般工具有数据流图、数据字典等。

（3）面向数据结构的分析方法

最著名的面向数据结构的分析方法是 Jackson 方法。Jackson 方法从目标系统的输入、输出数据结构入手，导出程序框架结构，再补充其它细节，就可得到完整的程序结构图。这一方法对输入、输出数据结构明确的中小型系统特别有效。

（3）面向对象的分析方法

面向对象的分析方法的核心是利用面向对象的概念和方法为软件需求建造模型。

8.5.2　结构化分析方法

1. 结构化分析方法简介

结构化分析方法从 20 世纪 80 年代起开始广为使用，它一般利用图形表达用户需求，使用的手段主要有数据流图、数据字典、结构化语言、判定表以及判定树等。

结构化分析的步骤如下：

① 分析当前的情况，做出反映当前物理模型的数据流程图；

② 推导出等价的逻辑模型的数据流程图；

③ 设计新的逻辑系统，生成数据字典和基元描述；

④ 建立人机接口，提出可供选择的目标系统物理模型的数据流程图；

⑤ 确定各种方案的成本和风险等级，据此对各种方案进行分析；

⑥ 选择一种方案；

⑦ 建立完整的需求规约。

2. 数据流图

数据流图（Data Flow Diagram，DFD）是一种从数据传递和加工的角度，以图形化的方式来表达数据流从输入到输出的移动变换过程的工具，是结构化分析方法的主要表达工具及用于表示软件模型的一种图示方法。

（1）基本图元

☐ ：数据的源点/终点。其中要注明数据输入源点或数据输出终点的名字。

◯ ：加工。输入数据在此进行变换产出输出数据，其中要注明加工的名字。

⟶ ：数据流。被加工的数据与流向，箭头边应给出数据流的名字，可用名词或名词性短语命名。

═══ ：数据存储。必须命名，可用名词或名词性短语命名。

（2）数据流图实现步骤

① 首先画出系统的数据源点和终点。它们是外部实体，确定了系统与外部的接口。

② 确定外部实体的输入数据流、输出数据流。从输出数据流出发，按照系统的逻辑需要，逐步画出一系列逻辑加工，直到找出外部实体所需的输入数据流，形成数据流的封闭。

③ 根据需要，细化加工，形成下层数据流图。

（3）数据流图的检查原则

① 数据流图中只限于四种基本符号的使用。

② 每个加工至少有一个输入数据流，一个输出数据流。

③ 在数据流图中，加工按层编号。

④ 任何一个数据流子图必须与它上一层的一个加工对应，两者的输入数据流和输出数据流必须一致，即父图与子图平衡，它表明在细化过程中数据流不能被丢失或添加。

⑤ 数据流图上每个元素必须有名字，用以表明数据流和数据文件是什么数据。

例 8.5：根据下列功能画出考务处理系统的数据流图。

① 对考生送来的报名单进行检查；

② 将合格的报名单编好准考证号后将准考证发给考生，并将汇总后的考生名单发送给阅卷站；

③ 对阅卷站送来的成绩单进行检查，并根据考试中心制定的合格标准审定合格者；

④ 制作考生通知单（含成绩、合格/不合格标志）发给考生；

⑤ 进行成绩分类统计和试题难读分析，产生统计分析表。

解：① 顶层数据流图。考务处理系统的顶层数据流图如图 8.20 所示。

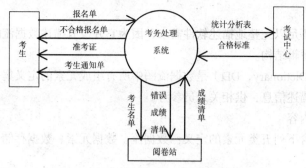

图 8.20　考务处理系统的顶层数据流图

② 0 层数据流图。考务处理系统的 0 层数据流图如图 8.21 所示。

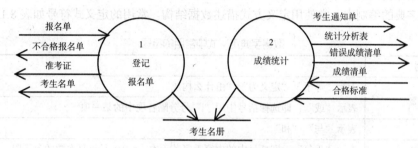

图 8.21　考务处理系统的 0 层数据流图

③ 1 层数据流图。考务处理系统的 1 层数据流图如图 8.22、图 8.23 所示。

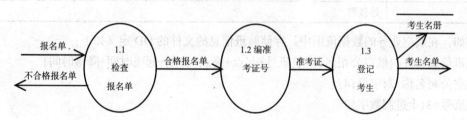

图 8.22　考务处理系统的 1 层数据流图之登记报名单

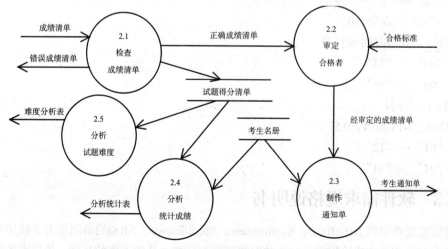

图 8.23　考务处理系统的 1 层数据流图之统计成绩

3. 数据字典

数据流图机制并不足以完整地描述软件需求，因为它并没有描述数据流的内容，需要和数据字典共同构建系统的逻辑结构。

数据字典（Data Dictionary，DD）是数据流图中所有组成元素的定义集合，其作用是提供数据流图中确切的数据描述信息，供相关人员参考。

（1）数据字典的内容

数据字典应该包含下列五类元素的定义：数据流、数据元素、数据存储、变换处理、源点及终点（汇点）。

其中每类元素的定义应该包含以下内容：元素的名称或别名、数据类型、与该元素相关联的输入/输出流的转换列表、使用该数据条目的简要说明、补充说明（如完整性约束、使用限制条件等）。

（2）数据结构的描述

在数据字典的编制中，常使用定义方式描述数据结构。常用的定义式符号如表8.1所示。

表8.1　　　　　　　　　　　　　　　　数据字典定义式中常用的符号

符号	含义
=	表示"等于""定义为""由什么构成"
[…｜…]	表示"或"，即选择括号中用"｜"号分隔各项中的某一项
+	表示"与""和"
n{ }m	表示"重复"，即括号内的内容重复若干次，n、m是重复次数的上下限
(…)	表示"可选"，即括号中的项可以没有
**	表示"注释"
..	连接符

例如，在航空业务的数据流图中，存储航班信息的文件的 DD 定义如下：

航班信息文件={航空公司名称+航班号+起点+终点+日期+起飞时间+降落时间}

航空公司名称=2{字母}4

航班号=3{十进制数字}3

字母="A"…"Z"

十进制数字="0"…"9"

起点=终点=1{汉字}10

起飞时间=降落时间=时+分

时="00"…"23"

分="00"…"59"

日期=年+月+日

年=[2012|2013|2014|2015]

月="01"…"12"

日="01"…"31"

8.5.3　软件需求规格说明书

软件需求规格说明书(Software Requirements Specification，SRS)的编制是为了使用户和软件开发者双方对该软件的初始规定有一个共同的理解，是整个开发工作的基础。软件需求规格说明书包含硬件、功能、性能、输入/输出、接口界面、警示信息、保密安全、数据与数据库、文档和法规的要求，是需求分析阶段的最后成果，是软件开发中的重要文档之一。

软件需求规格说明书所包含的内容通常如下。

（1）概述

（2）数据描述

● 数据流图

● 数据字典

● 系统接口说明

● 内部接口

（3）功能描述

● 功能

● 处理说明

● 设计的限制

（4）性能描述

● 性能参数

● 测试种类

● 预期的软件响应

● 应考虑的特殊问题

（5）参考文献目录

（6）附录

8.6　结构化设计方法

软件定义阶段形成的数据流图是软件设计阶段的出发点。软件设计阶段的任务是根据需求规格说明书，形成软件的具体设计方案，即明确软件系统"怎样做"的问题。从工程管理角度来看，软件设计分两步完成：总体设计和详细设计。

8.6.1　软件设计过程及原则

1. 软件设计基础知识

软件设计是把软件需求转换为软件的具体设计方案，即模块结构的过程。软件设计确定系统的物理模型。

从技术观点来看，软件设计包括软件结构设计、数据设计、接口设计、过程设计。

软件设计的重要性和地位概括为以下几点。

（1）软件开发阶段（设计、编码、测试）占据软件项目开发总成本绝大部分，软件设计是在软件开发中形成质量的关键环节。

（2）软件设计是开发阶段最重要的步骤，是将需求准确地转化为完整的软件产品或系统的唯一途径。

（3）软件设计做出的决策，最终影响软件实现的成败。

（4）设计是软件工程和软件维护的基础。

软件设计的一般过程是：软件设计是一个迭代的过程；先进行高层次的结构设计；后进行低层次的过程设计；穿插进行数据设计和接口设计。

2. 软件设计的基本原理

（1）抽象

抽象是一种思维工具，就是把事物本质的共同特性提取出来而不考虑其他细节。

（2）模块化

模块化是指解决一个复杂问题时自顶向下逐层把软件系统划分成若干模块的过程。

（3）信息隐蔽

信息隐蔽是指在一个模块内包含的信息（过程或数据），对于不需要这些信息的其他模块来说是不能访问的。

（4）模块独立性

每个模块只完成系统要求的独立的子功能，并且与其他模块的联系最少且接口简单。

衡量软件的模块独立性使用耦合性和内聚性两个定性的度量标准。

① 内聚性是一个模块内部各个元素间彼此结合的紧密程度的质量。

② 耦合性是模块间互相连接的紧密程度的度量。

8.6.2　总体设计

总体设计又称概要设计，其任务是提出候选的最佳方案，确定模块结构，划分功能模块，编写总体设计说明书。

1. 总体设计的任务

总体设计又称概要设计，其任务是提出候选的最佳方案，确定模块结构，划分功能模块，编写总体设计说明书。

总体设计的任务如下。

（1）设计软件系统结构

在需求分析阶段，已经把系统分解成层次结构，而在总体设计阶段，需要进一步分解，划分为模块以及模块的层次结构。

划分的具体过程是：采用某种设计方法，将一个复杂的系统按功能划分成模块；确定每个模块的功能；确定模块之间的调用关系；确定模块之间的接口，即模块之间传递的信息；评价模块结构的质量。

（2）数据结构及数据设计

数据设计的具体任务是：确定输入、输出文件的详细数据结构；结合算法设计，确定算法所必需的逻辑数据结构及其操作；确定对逻辑数据结构所必需的那些操作的程序模块，限制和确定各个数据设计决策的影响范围；需要与操作系统或调度程序接口所必需的控制表进行数据交换时，确定其详细的数据结构和使用规则；数据的保护性设计；防卫性、一致性、冗余性设计。

（3）编写总体设计文档。在概要设计阶段，需要编写的文档有：总体设计说明书、数据库设计说明书、集成测试计划等。

（4）总体设计文档评审。在概要设计中，对设计部分是否完整地实现了需求中规定的功能、性能等要求，设计方案的可行性，关键的处理及内外部接口定义正确性、有效性，各部分之间的一致性等都要进行评审，以免在以后的设计中出现大的问题而返工。

2. 面向数据流的设计方法

结构化设计方法（也称基于数据流的设计方法）是进行总体设计的主要方法，它与结构化分析方法衔接起来使用，尤其适用于变换型结构和事务型结构的目标系统。

结构图（Structure Chart，SC）是总体设计的主要工具，用来反映系统的功能实现以及模块与模块之间的联系与通信，即反映了系统的总体结构。

典型的数据流有两种类型：变换流和事务流。

变换流是指数据由输入通道进入系统，经过变换中心加工处理后再沿输出通道输出。变换流处理的流程是输入数据、变换数据、输出数据，如图 8.24 所示。

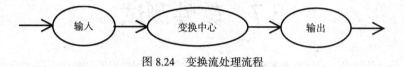

图 8.24　变换流处理流程

事务流的特点是接受一项事务，根据事务处理的特点和性质，选择分派一个适当的处理单元（事务中心），然后给出结果，如图 8.25 所示。

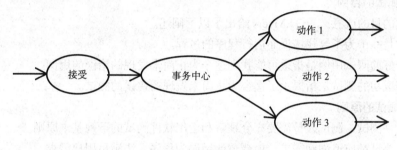

图 8.25　事务流处理流程

例 8.6：某图书管理系统的事务流设计。

某图书管理系统的事务流设计如图 8.26 所示。

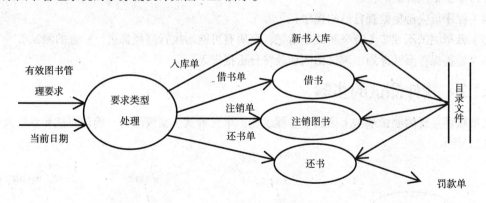

图 8.26　某图书管理系统的事务流图

8.6.3　详细设计

详细设计又称过程设计，其根本任务是为软件结构图中的每个模块确定其实现算法和局部数据结构，并用某种选定的表达工具表示算法和数据结构的细节。详细设计是编码的先导。

结构化程序设计是详细设计的逻辑基础，采用自顶向下逐步求精的设计方法和单入口单出口的控制结构，并且只包含顺序、选择和循环这三种基本结构。

描述程序处理过程的工具称为详细设计工具，通常有以下几类。

图形工具：程序流程图、N-S 图、问题分析图（PAD 图）

表格工具：判定表

语言工具：PDL（伪码语言）

相关的格式参见前面的章节。

8.7 软件测试

软件测试是在软件投入运行前对软件需求分析、软件设计规格说明和软件编码进行查错和纠错。

8.7.1 软件测试的目的和原则

1. 软件测试的目的

软件测试的目的或意义，G.J.Myers 给出了以下阐述。

（1）测试是一个为了寻找错误而运行程序的过程。

（2）一个好的测试用例是指很可能找到迄今为止尚未发现的错误的用例。

（3）一个成功的测试是指揭示了迄今为止尚未发现的错误的测试。

2. 软件测试的原则

要做好软件测试，测试人员需要充分理解和运用软件测试的下列基本原则。

（1）所有测试都应追溯到需求，最严重的错误为程序无法满足用户需求。

（2）严格执行测试计划，排除测试的随意性。

（3）注意测试中的群集现象，程序中存在错误的概率与该程序中已发现的错误数成正比，应集中对付那些错误群集的程序。

（4）程序员应避免检查自己的程序。

（5）穷举测试不现实（穷举测试是指把程序所有可能的执行路径都进行检查的测试）。

（6）妥善保存测试计划、测试用例和最终分析报告等。

8.7.2 软件测试的步骤

大型软件系统的测试基本上由四个步骤组成：单元测试、集成测试、确认测试和系统测试，如图 8.27 所示。

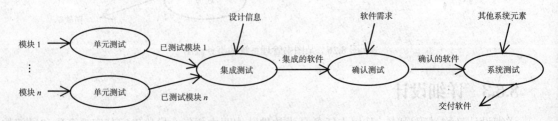

图 8.27 软件测试步骤

1. 单元测试

单元测试又称模块测试。每个程序模块完成一个相对独立的子功能，因此可以对该模块进行单独的测试。由于每个模块都有清晰定义的功能，因此比较容易设计相应的测试方案，以检验每个模块的正确性。

2. 集成测试

在单元测试完成后，要考虑将模块集成为系统的过程中可能出现的问题，例如模块之间的通信和协调问题，因此在单元测试结束之后还要进行集成测试。集成测试着重测试模块间的接口，子功能的组合是否达到了预期的要求，全程数据结构是否有问题等。

3. 确认测试

集成测试后，应在用户的参与下进行确认测试。确认测试往往要使用实际数据进行测试，以验证系统是否满足用户的实际需要。

4. 系统测试

系统测试是把通过有效性测试的软件，作为基于计算机系统的一个整体元素，与整个系统的其他元素结合起来，在实际运行环境下，对计算机系统进行一系列的集成测试和确认测试。

8.7.3　软件测试的方法

软件测试研究的内容是如何用最少的测试用例集合来测试出程序中更多的潜在错误。软件测试的方法和技术是多种多样的，我们可以从不同的角度来对它们进行分类。

从是否需要执行被测软件的角度，可以分为静态测试和动态测试。从功能划分的角度，可以分为白盒测试和黑盒测试。

1. 静态测试和动态测试

（1）静态测试

静态测试是指被测试程序不在机器上运行，而是采用人工检测和计算机辅助静态分析的手段对程序进行检测。

测试方法如下。

① 人工测试。是指不依靠计算机而靠人工审查程序或评审软件。人工审查程序偏重于编码质量的检验，而软件审查除了审查编码还要对各阶段的软件产品进行检验。

② 计算机辅助静态分析。指利用静态分析工具对被测试程序进行特性分析，从程序中提取一些信息，以便检查程序的各种逻辑缺陷和可疑的程序构造。

③ 静态测试包括代码检查、静态结构分析、代码质量度量等工作。

（2）动态测试

动态测试指基于计算机的测试，设计一批测试用例，利用它们去运行程序，以发现程序错误。一般意义上的测试大多是指动态测试。

动态测试通过对被测程序的运行，检查运行结果与预期结果的差异，并分析运行效率和健壮性等性能。这种方法由三部分组成：构造测试实例、执行程序、分析程序的输出结果。动态测试过程中要根据软件开发各阶段的规格说明和程序的内部结构而精心设计一批测试用例（即输入数据及其预期的输出结果）。

2. 白盒测试

（1）白盒测试的概念

白盒测试是在程序内部进行，主要完成软件内部操作的验证。该方法把测试对象看作一个打开的盒子，测试人员须了解程序的内部结构和处理过程，以检查处理过程的细节为基础，对程序中尽可能多的逻辑路径进行测试，检验内部控制结构和数据结构是否有错，实际的运行状态与预期的状态是否一致。因此，白盒测试又称为结构测试或逻辑驱动测试。

（2）白盒测试的基本原则

白盒测试的基本原则如下。

① 保证所测模块中每一独立路径至少执行一次。

② 保证所测模块所有判断的每一个分支至少执行一次。

③ 保证所测模块每一个循环都在边界条件和一般条件下至少执行一次。

④ 验证所有数据结构的有效性。

（3）白盒测试方法

白盒测试方法主要有逻辑覆盖、基本路经测试等。

① 逻辑覆盖

逻辑覆盖方法追求程序内部的逻辑结构覆盖程度，当程序中有循环时，覆盖每条路径是不可能的，要设计使覆盖程度较高的或覆盖最有代表性的路径的测试用例。

常用的逻辑覆盖技术有以下几种。

语句覆盖。为了提高发现错误的可能性，在测试时应该执行到程序中的每一个语句。语句覆盖是指设计足够的测试用例，使被测程序中每个语句至少执行一次。

路径覆盖。路径覆盖是指设计足够的测试用例，覆盖被测程序中所有可能的路径。

判定覆盖。判定覆盖指设计足够的测试用例，使得被测程序中每个判定表达式至少获得一次"真"值和"假"值，从而使程序的每一个分支至少都通过一次，因此判定覆盖也称分支覆盖。

条件覆盖。条件覆盖指设计足够的测试用例，使得判定表达式中每个条件的各种可能的值至少出现一次。

判定/条件覆盖。该覆盖标准指设计足够的测试用例，使得判定表达式中的每个条件的所有可能取值至少出现一次，并使每个判定表达式所有可能的结果也至少出现一次。

② 基本路径测试

基本路径测试的基本思想是在程序流程图的基础上，通过分析由控制构造的环路复杂性，导出基本路径集合，从而设计测试用例，保证这些路径至少通过一次。

3. 黑盒测试

（1）黑盒测试的概念

黑盒测试又称功能测试，把程序看成一个黑盒子，完全不考虑程序的内部结构和处理过程，只是对程序的每一个功能进行测试，看是否都达到了预期的要求。

通过黑盒测试主要发现以下错误。

① 是否有不正确或遗漏了的功能。

② 在接口上，能否正确地接受输入数据，能否产生正确的输出信息。

③ 访问外部信息是否有错。

④ 性能上是否满足要求等。

（2）黑盒测试方法

黑盒测试方法主要有等价类划分法、边界值分析法、错误推测法、因果图等。

① 等价类划分法

等价类划分法是一种典型的黑盒测试方法。它是将程序的所有可能的输入数据划分为若干部分（即若干等价类），然后从每个等价类中选取数据作为测试用例。对每一个等价类，各个输入数据对发现程序中的错误的几率都是等效的，因此只需从每个等价类中选取一些有代表性的测试用例进行测试而发现错误。

② 边界值分析法

边界值分析法是对各种输入、输出范围的边界情况设计测试用例的方法。

③ 错误推测法

错误推测法的基本思想是列出程序中可能发生错误的情况和容易发生错误的特殊情况，根据这些情况选择测试用例。

④ 因果图

因果图的基本思想是通过画因果图，把用自然语言描述的功能说明转换为判定表，最后为判定表的每一列设计一个测试用例。

8.8　程序的调试

8.8.1　基本概念

进行了成功的测试之后的下一步骤是进入程序调试（通常称 Debug，即排错）。程序调试与软件测试不同，它的任务是诊断和改正程序中的错误，这一步骤中要尽可能多地发现软件中的错误。先要发现软件的错误，然后借助于一定的调试工具去执行找出软件错误的具体位置。软件测试贯穿整个软件生命期，调试主要在开发阶段。

程序调试活动由两部分组成，其一是根据错误的迹象确定程序中错误的确切性质、原因和位置；其二是对程序进行修改，排除这个错误。

1. 程序调试的基本步骤

（1）错误定位。从错误的外部表现形式入手，研究有关部分的程序，确定程序中出错位置，找出错误的内在原因。确定错误位置占据了软件调试绝大部分的工作量。

（2）修改设计和代码，以排除错误。排错是软件开发过程中一项艰苦的工作，这也决定了调试工作是一个具有很强技术性和技巧性的工作。

（3）进行回归测试，防止引进新的错误。因为修改程序可能带来新的错误，重复进行暴露这个错误的原始测试或某些有关测试，以确认该错误是否被排除、是否引进了新的错误。

2. 程序调试的原则

确定错误的性质和位置时的注意事项如下。

① 分析思考与错误征兆有关的信息。

② 避开死胡同。

③ 只把调试工具当作辅助手段来使用。

④ 避免用试探法，最多只能把它当作最后手段。

修改错误的原则如下。

① 在出现错误的地方，很可能还有别的错误。

② 修改错误的一个常见失误是只修改了错误的征兆或这个错误的表现，而没有修改错误本身。

③ 注意修改一个错误的同时可能会引入新的错误。

④ 修改错误的过程将迫使人们暂时回到程序设计阶段。

⑤ 修改源代码程序，不要改变目标代码。

8.8.2 软件调试方法

软件调试可以分为静态调试和动态调试。

静态调试是指通过人的思维来分析源程序代码和排错，是主要的调试手段。

动态调试是辅助静态调试的。

主要的调试方法有以下几种。

1. 强行排错法

作为传统的调试方法，其过程可概括为：设置断点、程序暂停、观察程序状态、继续运行程序。特点是：使用较多、效率较低。

2. 回溯法

一旦发现了错误，先分析错误征兆，确定最先发现"症状"的位置。然后从发现"症状"的地方开始，沿程序的控制流程，逆向跟踪源程序代码，直到找到错误根源或确定错误产生的范围。

3. 原因排除法

原因排除法是通过演绎、归纳和二分法来实现的。

演绎法是一种从一般原理或前提出发，经过排除和精化的过程来推导出结论的思考方法。演绎法排错是测试人员首先根据已有的测试用例，设想及枚举出所有可能出错的原因作为假设。然后再用原始测试数据或新的测试，从中逐个排除不可能正确的假设。最后再用测试数据验证余下的假设确定出错的原因。

归纳法是一种从特殊推断出一般的系统化思考方法。是从一些线索（错误征兆或与错误发生有关的数据）着手，通过分析寻找到潜在的原因，从而找出错误。

二分法实现的基本思想是，如果已知每个变量在程序中若干个关键点的正确值，则可以使用定值语句（如赋值语句、输入语句等）在程序中的某点附近给这些变量赋正确值，然后运行程序并检查程序的输出，如果输出结果是正确的，则错误原因在程序的前半部分；反之，错误原因在程序的后半部分。对错误原因所在的部分重复使用这种方法，直到将出错范围缩小到容易诊断的程度为止。

第9章
计算机网络基础

计算机网络（Computer Network）是计算机及其应用技术与通信技术结合的产物，是信息交换和资源共享的技术基础。为迎接信息社会的挑战，世界各国纷纷建设信息高速公路（Information Highway）、国家信息基础设施（National Information Infrastructure）等，其目的就是构建信息社会的重要物质和技术基础。在信息社会，信息资源已成为社会发展的重要战略资源。计算机网络是国家信息基础建设的重要组成部分，也是一个国家综合实力的重要标志之一，它推动了信息产业的发展，对当今社会经济的发展起着非常重要的作用。

本章主要介绍计算机网络的产生和发展，计算机网络的构成，计算机网络的拓扑结构，计算机网络的分类，计算机网络服务以及网络标准化组织。

9.1　计算机网络基础

计算机网络是一个迅速发展的技术，作为一个技术术语也很难如数学概念那样对它下一个严格的定义，目前较为公认的定义是：将分布在不同地点的具有自主功能的多台计算机系统通过一定的通信设备和通信介质，按照一定的标准（协议）连接起来，在功能完善的网络软件的支持下，实现信息交换、资源共享或协同工作的计算机组成的复合系统。

从上面的定义上看计算机网络涉及以下几个方面的含义。

（1）构成网络的计算机是多台且自主工作的，具有自主功能是指这些计算机若离开了网络也能独立运行与工作。

（2）网络内的计算机通过通信介质（如双绞线、同轴电缆或光纤，甚至是卫星或其他无线信道）和互联设备连接在一起，通信技术为计算机之间的数据传递和交换提供了必要的手段。

（3）计算机间利用通信手段进行信息交换、资源共享或协同工作。而数据通信和资源共享是计算机网络最主要的两个功能。

（4）数据通信和资源共享必须在完善的网络协议和软件支持下才能实现。这里的数据在传输的过程中，既可以采用数字通信的方式，也可以采用模拟通信的方式。这里的资源包括硬件资源和软件资源。

9.1.1　计算机网络概述

1946 年第一台电子计算机诞生的标志人类向信息时代迈进。计算机应用的发展使得计算机之间对数据交换、资源共享的要求不断增强，因此互连的计算机—计算机网络出现了。计算机网络从 20 世纪 60 年代开始发展，由简单到复杂，由低级到高级，已形成从小型局域网到全球性的广域网的规模。仅在过去的 20 多年里，计算机技术取得了惊人的发展，处理和传输信息的计算机网络也成为信息社会的基础。在今天，日常生活和工作离不开计算机网络，比如基于资源共享的科学计算、网络教育、电子商务、电子政务、远程医疗、电子邮件、网上娱乐等。

计算机网络的发展主要经历了以下几个阶段。

1. 面向终端的以单计算机为中心的联机系统

20 世纪 60 年代初，计算机非常庞大和昂贵。为了共享资源，实现信息采集和处理，将地理位置分散的、相对便宜的多个终端通信线路连到一台中心计算机上，用户可以在自己办公室内的终端键入程序，通过通信线路传送到中心计算机，分时访问和使用资源进行信息处理，处理结果再通过通信线路回送到用户终端显示或打印。这种以单个为中心的联机系统称做面向终端的远程联机系统。在主机之前增加了一台功能简单的计算机，专门用于处理终端的通信信息和控制通信线路，并能对用户的作业进行预处理，这台计算机称为"通信控制处理机"（Communication Control Processor，CCP），也叫前置处理机；在终端设备较集中的地方设置一台集中器（Concentrator），终端通过低速线路先汇集到集中器上，再用高速线路将集中器连到主机上。美国航空公司订票系统（SABRE-1）就是一个例子。该系统以一台大型计算机作为中央计算机，外联 2000 多台终端遍布美国各地区。为了中央计算机更好地发挥效率进行数据的处理与计算，通信任务从中央计算机中分离出来，形成了通信处理机（或称为前端处理机）。

2. 计算机-计算机网络及分组交换网阶段

20 世纪 60 年代末期，随着计算机技术和通信技术的进步，形成了将多个单处理机联机终端网络互连，以多处理机为中心的网络，这种网络称为计算机-计算机网络，简称计算机网络。连网用户可以通过计算机使用本地计算机的软件、硬件与数据资源，也可以使用网络中的其他计算机软件、硬件与数据资源，以达到资源共享的目的。

在这一阶段，由美国国防部高级计划署（ARPA）建成了分组交换网-ARPANET。该网络横跨美国东西部地区，主要连接政府机构、科研教育及金融财政部门，并通过卫星与其他国家实现网际互联。ARPA 网的主要技术创新体现在分组交换技术的应用及连接节点都是独立的计算机系统，而且信道采用宽带传输，网络作用范围大，拓扑结构灵活。另外，在此期间美国贝尔（Bell）实验室的科研人员发明了环型网络，其基本原理被后来的令牌环所继承。

3. 计算机网络体系结构标准化与局域网标准化阶段

20 世纪 70 年代，在这个时期，各计算机厂商制定自己的网络技术标准，并最终形成了计算机网络体系结构的国际标准。IBM 公司提出了系统网络体系结构（System Network Architecture，SNA）标准，DEC 公司提出了数字网络体系结构（Digital Network Architecture，DNA）标准。随后，国际标准化组织（ISO）成立了计算机与信息处理标准化委员会（TC97）下的开放系统互连分技术委员会（SC16），并于 1981 年制定了"开发系统互连参考模型（OSI/RM）"计算机网络的一系列国际标准。作为国际标准，OSI 规定了可以互联的计算机系统之间的通信协议，为计算机网络互联的发展打下了基础。

20 世纪 80 年代，个人计算机及通信技术的进步推动了部门和单位内部网络的发展。这样的网络地理范围通常在十公里以内，称为局域网。在这一时期，美国 3 大公司 Xerox、DEC 和 Intel 联合公布了局域网的 DIX 标准，以太规范。美国电子与电气工程师协会（IEEE）计算机学会的 802 局域网委员会成立，并相继提出了 IEEE802.1~802.14 等局域网标准，成为局域网国际标准。同时，随着光纤技术的发展以及通信业务的多媒体化，使宽带通信业务得到迅猛的发展，出现了光纤分布式数据接口（FDDI）的高速局域网技术，也推动了分布式队列双总线（DQDB）和多兆位数据交换服务（SMDS）等城域网技术的开发。

4. Internet 蓬勃发展阶段

互连网(internet)是泛指由多个计算机网络互连而成的计算机网络，它使得互连接的计算机用户可以进行通信，即从功能上和逻辑上看，这些机器互连在一起，组成一个网络系统。当前世界最大的、开放的互连网是因特网（Internet）。

1983 年的 TCP/IP 被批准为美国军方的网络传输协议。同年，ARPANET 分化为 ARPANET 和 MILNET 两个网络。1984 年，美国国家科学基金会将教育科研网 NSFNET、ARPANET、MILNET 合并，运行 TCP/IP，向世界范围扩展，并命名为 Internet。

目前，计算机网络的发展正处于第 4 阶段，该阶段计算机网络发展的特点是：高效、互联、高速、智能化应用。Internet 使得世界各地的计算机用户通过高速网络共享信息资源。Internet 的发展，对世界经济、社会、科学、文化等多个领域的发展产生了深刻的影响。

计算机网络是一个非常复杂的系统。网络的组成，根据应用范围、目的、规模、结构以及采用的技术不同而不尽相同，但计算机网络一般包括计算机系统、通信线路及通信设备、网络协议和软件四个部分。计算机提供的各种功能称为服务，最常见的服务如：Web 网页服务，FTP 文件下载服务、E-mail 邮件服务等。

9.1.2　计算机网络的组成与功能

1. 计算机网络系统的组成

计算机网络是一个复杂的系统。从逻辑上，计算机网络被划分为通信子网和资源子网，由通信处理机、通信线路和其他通信设备构成的通信子网实现了数据的传输，由主机及与主机相联的终端及其他外设、各种软件资源和信息资源构成的资源子网负责数据处理，为网络用户提供网络服务。通信处理机也称为网络中间节点或网络节点，通常由网络互连设备如路由器等组成。网络中的主机可以是大型机、小型机、服务器、工作站和个人计算机。

从计算机网络的实现上，它由网络硬件和网络软件构成。

（1）网络硬件

网络硬件是网络连接设备及实现数据传输和处理的硬件。包括网络互连设备，联网部件、传输介质、服务器及客户机（工作站或个人计算机）等。

常用的网络互连设备包括网桥、交换机、路由器和网关。根据网络互连的不同层次，使用不同的网络互连设备。这些设备构成了网络的中间节点，实现不同网络节点间数据的存储和转发。

联网部件主要包括网卡或适配器、调制解调器、连接器、收发器等。例如，通过局域网接入 Internet 必须使用网卡，通过电话线接入 Internet 必须使用调制解调器（Modem）。

传输介质，也称为通信媒体。主要有同轴电缆、双绞线、光纤及微波、无线电、红外线等。它们构成通信双方的通信介质，实现数据的传输。

服务器是为客户端（网络用户）计算机提供各种服务的高性能计算机。根据其用途不同，可以分为 WWW 服务器，邮件服务器，文件传输服务器等。

客户机是指网络用户方计算机，可以是工作站、个人计算机，甚至是终端。

（2）网络软件

网络软件包括网络协议、网络操作系统及其他应用软件。

网络协议是网络中实体之间通信的规则和标准。大多数网络协议都是分层实现的，每一层的协议定义了该层通信双发的通信规则，并向它的上一层提供透明服务。常见的网络协议如 TCP/IP 协议族、IPX/SPX 等。

网络操作系统实现系统资源共享，管理用户的应用程序对不同资源的访问，如 Windows 2000、Windows NT、NetWare、UNIX 等。通常网络操作系统还提供各种设备，如网卡的驱动程序。

其他应用软件包括用于实现网络用户与网络接入的认证管理以及监控、审计、计费等的网络管理软件；用于保证网络系统不受恶意代码、行为和病毒破坏，实现入侵检测等的网络安全软件；为网络用户提供服务的网络应用软件。

网络软件与运行于单个计算机上的软件相比，它实现了网络特有的资源共享、相互通信的功能。与分布式软件相比，网络软件侧重于数据在源和目的地之间地传输，而不是信息处理透明和自动地完成。

2. 网络拓扑结构

拓扑（topolgy）是从数学中的"图论"演变而来的概念，拓扑学是一种研究与大小和形状无关的点、线、面的数学方法。把计算机、服务器、交换机、路由器等网络设备抽象为"点"，把网络中的传输电缆等通信介质抽象为"线"，这样就可以将一个复杂的计算机网络系统，抽象成为由点和线组成的几何图形，我们称这种图形为网络的拓扑结构。

在网络中进行信号处理的单元称为网络结点，简称为结点。结点是网络拓扑结构中的一个基本单元，它由网络系统中各种数据处理设备（如交换机）、通信控制设备（如路由器）、业务提供设备（如服务器）和计算机等终端设备组成。

网络链路简称为链路，它是两个网络结点之间的通信线路。链路分为"物理链路"和"逻辑链路"两种，物理链路是指实际存在的通信线路，逻辑链路是逻辑上起作用的网络通路。链路容量指每条链路在单位时间内可容纳的最大信息量。

联网的计算机之所以能与网络上的其他计算机通信，是因为该计算机与网络上的其他计算机具有物理上（或逻辑上）直接或间接的连接，不同的连接方式形成不同的计算机网络结构，也决定了计算机网络使用不同的联网技术。

计算机网络的拓扑结构是网络中结点（主机或通信设备）和通信链路所组成的几何形状。计算机网络中常用的网络拓扑结构有以下几种。

（1）总线型拓扑结构

拓扑结构如图 9.1 所示，结构采用一个信道作为传输介质，所有站点都通过相应的硬件接口直接连到这一公共传输媒体上，该公共传输媒体即称为总线。任何一个站发送的信号都沿着传输媒体传播，而且能被所有其他站所接收。

因为所有站点共享一条公用的传输信道，所以一次只能由一个设备传输信号。通常采用分布式控制策略来确定哪个站点可以发送。发送时，发送站将报文分成分组，然后依次发送这些分组，有时还要与其他站来的分组交替地在介质上传输。当分组经过各站时，其中的目的站会识别到分组所携带的目的地址，然后复制这些分组的内容。

总线型拓扑结构的优点如下。

① 总线结构所需要的电缆数量少，线缆长度短，易于布线和维护。

② 总线结构简单，又是元源工作，有较高的可靠性。传输速率高，可达 1~100Mbit/s。

③ 易于扩充，增加或减少用户比较方便，结构简单，组网容易，网络扩展方便。

④ 多个结点共用一条传输信道，信道利用率高。

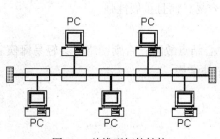

图 9.1 总线型拓扑结构

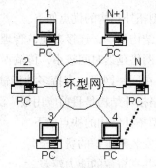

图 9.2 环型拓扑结构

总线型拓扑的缺点如下。

① 总线的传输距离有限，通信范围受到限制。

② 故障诊断和隔离较困难。

③ 分布式协议不能保证信息的及时传送，不具有实时功能。站点必须是智能的，要有介质访问控制功能，从而增加了站点的硬件和软件开销。

（2）环型拓扑结构

环型拓扑网络如图 9.2 所示，由站点和连接站点的链路组成一个闭合环。每个站点能够接收从一条链路传来的数据，并以同样的速率串行地把该数据沿环送到另一端链路上。这种链路可以是单向的，也可以是双向的。数据以分组形式发送，例如图 9.2 中的 1 站希望发送一个报文到 3 站，就先要把报文分成为若干个分组，每个分组除了数据还要加上某些控制信息，其中包括 3 站的地址。1 站依次把每个分组送到环上，开始沿环传输，3 站识别到带有它自己地址的分组时，便将其中的数据复制下来。由于多个设备连接在一个环上，因此需要用分布式控制策略来进行控制。

环型拓扑的优点如下。

① 电缆长度短。环型拓扑网络所需的电缆长度和总线拓扑网络相似，但比星形拓扑网络要短得多。

② 增加或减少工作站时，仅需简单的连接操作。

③ 可使用光纤。光纤的传输速率很高，十分适合于环形拓扑的单方向传输。

环型拓扑的缺点如下。

① 结点的故障会引起全网故障。这是因为环上的数据传输要通过接在环上的每一个结点，一旦环中某一结点发生故障就会引起全网的故障。

② 故障检测困难。这与总线型拓扑相似，因为不是集中控制，故障检测需在网上各个结点进行，因此就不很容易。

③ 环型拓扑结构的媒体访问控制协议都采用令牌传递的方式，在负载很轻时，信道利用率相对来说就比较低。

（3）星型拓扑结构

星型拓扑如图 9.3 所示，是由中央结点和通过点到点通信链路接到中央结点的各个站点组成。中央结点执行集中式通信控制策略，因此中央结点相当复杂，而各个站点的通信处理负担都很小。星型网采用的交换方式有电路交换和报文交换，尤以电路交换更为普遍。这种结构一旦建立了通道连接，就可以无延迟地在连通的两个站点之间传送数据。目前流行的专用交换机（Private Branch exchange，PBX）就是星形拓扑结构的典型实例。

星型拓扑结构的优点如下。

① 结构简单，连接方便，管理和维护都相对容易，而且扩展性强。

② 网络延迟时间较小，传输误差低。

③ 在同一网段内支持多种传输介质，除非中心结点故障，否则网络不会轻易瘫痪。因此，星型网络拓扑结构是目前应用最广泛的一种网络拓扑结构。

星型拓扑结构的缺点如下。

① 安装和维护的费用较高。

② 共享资源的能力较差。

③ 通信线路利用率不高。

④ 对中心结点要求相当高，一旦中心结点出现故障，则整个网络将瘫痪。

星型拓扑结构广泛应用于网络的智能集中于中央结点的场合。从目前的趋势看，计算机的发展已从集中的主机系统发展到大量功能很强的微型机和工作站，在这种形势下，传统的星型拓扑的使用会有所减少。

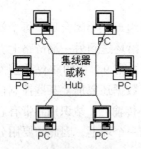

图 9.3　星型拓扑结构

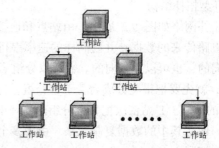

图 9.4　树型拓扑结构

（4）树型拓扑结构

树型拓扑如图 9.4 所示，从总线拓扑演变而来，形状像一棵倒置的树，顶端是树根，树根以下带分支，每个分支还可再带子分支，树根接收各站点发送的数据，然后再广播发送到全网。树型拓扑的特点大多与总线拓扑的特点相同，但也有一些特殊之处。

树型拓扑的优点如下。

① 易于扩展。这种结构可以延伸出很多分支和子分支，这些新结点和新分支都能容易地加入网内。

② 故障隔离较容易。如果某一分支的结点或线路发生故障，很容易将故障分支与整个系统隔离开来。

树型拓扑的缺点如下。

各个结点对根的依赖性太大，如果根发生故障，则全网不能正常工作。从这一点来看，树型拓扑结构的可靠性有点类似于星形拓扑结构。

（5）混合型拓扑

如图 9.5 所示，将以上某两种单一拓扑结构混合起来，取两者的优点构成的拓扑称为混合型拓扑结构。如：一种是星型拓扑和环型拓扑混合成的"星—环"拓扑，另一种是星型拓扑和总线拓扑混合成的"星—总"拓扑。其实，这两种混合型在结构上有相似之处，若将总线结构的两个端点连在一起也就成了环型结构。这种拓扑的配置是由一批接入环中或总线的集中器组成，由集中器再按星型结构连至每个用户站。

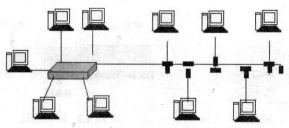

图 9.5　混合型结构

混合型拓扑的优点如下。

① 故障诊断和隔离较为方便。一旦网络发生故障，只要诊断出哪个集中器有故障，将该集中器和全网隔离即可。

② 易于扩展。要扩展用户时，可以加入新的集中器，也可在设计时，在每个集中器留出一些备用的可插入新的站点的连接口。

③ 安装方便。网络的主电缆只要连通这些集中器，这种安装和传统的电话系统电缆安装很相似。

混合型拓扑的缺点如下。

① 需要选用带智能的集中器。这是为了实现网络故障自动诊断和故障结点的隔离所必需的。

② 像星形拓扑结构一样，集中器到各个站点的电缆安装长度会增加。

（6）网型拓扑

这种结构在广域网中得到了广泛的应用，它的优点是不受瓶颈问题和失效问题的影响。由于节点之间有许多条路径相连，可以为数据流的传输选择适当的路由，从而绕过失效的部件或过忙的节点。这种结构虽然比较复杂，成本也比较高，提供上述功能的网络协议也较复杂，但由于它的可靠性高，仍然受到用户的欢迎。

以上分析了几种常用拓扑结构的优缺点。不管是局域网或广域网，其拓扑的选择，需要考虑诸多因素：网络既要易于安装，又要易于扩展；网络的可靠性也是考虑的重要因素，要易于故障诊断和隔离，以使网络的主体在局部发生故障时仍能正常运行；网络拓扑的选择还会影响传输媒体的选择和媒体访问控制方法的确定，这些因素又会影响各个站点在网上的运行速度和网络软、硬件接口的复杂性。

3. 传输介质

传输介质是网络连接设备间的中间介质，也是信号传输的媒体，常用的介质有双绞线、同轴电缆、光纤以及微波和卫星等。

（1）双绞线（twisted-pair）

双绞线是将一对或一对以上的双绞线封装在一个绝缘外套中而形成的一种传输介质，如图 9.6 所示，是目前局域网最常用的一种布线材料。它由两条相互绝缘的铜线组成，典型直径为 1毫米。两根线绞接在一起是为了防止其电磁感应在邻近线对中产生干扰信号。双绞线一般用于星型网络的布线连接，两端安装有 RJ-45 头（接口，也称为水晶头），连接网卡与集线器，最大网线长度为 100 米，如果要加大网络的范围，在两段双绞线之间可安装中继器，最多可安装 4 个中继器，如安装 4 个中继器连 5 个网段，最大传输范围可达 500 米。现行双绞线电缆中一般包含 4个双绞线对，具体为白橙 1/橙 2、蓝 4/白蓝 5、绿 6/白绿 3、棕 8/棕白 7。计算机网络使用 1－

2、3－6 两组线对分别来发送和接收数据。

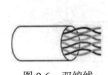
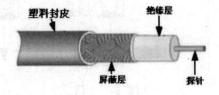

图 9.6　双绞线　　　　　　图 9.7　同轴电缆

（2）同轴电缆

同轴电缆也是局域网中最常见的传输介质之一，如图 9.7 所示，同轴电缆（Coaxtal Cable）常用于设备与设备之间的连接，或应用在总线型网络拓扑中。同轴电缆中心轴线是一条铜导线，外加一层绝缘材料，在这层绝缘材料外边是由一根空心的圆柱网状铜导体包裹，最外一层是绝缘层。它是由一根空心的外圆柱导体（铜网）和一根位于中心轴线的内导线（电缆铜芯）组成，并且内导线和圆柱导体及圆柱导体和外界之间都是用绝缘材料隔开，它与双绞线相比，同轴电缆的抗干扰能力强、屏蔽性能好、传输数据稳定、价格也便宜，而且它不用连接在集线器或交换机上即可使用。同轴电缆的得名与它的结构相关。它用来传递信息的一对导体是按照一层圆筒式的外导体套在内导体（一根细芯）外面，两个导体间用绝缘材料互相隔离的结构制成的，外层导体和中心轴芯线的圆心在同一个轴心上，所以叫做同轴电缆，同轴电缆之所以设计成这样，也是为了防止外部电磁波干扰异常信号的传递。

（3）光纤

光纤是由一组光导纤维组成的，用来传播光束的，细小而柔韧的传输介质。与其他传输介质相比较，光纤的电磁绝缘性能好，信号衰变小，频带较宽，传输距离较大。光纤主要用于传输距离较长的主干网的连接。光缆通信由光发送机产生光束，将电信号转变为光信号，再把光信号导入光纤，在光缆的另一端由光接收机接收光纤上传输来的光信号，并将它转变成电信号，经解码后再处理。光缆的传输距离远、传输速度快，是局域网中传输介质的佼佼者。光纤的安装和连接需由专业技术人员完成。

（4）微波传输和卫星传输

这两种都是属于无线通信，传输方式均以空气为传输介质，以电磁波为传输载体，连网方式较为灵活，适合应用在不易布线、覆盖面积大的地方。通过一些硬件的支持，可实现点对点或点对多点的数据、语音通信。

4. 网络设备

网络设备及部件是连接到网络中的物理实体。网络设备的种类繁多，且与日俱增。基本的网络设备有：计算机（无论其为个人电脑或服务器）、集线器、交换机、网桥、路由器、网关、网络接口卡（NIC）、无线接入点（WAP）、打印机和调制解调器、光纤收发器、光缆等。

（1）网卡

网卡也称网络适配器或网络接口卡（Network Interface Card，NIC），如图 9.8 所示，在局域网中用于将用户计算机与网络相连，大多数局域网采用以太（Ethernet）网卡，如 NE2000 网卡、PCMCIA 卡等。

网卡是一块插入微机 I/O 槽中，发出和接收不同的信息帧、计算帧检验序列、执行编码译码转换等以实现微机通信的集成电路卡，主要完成如下功能。

① 读入由其他网络设备（路由器、交换机、集线器或其他 NIC）传输过来的数据包（一般是帧的形式），经过拆包，将其变成客户机或服务器可以识别的数据，通过主板上的总线将数据传输到所需 PC 设备中（CPU、内存或硬盘）。

② 将 PC 设备发送的数据，打包后输送至其他网络设备中。网卡按总线类型可分为 ISA 网卡、EISA 网卡、PCI 网卡等。

图 9.8　网卡　　　　　　　　　　图 9.9　集线器（左）与交换机（右）

（2）交换机

交换机如图 9.9 所示，可以根据数据链路层信息做出帧转发决策，同时构造自己的转发表。交换机运行在数据链路层，可以访问 MAC 地址，并将帧转发至该地址。交换机的出现，导致了网络带宽的增加。

（3）路由器

路由器（Router）是工作在 OSI 第 3 层（网络层）上，具有连接不同类型网络的能力并能够选择数据传送路径的网络设备。路由器有 3 个特征：工作在网络层上；能够连接不同类型的网络；具有路径选择能力。

5. 计算机网络功能

建立计算机网络的基本目的是实现数据通信和资源共享，其主要功能有以下几种。

（1）数据通信

数据通信即数据传输和交换，是计算机网络的最基本功能之一。从通信角度看，计算机网络其实是一种计算机通信系统，其本质上是数据通信的问题。

（2）资源共享

资源共享指的是网上用户能够部分或全部地使用计算机网络资源，使计算机网络中的资源互通有无、分工协作，从而大大地提高各种资源的利用率。资源共享主要包括硬件、软件和数据资源，它是计算机网络的最基本功能之一。

（3）提高计算机系统的可靠性和可用性

计算机网络是一个高度冗余、容错的计算机系统。联网的计算机可以互为备份，一旦某台计算机发生故障，则另一台计算机可替代它，继续工作。更重要的是，由于数据和信息资源存放在不同地点，因此可防止由于故障而无法访问或由于灾害造成数据破坏。

（4）易于进行分布处理

在计算机网络中，每个用户可根据情况合理选择计算机网内的资源，以就近的原则快速地处理。对于较大型的综合问题，在网络操作系统的调度和管理下，网络中的多台计算机可协同工作来解决，从而达到均衡网络资源、实现分布式处理的目的。

由于计算机网络具有上述功能，因此得到了广泛的应用。计算机网络作为传输信息、存储信息、处理信息的系统，在未来信息社会中将得到更加广泛的应用。计算机网络目前正在向高速化、多媒体化、多服务化等方向发展。未来通信和网络的目标是实现 5W 的个人通信，即：任何人（who），在任何时候（when），在任何地方(where)都可以与任何其他人（whomever）传送任何信息（whatever）。

9.1.3　计算机网络结构与分类

计算机的网络结构可以从网络体系结构、网络组织和网络配置三个方面来描述，网络组织是从网络的物理结构和网络的实现两方面来描述计算机网络，网络配置是从网络应用方面来描述计算机网络的布局，硬件、软件和通信线路来描述计算机网络，网络体系结构是从功能上来描述计算机网络结构。

网络协议是计算机网络必不可少的，一个完整的计算机网络需要有一套复杂的协议集合，组织复杂的计算机网络协议的最好方式就是层次模型。而将计算机网络层次模型和各层协议的集合定义为计算机网络体系结构（Network Architecture）。

计算机网络由多个互连的结点组成，结点之间要不断地交换数据和控制信息，要做到有条不紊地交换数据，每个结点就必须遵守一整套合理而严谨的结构化管理体系，计算机网络就是按照高度结构化设计方法采用功能分层原理来实现的，即计算机网络体系结构的内容。

通常所说的计算机网络体系结构，即在世界范围内统一协议，制定软件标准和硬件标准，并将计算机网络及其部件所应完成的功能精确定义，从而使不同的计算机能够在相同功能中进行信息对接。

计算机网络体系结构是对复杂网络系统的逻辑抽象，这样便于实现网络系统的交流、升级、标准化与互连。它是将整个网络进行层次划分构造成纵向和横向结构关系，纵向的网络层次通过层间的接口进行联系，横向的对等层实体间通信协议实现联系。目前主要有两种模型，一种是理论标准模型 OSI/RM 参考模型；另一种是实际应用模型 TCP/IP 协议栈模型。

计算机网络的体系结构从整体角度抽象地定义了计算机网络的构成，及各个网络部件之间的逻辑关系和功能，给出了计算机网络协调工作的方法和必须遵守的规则。

1．计算机网络体系结构的概念

将多台位于不同地点的计算机设备通过各种通信信道和设备互联起来，使其能协同工作，以便于计算机的用户应用进程交换和共享资源是一个复杂的工程设计问题。将一个比较复杂的问题分解成若干个容易处理的子问题，而后"分而治之"逐个加以解决，这种模块化设计方法是工程设计中常用的一种手段。分层就是系统分解的一种的方法。

（1）层次模型

实际上单台计算机系统的体系结构也是一种层次结构，如图 9.10（a）所示，一般的分层结构如图 9.10（b）所示。

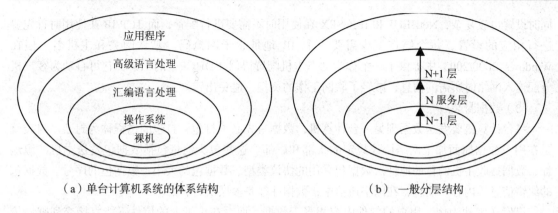

（a）单台计算机系统的体系结构　　　　　　（b）一般分层结构

图 9.10　层次结构

现代计算机网络都采用了层次化的体系结构。在研究计算机网络时，分层次的论述有助于清晰地描述和理解复杂的计算机网络系统的工作模式与数据处理过程。

（2）网络协议

网络上的计算机之间又是如何交换信息的呢？就像我们说话用某种语言一样，在网络上的各台计算机之间也有一种语言，这就是网络协议。不同的计算机之间必须使用相同的网络协议才能进行通信。网络协议是网络上所有设备（网络服务器、计算机及交换机、路由器、防火墙等）之间通信规则的集合，它规定了通信时信息必须采用的格式和这些格式的意义。

一个网络协议至少要包含以下 3 个要素。

（1）语法部分：用来规定信息格式。

（2）语义部分：用来说明通信双方应当怎么做。

（3）定时规则：确定事件的顺序以及速度匹配、排序。

常见的协议有：TCP/IP、IPX/SPX 协议、NetBEUI 协议等。在局域网中用得比较多的是 IPX/SPX。用户如果访问 Internet，则必须在网络协议中添加 TCP/IP。

● NetBEUI 协议

这是一种体积小、效率高、速度快的通信协议。在微软公司的主流产品中，在 Windows 9X 和 Windows 2000 中，NetBEUI 已成为固有的默认协议。NetBEUI 是专门为几台到百余台电脑所组成的单网段小型局域网而设计的，不具有跨网段工作的功能，即 NetBEUI 不具备路由功能。虽然 NetBEUI 存在许多不尽如人意的地方，但它也具有其他协议所不具备的优点。在 3 种常用的通信协议中，NetBEUI 占用内存最少，在网络中基本不需要配置。

● IPX/SPX 及其兼容协议

这是 Novell 公司的通信协议集。与 NetBEUI 的明显区别是：IPX/SPX 比较庞大，在复杂环境下有很强的适应性。因为 IPX/SPX 在开始就考虑了多网段的问题，具有强大的路由功能，适合大型网络使用。当用户端接入 NetWare 服务器时，IPX/SPX 及其兼容协议是最好的选择。但在非 Novell 网络环境中，一般不使用 IPX/SPX。

Windows 2000/2003 中提供了两个 IPX/SPX 的兼容协议，NWLink SPX/SPX 兼容协议和 NWLink NetBIOS，两者统称为 NWLink 通信协议。

● TCP/IP（传输控制协议/网际协议）

这是目前最常用的一种通信协议，它是计算机世界里的一个通用协议，是因特网的基础协议。 TCP/IP 具有很高的灵活性，支持任意规模的网络，几乎可连接所有的服务器和工作站，但同时设置也较复杂，NetBEUI 和 IPX/SPX 在使用时不需要进行配置，而 TCP/IP 在使用时首先要进行相应的设置，每个结点至少需要一个 IP 地址、子网掩码、默认网关和主机名。但在 Windows 2000/2003 中提供了一个称为动态主机配置协议（DHCP）的工具，它可自动为客户机分配连入网络时所需的信息，减轻了联网工作的负担，避免出错。

（3）数据封装

一台计算机要发送数据到另一台计算机，数据首先必须打包，打包的过程称为封装。封装就是在用户数据前面加上网络协议规定的头部和尾部。这些包头信息包括数据包发送主机的源地址、数据接收主机的目的地址、数据包采用的协议类型、数据包的大小、数据包的序号、数据包的纠错信息等内容。而且，在网络通信中，数据往往是多层次封装的。

以发送邮件为例，用户的信件内容相当于数据，而写在信纸上的信件不能直接交到邮局传递，必须将信纸装入到信封中发送（数据封装），信封（包头）上还必须写有收信人姓名、收信人地址（目的地址）、发信人地址（源地址），有时还要写明信件是航空或是挂号等信息。

（4）网络协议的分层

为了减少网络协议的复杂性，技术专家们把网络通信问题划分为许多小问题，然后为每一个问题设计一个通信协议。这样使得每一个协议的设计、分析、编码和测试都比较容易。协议分层就是按照信息的流动过程，将网络的整体功能划分为多个不同的功能层。每一层都建立在它的下层之上，每一层的目的都是向它的上一层提供一定的服务，所谓下层提供的服务就是上层能够得见的功能。

网络协议中不同功能层之间的通信规范称为接口，层间的接口定义了较低层向较高层提供的操作或服务。

一台计算机上的第 N 层与另一台计算机上的第 N 层进行对话，对话的规则就是第 N 层的通信协议。

网络系统采用层次化的结构有以下优点。

● 各层之间相互独立，高层不必关心低层的实现细节，可以做到各司其职。

● 某个网络层次的变化不会对其他网络层次产生影响，因此每个网络层次的软件或设备可单独升级或改造，利用网络的维护和管理。

● 分层结构提供了标准接口，使软件开发商和设备生产商易于提供网络软件和网络设备。

● 网络的适应性强，只要服务和接口不变，层内实现方法可任意改变。

层次结构虽然有它的优点，但是如果划分得不合理，反而会带来许多负面的影响。通常要遵循如下的一些原则。

● 层次的数量不能过多或过少。

● 类似的功能放在同一层。

● 技术经常变化的地方可以适当增加层次。

● 用于信号控制的信息流量要尽量少。

（5）网络体系结构

计算机网络协议的分层方法及其协议层与层之间接口的集合称为网络体系结构。

如何划分网络协议的层，才能使它既便于理论研究又便于工程实现呢？国际上计算机网络理论研究学者和网络工程专家们提出了很多种方案，出于各种目的，他们制定和公布了各自的网络体系结构。其中有些网络体系结构得到了理论界的推崇而被不断地补充和完善；有一些在网络工程中得到了广泛地应用；其中有些网络协议被国际标准化组织（OSI）采纳，成为计算机网络的国际标准。常见的计算机网络体系结构有：

● OSI/RM（开放系统互连参考模型）。
● TCP/IP（传输控制协议/网际协议）等。

2. OSI/RM 开放系统互连参考模型

网络体系结构是对整个网络系统的逻辑结构进行层次化和功能划分，因此，包含了不同的硬、软件的组织和设计。各计算机厂家都在研究和发展计算机网络体系，相继发表了本厂家的网络体系结构。为了把这些计算机网络互连起来，达到相互交换信息、资源共享、分布应用，ISO（国际标准化组织）提出了 OSI/RM（开放系统互连参考模型）。该参考模型将计算机网络体系结构划分为七个层次，其草案建议于 1980 年提出供讨论，1982 年 4 月形成国际标准草案，作为发展计算机网络的指导标准。图 9.11 展示了这一模型。

OSI/RM 共分七层，自低向上分别为：物理层、数据链路层、网络层、传输层、会话层、表示层和应用层。对于网络中的中继节点（如路由器）通常只有最低的三层。

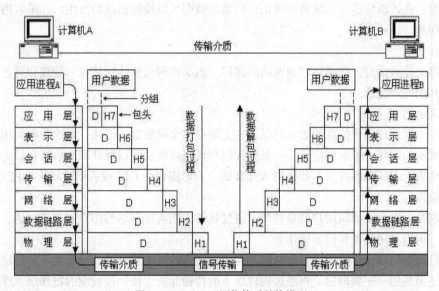

图 9.11 OSI/RM 网络体系结构模型

（1）物理层

物理层是 OSI/RM 的最低层，其任务是为数据链路层提供物理连接。该层将信息按比特（bit）一位一位地从一台主机经传输介质送往另一台主机，以实现主机之间的比特流传送。

物理层包括了网络、传输介质、网络设备的物理接口，以及信号从一个设备传输到另一个设备的规则。网络设备接口具有四个重要特性，即机械、电气、功能和过程特性。

（2）数据链路层

由于物理层提供原始的比特传输，所以数据链路层的主要功能是保证两个相邻节点间数据以"帧"为单位的无差错传输。帧是一组字符组成的信息块，它包括一定数量的数据和一些必要的控制信息，是数据链路层协议的单位。数据链路层接收来自上层的数据，给它加上某种差错校验位、数据链路协议控制信息和头、尾分界榡等信息就变成帧。然后把帧从物理信道上发送出去，同时处理接收端的应答、重传出错和丢失的帧，保证按发送次序把帧正确地传送给对方。

数据链路层为上层提供的主要服务是差错检测和控制。典型的数据链路层协议有 HDLC（高级数据链路控制)、PPP(点对点协议)等。

（3）网络层

网络层的主要功能是以数据链路层的无差错传输为基础，为网络内任意两个设备间数据的传输提供服务，并进行路径选择和拥塞控制。该层将数据分成一定长度的分组，并在分组头中标识源和目的节点的逻辑地址，这些地址就像街区、门牌号一样，成为每个节点的标识；网络层的核心功能便是根据这些地址来获得从源到目的的路径，当有多条路径存在的情况下，还要负责进行路由选择。

（4）传输层

传输层也称为运输层或传送层。该层提供对上层透明（不依赖于具体网络）的可靠的数据传输。如果说网络层关心的是"点到点"的逐点转递，那么可以说传输层关注的是"端到端"（源端到目的端）的最终效果。它的功能主要包括：流控、多路技术、虚电路管理和纠错及恢复等。其中多路技术使多个不同应用的数据可以通过单一的物理链路共同实现传递；虚电路是数据传递的逻辑通道，在传输层建立、维护和终止；纠错功能则可以检测错误的发生，并采取措施（如重传）解决问题。

（5）会话层

会话层又称对话层，它是用户到网络的接口。该层在网络实体间建立、管理和终止通信应用服务请求和响应等会话。

（6）表示层

表示层主要处理用户信息的表示问题。它主要提供交换数据的语法，目的是解决用户数据格式和数据表示的问题。表示层定义了一系列代码和代码转换功能以保证源端数据在目的端同样能被识别，比如大家所熟悉的文本数据的 ASCII 码，表示图像的 GIF 或表示动画的 MPEG 等。

（7）应用层

应用层是 OSI/RM 面向用户的最高层，通过软件应用实现网络与用户的直接对话，如：找到通信对方，识别可用资源和同步操作等。

当信息从发送端到接收端进行通信时，先由发送端的第七层开始，经过底下的各层与各层的接口，到达最底层——物理层，再经过物理层下的传输介质，传到接收端的物理层，穿过接收端各层直到接收端的最高层——应用层，发送端与接收端的各高层间并没有实际的介质连接，只存在虚拟的逻辑上的连接，即层间的逻辑通信。

网络七层的底三层（物理层、数据链路层和网络层）通常被称作媒体层，它们不为用户所见，默默地对网络起到支撑作用，是网络工程师所研究的对象；上四层（传输层、会话层、表示层和应用层）则被称作主机层，是用户所面向和关心的内容，这些程序常常将各层的功能综合在一起，在用户面前形成一个整体。大家所熟悉的网上应用 WWW、FTP、TELNET 等，都是这几层功能的综合。

七层模型是一个理论模型，实际应用则千变万化，完全可能发生变异。对大多数应用，我们只是将它的协议族（即协议堆栈）与七层模型作大致的对应，看看实际用到的特定协议是属于七层中某个子层，还是包括了上下多层的功能。

网络中实际用到的协议是否严格按照这七层来定义呢？并非如此，七层模型是一个理论模型，实际应用则千变万化，完全可能发生变异。何况有的应用由来已久，不可能在七层模型推出后又推翻重来。因此对大多数应用，我们只是将它的协议族（即协议堆栈）与七层模型作大致的对应，看看实际用到的特定协议是属于七层中某个子层，还是包括了上下多层的功能。

3. 计算机网络的分类

计算机网络尽管实现资源共享与数据通信这样的基本功能，但是由于计算机网络系统采用的技术不同，计算机网络的分类有多种方法。IEEE（国际电子电气工程师协会）按照网络的地理范围，将计算机网络分为局域网、城域网和广域网；按照网络传输介质，分为有线网络和无线网络；按照传输技术划分，分为广播网络，点对点网络；按照网络的使用范围分为公用网和专用网；按照网络拓扑结构划分，分为总线型、星形、环形等网络。

（1）局域网、城域网和广域网

这是最常见的计算机网络分类方法，也是根据计算机网络的覆盖范围分类的 3 类网络（如图9.12 所示）。

① 局域网 LAN（Local Area Network）

使用双绞线、同轴电缆、光纤及红外线等介质实现部门、企业、校园范围内的组网。局域网的作用范围一般为 10 km。目前，常用的局域网类型有以太网（Ethernet）、令牌环网（Token Ring）、光纤分布式接口（FDDI）、ATM 局域网仿真（ATM LANE）等。市场占有率较大的是以太网，以太网为总线型网络，典型的有低速 10 BASE-T、10 BASE2 等；高速的有 100 BASE-T、吉比特以太网即千兆位以太网（1000 BASE-X、1000 BASE-T）。

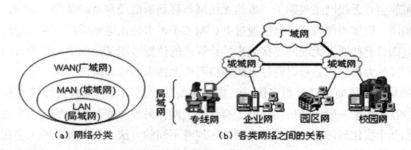

图 9.12　IEEE 定义的网络类型

② 城域网 MAN（Metropolitan Area Network）

这种网络一般来说是在一个城市，但不在同一地理小区范围内的计算机互联。这种网络的连接距离可以在 10-100 公里，它采用的是 IEEE 802.6 标准。MAN 与 LAN 相比扩展的距离更长，连接的计算机数量更多，在地理范围上可以说是 LAN 网络的延伸。在一个大型城市或都市地区，一个 MAN 网络通常连接着多个 LAN 网，如连接政府机构的 LAN、医院的 LAN、电信的 LAN、公司企业的 LAN 等。由于光纤连接的引入，使 MAN 中高速的 LAN 互连成为可能。

城域网多采用 ATM 技术做骨干网。ATM 是一个用于数据、语音、视频以及多媒体应用程序的高速网络传输方法。ATM 包括一个接口和一个协议，该协议能够在一个常规的传输信道上，在比特率不变及变化的通信量之间进行切换。ATM 也包括硬件、软件以及与 ATM 协议标准一致的介质。ATM 提供一个可伸缩的主干基础设施，以便能够适应不同规模、速度以及寻址技术的网络。ATM的最大缺点就是成本太高，所以一般在政府城域网中应用，如邮政、银行、医院等。

③ 广域网 WAN（Wide Area Network）

这种网络也称为远程网，所覆盖的范围比城域网（MAN）更广，它一般是在不同城市之间的 LAN 或者 MAN 网络互联，地理范围可从几百公里到几千公里。因为距离较远，信息衰减比较严重，所以这种网络一般是要租用专线，通过 IMP（接口信息处理）协议和线路连接起来，构成网状结构，解决循径问题。这种城域网因为所连接的用户多，总出口带宽有限，所以用户的终端连接速率一般较低，通常为 9.6kbit/s~45Mbit/s 如，邮电部的 CHINANET，CHINAPAC 和 CHINADDN 网。

（2）有线网络和无线网络

① 有线网络

有线网络是使用双绞线、同轴电缆以及光纤作为传输介质的有固定线路的计算机网络。

双绞线是最常见的应用是电话系统。它也广泛用于局域网中。局域网中通常使用非屏蔽双绞线，它具有传输距离长，信号质量好等优点。

用于计算机网络传输的同轴电缆可分为粗缆和细缆两种，现在多被光纤代替。但是同轴电缆仍在广泛地应用于有线电视和某些局域网。

光纤网采用光导纤维作为传输介质，光纤传输距离长，传输速率高，抗干扰性强，在长距离网络传输中通常使用光纤。但是，其缺点是光纤接口的连接比较困难，接口设备昂贵。

② 无线网

随着笔记本电脑（notebook computer）和个人数字助理（Personal Digital Assistant，PDA）等便携式计算机的日益普及和发展，人们经常要在路途中接听电话、发送传真和电子邮件阅读网上信息以及登录到远程机器等。然而在汽车或飞机上是不可能通过有线介质与单位的网络相连接的，这时候可能会对无线网感兴趣了。虽然无线网与移动通信经常是联系在一起的，但这两个概念并不完全相同。例如当便携式计算机通过ＰＣＭＣＩＡ卡接入电话插口，它就变成有线网的一部分。另一方面，有些通过无线网连接起来的计算机的位置可能又是固定不变的，如在不便于通过有线电缆连接的大楼之间就可以通过无线网将两栋大楼内的计算机连接在一起。

无线网特别是无线局域网有很多优点，如易于安装和使用。但无线局域网也有许多不足之处：如它的数据传输率一般比较低，远低于有线局域网；另外无线局域网的误码率也比较高，而且站点之间相互干扰比较厉害。用户无线网的实现有不同的方法。国外的某些大学在它们的校园内安装许多天线，允许学生们坐在树底下查看图书馆的资料。这种情况是通过两个计算机之间直接通过无线局域网以数字方式进行通信实现的。另一种可能的方式是利用传统的模拟调制解调器通过蜂窝电话系统进行通信。在国外的许多城市已能提供蜂窝式数字信息分组数据（Cellular Digital Packet Data，CDPD）的业务，因而可以通过 CDPD 系统直接建立无线局域网。无线网络是当前国内外的研究热点，无线网络的研究是由巨大的市场需求驱动的。无线网的特点是使用户可以在任何时间、任何地点接入计算机网络，而这一特性使其具有强大的应用前景。当前已经出现了许多基于无线网络的产品，如个人通信系统（Personal Communication System，PCS）电话、无线数据终端、便携式可视电话、个人数字助理（PDA）等。无线网络的发展依赖于无线通信技术的支持。无线通信系统主要有：低功率的无绳电话系统、模拟蜂窝系统、数字蜂窝系统、移动卫星系统、无线 LAN 和无线 WAN 等。

（3）广播网络和点对点网络

广播网络是指当信道上一个结点发送数据时，网络中的所有其他结点都可以接收，并可以根据地址信息比较该数据的接收者是否为自己，如果是，则接收并处理该数据，否则丢弃，这种通信方式称为广播（Broadcast）。广播的基础是网络所有结点共享信道。

点对点网络由一对结点间的多条连接构成。为了能从源节点到达目的结点，这种网络上的分组可能通过一个和多个中间结点，有多条路径可供选择，因此如何选择源结点和目的结点间的最短路径成为一个重要问题。

通常，小的、地理上处于本地的网络采用广播方式，而大的网络多采用点对点的方式。

（4）公用网和专用网

公用网由电信部分组建，一般由政府和电信部门管理和控制，网络内的传输和交换设备可以提供（租用）给任何部门和单位使用，如公共电话交换网（PSTN）、数字数据网（DDN）等。

专用网是由某个单位和部门组建的，不允许其他部分和单位使用。例如金融、铁路等行业都由自己的专用网。专用网可以租用电信部分的传输线路，也可以自己铺设线路。

9.2　Internet 基础

Internet，中文译名为因特网。Internet 目前还没有一个十分精确的概念，大致可从如下几方面理解。

从结构角度看，它是一个使用路由器将分布在世界各地的、数以千万计的规模不一的计算机网络互联起来的大型国际互联网。

从网络通信技术的观点来看，Internet 是一个以 TCP/IP 通信协议为基础，连接各个国家、各个部门、各个机构计算机网络的数据通信网。

从信息资源的观点来看，Internet 是一个集各个领域、各个学科的各种信息资源为一体的、供网上用户共享的数据资源网。

总之，Internet 是当今世界上最大的、也是应用最为广泛的计算机信息网络，它是把全世界各个地方已有的各种网络，如局域网、数据通信网以及公用电话交换网等互联起来，组成一个跨越国界的庞大的因特网，因此也称为“网络的网络”。

9.2.1　Internet 的起源和发展

Internet 是人类历史发展中的一个伟大的里程碑，它是未来信息高速公路的雏形，人类正由此进入一个前所未有的信息化社会。人们用各种名称来称呼 Internet，如国际互联网络、因特网、交互网络、网际网等，它正在向全世界各大洲延伸和扩散，不断增添吸收新的网络成员，已经成为世界上覆盖面最广、规模最大、信息资源最丰富的计算机信息网络。

1.　Internet 的起源和发展

（1）第一阶段

① 1969 年 Internet 的前身 ARPANET 问世

1962 年，美国国防部为了保证美国本土防卫力量和海外防御武装在受到前苏联第一次核打击以后仍然具有一定的生存和反击能力，认为有必要设计出一种分散的指挥系统：它由一个个分散的指挥点组成，当部分指挥点被摧毁后，其他点仍能正常工作，并且这些点之间，能够绕过那些已被摧毁的指挥点而继续保持联系。为了对这一构思进行验证，1969 年，美国国防部国防高级研究计划署资助建立了一个名为 ARPANET（即“阿帕网”）的网络，这个网络把位于洛杉矶的加利福尼亚大学，位于圣芭芭拉的加利福尼亚大学，斯坦福大学，以及位于盐湖城的犹它州州立大学的计算机主机联接起来，位于各个结点的大型计算机采用分组交换技术，通过专门的通信交换机（IMP）和专门的通信线路相互连接。这个阿帕网就是 Internet 最早的雏形。到 1972 年时，ARPANET 网上的网点数已经达到 40 个，这 40 个网点彼此之间可以发送小文本文件（当时称这种文件为电子邮件，也就是我们现在的 E-mail）和利用文件传输协议发送大文本文件，包括数据文件（即现在 Internet 中的 FTP），同时也发现了通过把一台电脑模拟成另一台远程电脑的一个终端而使用远程电脑上的资源的方法，这种方法被称为 Telnet。由此可看到，E-mail，FTP 和 Telnet 是 Internet 上较早出现的重要工具，特别是 E-mail 仍然是目前 Internet 上最主要的应用。

② 1983 年，TCP/IP 成为 ARPANET 的标准通信协议。

1972 年，全世界电脑业和通信业的专家学者在美国华盛顿举行了第一届国际计算机通信会议，就在不同的计算机网络之间进行通信达成协议，会议决定成立 Internet 工作组，负责建立一种能保证计算机之间进行通信的标准规范（即"通信协议"）；1973 年，美国国防部也开始研究如何实现各种不同网络之间的互联问题。至 1974 年，IP（Internet 协议）和 TCP（传输控制协议）问世，合称 TCP/IP。这两个协议定义了一种在电脑网络间传送报文（文件或命令）的方法。随后，美国国防部决定向全世界无条件地免费提供 TCP/IP，即向全世界公布解决电脑网络之间通信的核心技术，TCP/IP 核心技术的公开最终导致了 Internet 的大发展。到 1980 年，世界上既有使用 TCP/IP 的美国军方的 ARPA 网，也有很多使用其他通信协议的各种网络。为了将这些网络连接起来，美国人温顿·瑟夫（Vinton Cerf）提出一个想法：在每个网络内部各自使用自己的通信协议，在和其他网络通信时使用 TCP/IP。这个设想最终导致了 Internet 的诞生，并确立了 TCP/IP 在网络互联方面不可动摇的地位。这样在 1983～1984 年，形成了因特网的雏形。

③ 1984 年 ARPANET 分解成两个网络。一个网络仍称为 ARPANET，是民用科研网；另一个网络是军用计算机网络 MILNET。

（2）第二阶段

① 1986 年，NSF 建立了国家科学基金网 NSFNET。

Internet 的第一次快速发展源于美国国家科学基金会（National Science Foundation，NSF）的介入，即建立 NSFNET。20 世纪 80 年代初，美国一大批科学家呼吁实现全美的计算机和网络资源共享，以改进教育和科研领域的基础设施建设，抵御欧洲和日本先进教育和科技进步的挑战和竞争。80 年代中期，美国国家科学基金会（NSF）为鼓励大学和研究机构共享他们非常昂贵的四台计算机主机，希望各大学、研究所的计算机与这四台巨型计算机联接起来。最初 NSF 曾试图使用 DARPANet 作 NSFNET 的通信干线，但由于 DARPANet 的军用性质，并且受控于政府机构，这个决策没有成功。于是他们决定自己出资，利用 ARPANET 发展出来的 TCP/IP，建立名为 NSFNET 的广域网。1986 年 NSF 投资在美国普林斯顿大学、匹兹堡大学、加州大学圣地亚哥分校、依利诺斯大学和康奈尔大学建立五个超级计算中心，并通过 56kbit/s 的通信线路连接形成 NSFNET 的雏形。

② 1987 年 NSFNET 上的主机超过 1 万台，1989 年 NSFNET 主干网的传输速率提高到 1.544Mbit/s。

1987 年 NSF 公开招标对于 NSFNET 的升级、营运和管理，结果 IBM、MCI 和由多家大学组成的非盈利性机构 Merit 获得 NSF 的合同。1989 年 7 月，NSFNET 的通信线路速度升级到 T1（1.5Mbps），并且连接 13 个骨干结点，采用 MCI 提供的通信线路和 IBM 提供的路由设备，Merit 则负责 NSFNET 的营运和管理。由于 NSF 的鼓励和资助，很多大学、政府资助甚至私营的研究机构纷纷把自己的局域网并入 NSFNET 中，从 1986 年至 1991 年，NSFNET 的子网从 100 个迅速增加到 3000 多个。

（3）第三阶段

1991 年，美国政府将因特网的经营权转交给商业公司，世界上的许多公司开始纷纷接入到 Internet。1992 年，因特网的主机超过了 100 万台，1993 年，主干网传输速率提高到 45Mbit/s。从 1993 年开始，NSFNET 网逐渐被商用 Internet 主干网替代。随着由欧洲原子核研究组织 CERN 开发的万维网 WWW（World Wide Web）在 Internet 上被广泛使用，使广大非网络专业人员也能方便地使用网络，这成为 Internet 指数级增长的主要驱动力。 目前，Internet 已经成为世界上规模最大和增长速率最快的计算机网络，没有人能够准确说出 Internet 究竟有多大。

2. 中国 Internet 的发展

Internet 在我国的发展经历了以下三个阶段。

（1）第一阶段

① 1983 年，维纳·措恩教授（德国）与王运丰教授（中国）就计算机网络等问题进行了探讨。

② 1986 年 8 月 26 日，建立了一条德国—意大利—北京的租用线路。

③ 1987 年 9 月 14 日，中国专家和德国专家共同起草和发出了第一封"越过长城"的著名的电子邮件。

这一阶段实际上只是少数高等院校、研究机构提供了 Internet 的电子邮件服务，还谈不上真正的 Internet。

（2）第二阶段

① 1987 年，中国正式加入 CSNET 和 BITNET（美国大学网）。

② 1990 年，.CN 域名申请得到了批准。

③ 1993 年，中国科学院高能物理研究所通过国际卫星，接入美国斯坦福线性加速器中心（SLAC），建立了 64Kbit/s 的 TCP/IP 连接。由于核物理研究的需要，中科院高能所（IHEP）与美国斯坦福大学的线性加速器中心一直有着广泛的合作关系。随着合作的不断深入，双方意识到了加强数据交流的迫切性。在 1993 年 3 月，高能所通过卫星通信站租用了一条 64 Kbps 的卫星线路与斯坦福大学联网。

④ 1994 年 4 月，中科院计算机网络信息中心通过 64 Kbit/s 的国际线路连到美国，开通路由器（一种连接到 Internet 必不可少的网络设备），我国开始正式接入 Internet 网。

（3）第三阶段

① 1995 年，ChinaNet（中国公用计算机互联网）建成，标志着我国因特网进入商业发展阶段。

② 2005 年底，中国互联网用户达到 1.23 亿，并创造了无法估计的市场和价值。

这时我国才算是真正加入了国际 Internet 行列之中，此后 Internet 在我国飞速发展。中国互联网络信息中心（CNNIC）发布第 35 次《中国互联网络发展状况统计报告》，《报告》显示，截至 2014 年 12 月，我国网民规模达 6.49 亿人，互联网普及率为 47.9%，较 2013 年底提升 2.1%，手机网民规模达 5.57 亿人，较 2013 年底增加 5672 万人。这份盘点中的种种数据，既体现出我国互联网产业的生机与活力，更体现出产业未来的发展方向。

3. 中国互联网结构

网络互联是将两个以上的计算机网络，用多种通信设备和网络协议相互连接起来，构成更大的网络系统。计算机互联网网络互联的目的是使一个网络上的用户能够访问其他计算机网络上的资源，使不同网络上的用户能够相互通信和交流信息，以实现更大范围的资源共享和信息交流。

目前中国计算机互联网已形成骨干网、大区网和省市网的三层体系结构。中国骨干网是由政府批准成立，拥有独立国际信道，各自在全国建立一级网络的"互联网服务商"。任何政府部门、企业、ISP（因特网服务提供商）、个人计算机用户等，如果希望进行网络远程互联或接入因特网，都必须通过骨干网运营商。我国国家批准的大型骨干网有以下 9 个。

（1）ChinaNet（中国公用计算机互联网）。

中国公用计算机互联网是中国电信经营和管理的中国公用 Internet 网。目前，已建成一个覆盖全国的骨干网，骨干网结点之间采用 CHINADDN 提供的数字专线，遍布内地的 31 个骨干网结点全部开通。普通用户使用电话线上网，大多通过该网接入。

ChinaNet 在 1995 年建成，目前已覆盖到全国各个省市。2006 年全国用户数已达 1.23 亿。

ChinaNet 在北京、上海、广州开设了 3 个国际出入口局。国际出入口总带宽达 46Gbit/s 以上。

ChinaNet 骨干网在拓扑结构上分为三层，即核心层、区域层和边缘层。

ChinaNet 核心层由北京、上海、广州、沈阳、南京、武汉、成都、西安 8 个大区的中心节点构成。

ChinaNet 将全国的 31 个省级网络划分为 8 个区域，不同区域网之间的连接需经过核心层。边缘层的省区域网由省内各个地、市、县的城域网组成。

（2）CNCNet（中国网通宽带网）。

CNCNet 是中国网通公司管理下的一个全国性互联骨干网，它以原 ChinaNet 北方十省互联网为基础，经过大规模的改扩建，形成的一个全新结构的网络。原吉通公司由于并入中国网通公司，因此吉通公司管理的原中国公用经济信息通信网（ChinaGBN，金桥网）也并入 CNCNet 网络。

（3）CERNet（中国教育与科研计算机网）。

中国教育与科研网是由政府资金启动的全国范围教育与学术网络，是一个包括全国主干网、地区网和校园网在内的三级层次结构的计算机网络。

（4）CSTNet（中国科技信息网）。

中国科技网主要为中科院在全国的研究所和其他相关研究机构提供科学数据库和超级计算资源。CSTNET 同时是中国最高互联网络管理机构 CNNIC（中国互联网信息中心）的管理者。

（5）UNINet（中国联通计算机互联网）。

UNINet 也称为中国联通 165 网，它主要面向 ISP（因特网服务提供商）和 ICP（因特网内容提供商），1995 年中国联通组建卫星公司以来，已在全国 18 个城市建设了 20 个卫星通信地球站。

（6）CMNet（中国移动互联网）。

CMNet 为我国计算机互联网互联网络国际互联单位，主要提供均线上网服务，CMNet 可提供：IP 电话、GPRS（通用无线分组业务）骨干网传输、手机上网（含 WAP 上网）、固定电话、专线上网、无线局域网（WLAN）、虚拟专用网（VPN）、宽带批发等服务。

（7）CSNet（中国卫星集团互联网）。

CSNet 隶属于国家信息产业部，主要承担国内各种卫星通信广播业务。

（8）CGWNet（中国长城网）。

CGWNet 属于公益性互联网，成立于 2000 年 1 月，目前正在建设中，已能连通全国 25 个城市。

（9）CIENet（中国国际经济贸易互联网）。

CIENet 为非经营性，面向全国外贸系统企事业单位的专用互联网。

9.2.2 Internet 的工作原理

Internet 是一个全球性的"互联网"，中文名称为"因特网"。它并非一个具有独立形态的网络，而是将分布在世界各地的、类型各异的、规模大小不一的、数量众多的计算机网络互连在一起而形成的网络集合体，成为当今最大的和最流行的国际性网络。

　　Internet 采用　TCP/IP 作为共同的通信协议，将世界范围内，许许多多计算机网络连接在一起，只要与 Internet 相连，就能主动地利用这些网络资源，还能以各种方式和其他　Internet 用户交流信息。但 Internet 又远远超出一个提供丰富信息服务机构的范畴。它更像一个面对公众的自由松散的社会团体，一方面有许多人通过 Internet 进行信息交流和资源共享，另一方面又有许多人和机构资源将时间和精力投入到 Internet 中进行开发、运用和服务。Internet 正逐步深入到社会生活的各个角落，成为生活中不可缺少的部分。

1. Internet 的通信协议

　　因特网使用的网络协议是　TCP/IP（传输控制协议/网际协议），它是互联网中的基本通信语言或协议。在私网中，它也被用作通信协议。TCP/IP 实际上是一组协议，而不单单是 TCP 和 IP 两个协议本身。它包含上百个各种功能的协议，如远程登录(Telnet)、文件传输协议(FTP)、简单邮件传输协议(SMTP)、域名服务协议(DNS)和网络文件系统等，TCP 和 IP 是其中最基本的、也最重要的两个协议。

　　TCP(Transmission Control Protocol)称为传输控制协议，IP(Internet Protoco1)称为网际协议。TCP 和 IP 在让两台计算机进行通信的过程中，扮演着不同的角色。IP 的作用是将信息从一台计算机传送到另一台计算机中，而　TCP 的作用是表达该信息，并确保该信息能够被另一台计算机所理解。

　　TCP/IP 本质采用的是分组交换技术，其基本思想是把信息分割成一个个不超过一定大小的信息包来传送。目的是既可以避免单个用户长时间占用线路，也可以在传输出错时不必重新传输全部数据，只需重新传出错的信息包就可以了，每一个包像一个信封，因为它既有返回地址，也有目的地址，还包含了这个包的大小信息。而这些小的包不一定按顺序到达目的地，甚至不一定按同一路径来传送。无论选择哪条路径被传送，由于包已经编号，另一端的计算机通过检验就可以将信息完整地组合起来。这样一来，当两台计算机在 Internet 上交换信息时，TCP/IP 能保证信息传送的完整性。

　　TCP/IP 协议组织信息传输的方式是 4 层协议方式，即把整个协议分成 4 个层次，如图 6-7 所示。从下到上的四层分别如下。

　　（1）网络接口层：负责建立电路连接，是整个网络的物理基础，典型的协议包括以太网、ADSL 等；

　　（2）网络层：负责分配地址和传送二进制数据，主要协议是 IP。

　　（3）传输层：负责传送文本数据，主要协议是 TCP。

　　（4）应用层：负责传送各种最终形态的数据，是直接与用户打交道的层，典型协议是 HTTP、FTP 等。

　　上一层的协议都以下一层的协议为基础。用户通过应用层软件提出服务请求，该请求经传输层控制发送，到达网络层便对信息进行分组发送，最后进入某个具体子网的网内层。

2. IP 地址简介

　　所谓 IP 地址，就是给每个连接在 Internet 上的主机分配的一个 32 位的地址。

　　Internet 为联网的每台主机都分配一个唯一的 IP 地址，IP 就是使用这个地址在主机之间传递信息，这是 Internet 能够运行的基础。

　　IP 地址是网络通信的地址，是计算机、服务器、路由器的端口地址，是运行 TCP/IP 的标识。

　　IP 地址长度是 4 个字节，每个字节对应一个介于 0～255 的三位十进制数，字节之间用"."隔开，如 202.101.208.3。

IP 地址由两部分组成：网络地址和主机地址。

（1）IP 地址分类

IP 地址分为 A、B、C、D、E 等 5 类，如图 9.13 所示。D 类地址用于多点广播，E 类地址是实验性地址，用于科学研究。D 类和 E 类地址都不分配给用户，最常用的是 A 类、B 类和 C 类地址。

① A 类地址

A 类地址由 1 个字节的网络地址和 3 个字节的主机地址组成，网络地址的最高位必须为 "0"，地址范围从 1.0.0.0 ~ 126.255.255.255。可用的 A 类网络地址有 126 个，每个网络能容纳 1 亿多台主机。

② B 类地址

B 类地址由 2 个字节的网络地址和 2 个字节的主机地址组成，网络地址的最高位必须为 "10"，地址范围从 128.0.0.0 ~ 192.255.255.255。可用的 B 类地址有 16382 个，每个网络能容纳 6 万多台主机。

③ C 类地址

C 类地址由 3 个字节的网络地址和 1 个字节的主机地址组成，网络地址的最高位必须是 "110"，地址范围从 192.0.0.0 ~ 223.255.255.255。C 类地址可达 209 万余个，每个网络能容纳 254 台主机。

IP 地址分为 A、B、C、D、E 五类。其中 A、B、C 类地址是主类地址，D 类地址是组播地址，E 类地址保留给将来使用。

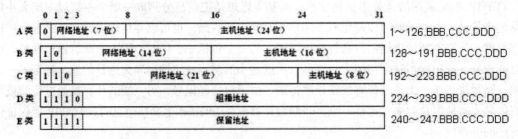

图 9.13　IP 地址分类

（2）子网掩码

有时为了避免 IP 地址浪费和网络规划的需要，可以将一个标准的 A 类、B 类或 C 类地址分割成几个子网络，将主机地址的一部分划出，作为标识本网络的子网络，这时就要用到子网掩码。

子网掩码和 IP 地址一样，也是 32 位地址。它的作用是识别主机和判断主机属于哪一个网络。子网掩码的设置规则是：IP 地址中表示网络地址的那些位，在子网掩码中对应 1；表示主机地址的那些位，在子网掩码中对应 0。由此可得出不同类别 IP 地址对应的子网掩码分别如下：

A 类地址的子网掩码：255.0.0.0

B 类地址的子网掩码：255.255.0.0

C 类地址的子网掩码：255.255.255.0

通过 IP 地址和子网掩码的逻辑与运算，即可分离出网络地址。

表 9.1　　　　　　　　　　　　　不同地址类型的子网掩码

地址类	子网掩码（十进制表示）	子网掩码（二进制表示）
A	255. 0. 0. 0	11111111 00000000 00000000 00000000
B	255. 255. 0. 0	11111111 11111111 00000000 00000000
C	255. 255. 255. 0	11111111 11111111 11111111 00000000

（3）IPv6

前面介绍的 IP 地址是 4 个字节的，属于 IPv4 技术，它的最大问题是网络地址资源有限。从理论上讲，可以有 1600 万个网络、40 亿台主机，但采用 A、B、C 三类编址方式后，可用的网络地址和主机地址大打折扣，以致目前的 IP 地址用光。其中北美占 3/4，约 30 亿个，而亚洲只有不到 4 亿个，中国只有 3000 多万个。一方面是地址数量有限，另一方面是 Internet 越来越融入到人们的生活，一个家庭可能有很多东西要接入互联网。在这样的环境下 IPv6 应运而生。

IPv6 采用 16 个字节 128 的地址，地址数量比 IPv4 增大了很多倍。

（4）域名和域名系统（Domain Name System，DNS）

①域名地址

由于 IP 地址是数字标识，使用时难以记忆和书写，因此在 IP 地址的基础上又发展出一种符号化的地址方案，来代替数字型的 IP 地址，这种符号化的地址称为域名（又称域名地址）。域名是一种按一定规律书写的，用户容易理解和记忆的 Internet 地址。如新浪网的 WWW 服务器的 IP 地址为 120.203.214.139，其对应的主机域名为 www.sina.com.cn。

每一个符号化的地址都与特定的 IP 地址对应，这样网络上的资源访问起来就容易得多了。这个与网络上的数字型 IP 地址相对应的字符型地址，就被称为域名。

Internet 主机的域名是由它所属的各级域的域名和分配给该主机的名字共同构成的。域名采用层次结构，一个域名一般由 3～5 个子域名构成。书写的时候，顶级域名放在最右面，各级域名之间由"."隔开。自左至右依次是主机名、局域网名、网络机构名、地理区域名，前一个子域名被后一个子域名所包含。

一般格式为：四级域名.三级域名.二级域名.顶级域名

如上面的 www.sina.com.cn 就表示中国（cn，地理区域，顶级域名）商业网（com，商业机构）中新浪集团（sina，局域网名）的一台 www 主机（www，主机名）。

表 9.2 列出了常用的网络机构域名表，表 9.3 列出了常见的主机类型域名，表 9.4 列出了常见的以国别或区域分配的顶级域名。

表 9.2　　　　　　　　　　　常用的网络机构域名

域名	含义	域名	含义	域名	含义
.com	工商金融	.int	国际机构	.gov	政府机构
.org	非盈利组织	.arts	艺术	.nom	个人
.edu	教育机构	.mil	军事机构	.net	网络机构
.firm	公司企业	.rec	消遣娱乐单位	.info	信息服务

表 9.3　　　　　　　　　　　常用的主机类型域名

域名	含义	域名	含义
www	主页浏览服务器	bbs	电子公告板服务器
ftp	文件传输服务器	news	新闻组服务器

表 9.4　　　　　　　　　　　以国别或区域分配的顶级域名

域名	含义	域名	含义	域名	含义
.cn	中国	.de	德国	..hk	中国香港地区

域名	含义	域名	含义	域名	含义
.au	澳大利亚	.fr	法国	.tw	中国台湾地区
.br	巴西	.gb	英国	.us	美国

② 域名系统（DNS）

域名是为了方便用户记忆而使用，但计算机却只能识别"0"和"1"构成的二进制数，因此需要使用 IP 地址来进行通信。这样就需要一个数据库系统来实现域名和 IP 地址之间的转换。这个数据库系统就是域名服务系统（DNS），其功能有两个：定义一套命名域名的规则；根据规则将域名映射成 IP 地址。主机域名不能用于 TCP/IP 的路由选择，映射后的 IP 地址可以用于路由选择。这种将主机域名映射为 IP 地址的过程称为域名解析，由域名系统来完成。

要注意的是，域名的每一个子域名与 IP 地址的每一节是完全没有关系的，不要把它们对应起来。

③ 统一资源定位器（Uniform Resource Locator，URL）

在 Internet 上有非常丰富的各种类型的信息资源，包括图形、声音、视频、网页等，统一资源定位器（URL）就是给资源定位。URL 由协议、主机名、文件名（包括完整路径）三部分组成。

如 URL 地址：http://www.ecjtu.jx.cn/image/title.gif，其中 http://表示采用的协议是 http（超文本传输协议），www.ecjtu.jx.cn 表示访问的主机（华东交通大学 www 服务器），"image/title.gif"表示要访问的资源名（一个 gif 图片，包括在服务器存放的路径）。

URL 地址是 Internet 上资源的绝对路径。

3. 网络服务模型

（1）客户/服务器（Client/Server）模式

客户/服务器（Client/Server）模式是现代计算机网络的产物，在 Internet 开始流行之前就广泛应用于局域网系统。它是一种目前普遍使用的分布式计算模式。

通俗地讲，客户/服务器模式是一种多机合作方式，它的概念来源于服务机构中的服务员与顾客。顾客向服务员提出服务请求，服务员按顾客的请求进行工作。从整体上看，服务员与顾客配合完成工作，这就是客户/服务器模式的含义所在。

在计算机网络中，一些机器被指定为服务器，为其他机器上的请求提供服务。这些向服务器提出请求的机器就是客户。服务器提供的功能可以是多种多样的，所以可以有不同种类的服务器。例如，有文件服务器、数据库服务器、WWW 服务器、E-mail 服务器及其他应用服务器等。服务器的功能一般是按客户机的请求访问本机的数据，并向客户回送访问结果，也有的服务器只负责"请求"的传递作用。不论服务器的功能如何不同，各种服务器都有一种共同的功能：随时检听各客户的请求。

服务器与客户机在硬件配置上并没有原则上的不同，只不过由于服务器一般要面向多个客户，所以应有较强的处理能力（并发处理能力）。在软件配置上，服务器机应运行相应的服务器软件，客户机上要运行相应的客户软件。在许多情况下，一部机器既可作服务器，又可做客户，可在这两种角色之间切换。

Internet 上的应用绝大多数是基于客户/服务器模式的。Internet 上有些主机专门做服务器，提供一定的功能/服务。用户从某一主机上请求服务时，该主机就作为客户机。例如，Internet 上的服务 FTP、Telnet、E-mail、WWW 及各种信息查找引擎（如 Gopher、Archie、WAIS、Yahoo等）均是以客户/服务器模式工作的，网中建有相应的 FTP 服务器、Archie 服务器、Telnet 服务器、E-mail 服务器、WWW 服务器等。

（2）对等网络模型

对等网络又称工作组，网上各台计算机有相同的功能，无主从之分，一台计算机都是既可作为服务器，设定共享资源供网络中其他计算机所使用，又可以作为工作站，没有专用的服务器，也没有专用的工作站。对等网络是小型局域网常用的组网方式。

对等计算（Peer to Peer，p2p）可以简单地定义成通过直接交换来共享计算机资源和服务，而对等计算模型应用层形成的网络通常称为对等网络。在 P2P 网络环境中，成千上万台彼此连接的计算机都处于对等的地位，整个网络一般来说不依赖专用的集中服务器。网络中的每一台计算机既能充当网络服务的请求者，又对其他计算机的请求作出响应，提供资源和服务。通常这些资源和服务包括：信息的共享和交换、计算资源（如 CPU 的共享）、存储共享（如缓存和磁盘空间的使用）等。

9.3　Internet 应用

9.3.1　Internet 服务

浏览器是一种用来访问 WWW 服务的一种客户端程序。用来访问因特网上站点中的所有资源和数据，是 INTERNET 的多媒体信息查询工具。

常用浏览器有：

美国微软公司的 INTERNET EXPLORER(IE)浏览器

美国 NETSCAPE 公司的 NAVIGATOR 浏览器

火狐(Firefox)浏览器

傲游(Maxthon) 浏览器

1．WWW 服务

WWW 中文译为"万维网"或"全球信息网"，简称为"WWW 服务"或"Web 服务"或"3W 服务"，是目前 Internet 上最方便和最受欢迎的多媒体信息服务类型。WWW 是一种组织和管理信息浏览或交互式信息检索的系统，它的影响力已远远超出了专业技术的范畴，进入了广告、新闻、销售、电子商务等信息服务诸多领域，是 Internet 发展中的一个革命性的里程碑。

2．电子邮件服务

电子邮件（E-mail）是目前 Internet 上使用最繁忙的一种服务，是一种通过 Internet 与其他用户进行联系的快速、高效、简便、廉价的现代化通信形式。现在的电子邮件不但可以传输各种文字和各种格式的文本信息，还可以传输图像、声音、视频等多媒体信息，是多媒体信息传输的重要手段之一。

3．文件传输服务

文件传输服务（File Transfer Protocol，FTP）是 Internet 中最早的服务功能之一，它的主要功能是在两台主机之间传输文件，即允许用户将本地计算机中的文件上传到远端的计算机中，也允许将远端计算机的文件下载到本地计算机中。

目前，Internet 上的 FTP 服务多用于文件的下载，Internet 上的一些免费软件、共享软件、技术资料、软件的更新文档等都通过这个渠道发布。

4. 远程登录服务

远程登录（Telnet）是 Internet 提供的基本信息服务之一，是提供远程连接服务的终端仿真协议。它可以使你的计算机登录到 Internet 上的另一台计算机上。你的计算机就成为你所登录计算机的一个终端，可以使用那台计算机上的资源，如打印机和磁盘设备等。

5. 电子公告板系统

电子公告板系统（Bulletin Board System，BBS）是 Internet 提供的一种社区服务，用户们在这里可以围绕某一主题开展持续不断的讨论，人人可以把自己参加讨论的文字"张贴"在公告板上，或者从中读取其他参与者"张贴"的信息。提供 BBS 服务的系统叫做 BBS 站点。

6. 网络新闻组

网络新闻组（Netnews）也称为新闻论坛（Usenet），但其大部分内容不是一般的新闻，而是大量问题、答案、观点、事实、幻想与讨论等，是为了人们针对有关的专题进行讨论而设计的，是人们共享信息、交换意见和获取知识的地方。

7. 网上交易

主要指电子数据交换和电子商务系统，包括金融系统的银行业务、期货证券业务，服务行业的订售票系统、在线交费、网上购物等。

8. 娱乐服务

Internet 提供在线电影、电视、动画，在线聊天、视频点播（VOD）、网络游戏等服务。

9. 其他服务

其他服务包括：远程教育、远程医疗、远程办公、数字图书馆、工业自动控制、辅助决策、情报检索与信息查询、金融证券、Iphone（IP 电话）等服务。

9.3.2 电子邮件的使用

以前大家通过邮局寄信的方式与他人联系，从发到收周期长，信息容量小，也难以保存，还花费不少。在 Internet 中则可通过电子邮件与朋友进行联系，电子邮件的功能非常强大，除了基本的文字内容外，还可以发生包括图片、声音、文件等内容。

用户通过 Internet 的电子邮件系统，可以以非常低廉的成本和非常快捷的方式与网络中的其他用户将那些联系。由于电子邮件具有使用方便、通信迅捷、易于保存、一信多发和收费低廉等特点，使其越来越广泛地得到应用，甚至有完全取代传统邮件的趋势。

1. 电子邮件地址

要在 Internet 上收发电子邮件必须要有一个电子信箱，电子信箱实际上是 ISP 在其服务器上为用户设置的一块存储空间，通过设置用户名和口令，可保证用户本人才能查看自己的邮箱。每个电子信箱都对应一个唯一的地址，即电子邮件地址。

Internet 上电子邮件地址的格式如下：

用户名@邮件服务器域名。

例如 E-mail 地址：maily@sina.com，其中"maily"是用户名，"sina.com"是邮件服务器名，"@"用于分割两部分。

电子邮件信箱和普通的邮政信箱一样也是私有，任何知道电子邮件地址的人可以将邮件投递到该信箱，但只有信箱的主人才能够阅读信箱中的邮件内容，或从中删除和复制邮件。用户对信箱的访问控制靠的是用户密码。这个密码就相当于传统邮政信箱的钥匙。

2. 申请电子邮件

要使用电子邮箱收发电子邮件，必须先申请一个属于自己的电子邮箱。目前，Internet 中很多网站都为用户提供了免费的邮箱，如新浪网、网易网、搜狐网、腾讯网等。其中腾讯网提供的电子邮箱地址和 QQ 号码有关，以 QQ 号码作为电子邮件地址的用户名。申请电子邮件的过程在后面章节会介绍。

3. 电子邮件使用的协议

邮件服务器使用的协议有发送电子邮件的协议和接收电子邮件的协议，下面分别介绍。

SMTP（简单传输协议，Simple Mail Transfer Protocaol）：用于发送邮件，主要负责底层的邮件系统如何将邮件从一台计算机传送到另一台计算机。

POP（Post Office Protocol）：用于接收邮件，是把邮件从邮件服务器取到本地计算机的协议，目前版本为第 3 版，简称 POP3 协议。

IMAP（Internet Message Access Protocol）：用于接收邮件，目前版本为第 4 版，简称 IMAP4，是 POP3 的替代协议，提供了邮件检索和邮件处理的新功能，这样用户就可以不必下载邮件正文就能看到邮件的标题摘要，利用邮件客户端软件就可以对服务器上的邮件和文件夹目录等进行操作。

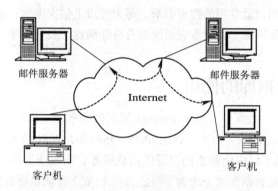

图 9.14　电子邮件服务客户机/服务器工作模式

4. 电子邮件的收发方式

收发电子邮件有两种方式：Web 方式和专用邮箱工具方式。

（1）Web 方式(网页邮件系统)：首先要登录电子邮件服务的站点，再通过站点收发邮件。这种方式不需要设置，只要知道邮箱帐号和密码就可以登录邮件服务器。

（2）专用邮箱工具方式：首先要下载安装专门的邮件管理软件，再在软件中对电子邮箱地址等进行设置，然后才能在邮件管理软件中收发邮件。

电子邮件客户端程序有多种，目前用得最多的就是 Windows 操作系统自带的 Outlook Express，另外还有国产的 FoxMail。

9.3.3　Internet 信息搜索

在无法确定某个信息的 URL 时，是不能用地址栏直接找到该信息的。这时就可以用 IE 提供的搜索功能。在工具栏上单击【搜索】按钮，在浏览区左侧出现"搜索"栏，在文本框中输入要搜索的信息，如输入"天气"，然后单击【搜索】命令按钮，稍后"搜索栏"会列出搜索结果列表，列表项都以超级链接的形式给出。单击一个感兴趣的链接，在浏览区就会显示出相应的网页。

搜索引擎是一个提供信息检索服务的网站，它使用某些软件把 Internet 上的信息归类或者人为地把某些数据归入某个类别，形成一个可供查询的在线数据库。目前全世界的搜索引擎有数千个。一般，搜索引擎均提供分类目录及关键词检索。而这些搜索引擎的基本用法是在输入框内输入要查找内容的关键字或词，再按搜索或 Search 等按钮即可。用户只需通过搜索引擎提供的链接地址，就可以访问到相关信息。善于使用搜索引擎，能够帮助用户从浩瀚的网络海洋中快速、准确地找到所需要的信息。

搜索引擎网站又分为提供综合性搜索服务的搜索引擎和提供专业服务的搜索引擎。国内较常用的综合性搜索引擎网站有以下几个：

- 百度：http://www.baidu.com
- 谷歌：http://www.google.com.hk
- 搜狗：http://www.sogou.com
- 搜搜：http://www.soso.com/
- 雅虎中国：http://www.yahoo.cn
- Bing（必应）：http://cn.bing.com/

百度是中国互联网用户最常用的搜索引擎，每天完成上亿次搜索；也是全球最大的中文搜索引擎，可查询数十亿中文网页。百度搜索引擎具有高准确性、高查全率、更新快以及服务稳定的特点，深受网民的喜爱。

9.3.4　网络数据库的使用

网络数据库也叫 Web 数据库。促进 Internet 发展的因素之一就是 Web 技术。由静态网页技术的 HTML 到动态网页技术的 CGI、ASP、PHP、JSP 等，Web 技术经历了一个重要的变革过程。Web 已经不再局限于仅仅由静态网页提供信息服务，而改变为动态的网页，可提供交互式的信息查询服务，使信息数据库服务成为了可能。Web 数据库就是将数据库技术与 Web 技术融合在一起，使数据库系统成为 Web 的重要有机组成部分，从而实现数据库与网络技术的无缝结合。这一结合不仅把 Web 与数据库的所有优势集合在了一起，而且充分利用了大量已有数据库的信息资源。Web 数据库由数据库服务器（Database Server）、中间件（Middle Ware）、Web 服务器（Web Server）、浏览器（Browser）4 部分组成。

数据和资源共享这两种方式结合在一起即成为今天广泛使用的网络数据库（Web 数据库），它是以后台（远程）数据库为基础，加上一定的前台（本地计算机）程序，通过浏览器完成数据存储、查询等操作的系统。

网络数据库(Network Database)其含义有三个：①在网络上运行的数据库。②网络上包含其他用户地址的数据库。③信息管理中，数据记录可以以多种方式相互关联的一种数据库。网络数据库和分层数据库相似，因为其包含从一个记录到另一个记录的前进。与后者的区别在于其更不严格的结构：任何一个记录可指向多个记录，而多个记录也可以指向一个记录。实际上，网络数据库允许两个节点间的多个路径，而分层数据库只能有一个从父记录（高级记录）到子记录（低级目录）的路径。

因此，网络数据库是跨越电脑在网络上创建、运行的数据库。网络数据库中的数据之间的关系不是一一对应的，可能存在着一对多的关系，这种关系也不是只有一种路径的涵盖关系，而可能会有多种路径或从属的关系。

数据库是按一定的结构和规则组织起来的相关数据的集合，是综合各用户数据形成的数据集合，是存放数据的仓库。网络就是用通信设备和线路，将处在不同地方和空间位置、操作相对独立的多个计算机连接起来，再配置一定的系统和应用软件，在原本独立的计算机之间实现软硬件资源共享和信息传递，那么这个系统就成为计算机网络了。数据库技术目前是计算机处理与存储数据的最有效、最成功的技术。计算机网络的特点则是资源共享。

数据+资源共享这两种技术结合在一起即成为在今天广泛应用的网络数据库（也叫 web 数据库）。网络数据库定义：以后台数据库为基础的，加上一定的前台程序，通过浏览器完成数据存储、查询等操作的系统。这个概念看上去很抽象，我们可以把它说得通俗一点：简单地说，一个网络数据库就是用户利用浏览器作为输入接口，输入所需要的数据，浏览器将这些数据传送给网站，而网站再对这些数据进行处理，例如，将数据存入数据库，或者对数据库进行查询操作等，最后网站将操作结果传回给浏览器，通过浏览器将结果告知用户。

9.4　信息安全

信息作为一种资源，它的普遍性、共享性、增值性、可处理性和多效用性，使其对于人类具有特别重要的意义。信息安全的实质就是要保护信息系统或信息网络中的信息资源免受各种类型的威胁、干扰和破坏，即保证信息的安全性。根据国际标准化组织的定义，信息安全性的含义主要是指信息的完整性、可用性、保密性和可靠性。信息安全是任何国家、政府、部门、行业都必须十分重视的问题，是一个不容忽视的国家安全战略。

信息系统安全一直是计算机专家努力追求的目标，但是从冯·诺依曼计算机理论模型来看，目前的计算机在理论上也无法消除病毒的破坏和黑客的攻击。最好的情况是尽量减少这些攻击对系统核心造成的破坏。因此，防止计算机病毒、防止恶意软件、防止黑客攻击将是一项长期性的工作。

1．信息安全的基本要素

计算机安全是指计算机资产的安全，是要保证这些计算机资产不受自然和人为的有害因素的威胁和危害。计算机资产是由系统资源和信息资源两大部分组成。

信息安全有 5 个基本要素：保密性、完整性、可用性、可控性与可审查性。

（1）保密性：确保信息不暴露给未授权的实体或进程。

（2）完整性：只有得到允许的人才能修改数据，并能够判别出数据是否已被篡改。

（3）可用性：得到授权的实体在需要时可访问数据。

（4）可控性：可以控制授权范围内的信息流向及行为方式。

（5）可审查性：对出现的安全问题提调查的依据和手段。

2．加密技术

加密技术是最常用的安全保密手段，数据加密技术的关键在于加密/解密算法和密钥管理。数据加密的基本过程就是对原来为明文的文件或数据按某种加密算法进行处理，使其成为不可读的一段代码，通常称为"密文"。"密文"只能在输入相应的密钥之后才能显示出原来的内容，通过这样的途径使数据不被窃取。

（1）对称加密技术

① 发送和接收数据的双方必须使用相同的/对称的密钥对明文进行加密和解密运算。常用的对称加密算法有 DES、三重 DES、RC-5 等。

② 数据加密标准(DES)：主要采用替换和移位的方法加密。

③ 三重 DES：在 DES 的基础上采用三重 DES，其效果相当于将密钥猜测难度加倍。

（2）非对称加密技术

① 非对称加密技术的算法需要两个密钥：公开密钥和私有密钥。公开密钥和私有密钥是一对，如果用公开密钥对数据进行加密，只有用对应的私有密钥才能解密；如果用私有密钥对数据进行加密，只有用对应的公开密钥才能解密。

② 算法——RSA 算法：是一种公钥加密算法，其安全性是基于大素数分解的困难性。

（3）密钥管理

密钥管理主要是指密钥对的安全管理，包括密钥产生、密钥备份、密钥恢复和密钥更新等。

3. 认证技术

（1）基本概念

认证技术主要解决网络通信过程中通信双方的身份认证。认证过程涉及加密和密钥交换。认证方法一般有账户名/口令认证、使用摘要算法认证和基于 PKI 的认证。常用的认证技术有：Hash 函数与信息摘要、数字签名、SSL 协议和数字时间戳技术。

（2）数字签名

数字签名是用于确认发送者身份和消息完整性的一个加密的消息摘要。数字签名应满足以下 3 点：①接收者能够核实发送者；②发送者事后不能抵赖对报文的签名；③接收者不能伪造对报文的签名。

数字签名可以利用对称密码体系（如 DES）、公钥体系或公证体系来实现。最常用的实现方法是建立在公钥密码体系和单向散列函数算法（如 MD5、SHA）的组合基础上。

（3）数字证书

数字证书是一个经证书认证中心（CA）数字签名的包含公开密钥拥有者信息以及公开密钥的文件。认证中心（CA）作为权威的、可信赖的、公正的第三方机构，专门负责为各种认证需求提供数字证书服务。

数字证书解决了公开密钥密码体制下密钥的发布和管理问题，用户可以公开其公钥，而保留其私钥。一般包含用户身份信息、用户公钥信息以及身份验证机构数字签名的数据。

4. 计算机病毒（Computer Virus）

《中华人民共和国计算机信息系统安全保护条例》中被明确定义，病毒指"编制者在计算机程序中插入的破坏计算机功能或者破坏数据，影响计算机使用并且能够自我复制的一组计算机指令或者程序代码"。计算机病毒与医学上的"病毒"不同，计算机病毒不是天然存在的，是人利用计算机软件和硬件所固有的脆弱性编制的一组指令集或程序代码。它能潜伏在计算机的存储介质（或程序）里，条件满足时即被激活，通过修改其他程序的方法将自己的精确复制或者可能演化的形式放入其他程序中，从而感染其他程序，对计算机资源进行破坏。所谓的病毒就是人为造成的，对其他用户的危害性很大。

计算机病毒有以下特征。

（1）破坏性

计算机中毒后，可能会导致正常的程序无法运行，把计算机内的文件删除或受到不同程度的损坏。破坏引导扇区及 BIOS，硬件环境破坏。

（2）传染性

计算机病毒传染性是指计算机病毒通过修改别的程序将自身的复制品或其变体传染到其他无毒的对象上，这些对象可以是一个程序也可以是系统中的某一个部件。

（3）潜伏性

计算机病毒潜伏性是指计算机病毒可以依附于其他媒体寄生的能力，侵入后的病毒潜伏到条件成熟才发作，会使电脑变慢。

（4）繁殖性

计算机病毒可以像生物病毒一样进行繁殖，当正常程序运行时，它也进行运行自身复制，是否具有繁殖、感染的特征是判断某段程序为计算机病毒的首要条件。

（5）隐蔽性

计算机病毒具有很强的隐蔽性，可以通过病毒软件检查出来少数，隐蔽性计算机病毒时隐时现、变化无常，这类病毒处理起来非常困难。

（6）可触发性

编制计算机病毒的人，一般都为病毒程序设定了一些触发条件，例如，系统时钟的某个时间或日期、系统运行了某些程序等。一旦条件满足，计算机病毒就会"发作"，使系统遭到破坏。

计算机病毒的表现形式如下。

（1）屏幕上出现不应有的特殊字符或图像、字符无规则变或脱落、静止、滚动、雪花、跳动、小球亮点、莫名其妙的信息提等。

（2）发出尖叫、蜂鸣音或非正常奏乐等。

（3）经常无故死机，随机地发生重新启动或无法正常启动、运行速度明显下降、内存空间变小、磁盘驱动器以及其他设备无缘无故地变成无效设备等现象。

（4）磁盘标号被自动改写、出现异常文件、出现固定的坏扇区、可用磁盘空间变小、文件无故变大、失踪或被改乱、可执行文件（exe）变得无法运行等。

（5）打印异常、打印速度明显降低、不能打印、不能打印汉字与图形等或打印时出现乱码。

（6）收到来历不明的电子邮件、自动链接到陌生的网站、自动发送电子邮件等。

保护预防如下。

① 注意对系统文件、可执行文件和数据写保护；不使用来历不明的程序或数据；尽量不用软盘进行系统引导。

② 不轻易打开来历不明的电子邮件；使用新的计算机系统或软件时，先杀毒后使用；备份系统和参数，建立系统的应急计划等。安装杀毒软件。分类管理数据。

自我更新性是近年来病毒的又一新特征。病毒可以借助于网络进行变种更新，得到最新的免杀版本的病毒并继续在用户感染的计算机上运行，比如熊猫烧香病毒的作者就创建了"病毒升级服务器"，在最勤时一天要对病毒升级 8 次，比有些杀毒软件病毒库的更新速度还快，所以就造成了杀毒软件无法识别病毒。

除了自身免杀自我更新之外，很多病毒还具有了对抗它的"天敌"杀毒软件和防火墙产品反病毒软件的全新特征，只要病毒运行后，病毒会自动破坏中毒者计算机上安装的杀毒软件和防火墙产品，如病毒自身驱动级 Rootkit 保护强制检测并退出杀毒软件进程，可以过主流杀毒软件"主动防御"和穿透软、硬件还原的机器狗，自动修改系统时间导致一些杀毒软件厂商的正版认证作废以致杀毒软件作废，从而病毒生存能力更加强大。

免杀技术的泛滥使得同一种原型病毒理论上可以派生出近乎无穷无尽的变种，给依赖于特征码技术检测的杀毒软件带来很大困扰。近年来，国际反病毒行业普遍开展了各种前瞻性技术研究，试图扭转过分依赖特征码所产生的不利局面。目前比较有代表性产品的是基于虚拟机技术的启发式扫描软件（代表厂商 NOD32，Dr.Web）和基于行为分析技术的主动防御软件，代表厂商中国的微点主动防御软件等。

9.4.1 防火墙

信息安全主要涉及信息存储的安全、信息传输的安全以及对网络传输信息内容的审计三个方面。从广义来说，凡是涉及信息的完整性、保密性、真实性、可用性和可控性的相关技术和理论都是信息安全研究的领域。

网络安全指网络中的硬件、软件及数据受到保护，不受偶然的或恶意的原因而遭到破坏、更改、泄露，系统能连续、可靠的正常运行，网络系统不中断。

防火墙（Firewall），也称防护墙，由 Check Point 创立者 Gil Shwed 于 1993 年发明并引入国际互联网（US5606668（A）1999.12-15）。它是一个由软件和硬件设备组合而成、在内部网和外部网之间、专用网与公共网之间的界面上构造的保护屏障；是一种获取安全性方法的形象说法，它是一种计算机硬件和软件的结合，使 Internet 与 Intranet 之间建立起一个安全网关（Security Gateway），从而保护内部网免受非法用户的侵入，防火墙主要由服务访问规则、验证工具、包过滤和应用网关 4 个部分组成，防火墙就是一个位于计算机和它所连接的网络之间的软件或硬件。该计算机流入/流出的所有网络通信和数据包均要经过此防火墙。

在网络中，所谓"防火墙"，是指一种将内部网和公众访问网（如 Internet）分开的方法，它实际上是一种隔离技术。防火墙是在两个网络通信时执行的一种访问控制尺度，它能允许你"同意"的人和数据进入你的网络，同时将你"不同意"的人和数据拒之门外，最大限度地阻止网络中的黑客来访问你的网络。换句话说，如果不通过防火墙，公司内部的人就无法访问 Internet，Internet 上的人也无法和公司内部的人进行通信。

例如 Internet 连接防火墙（ICF），它就是用一段"代码墙"把电脑和 Internet 分隔开，时刻检查出入防火墙的所有数据包，决定拦截或是放行哪些数据包。防火墙可以是一种硬件、固件或者软件，例如专用防火墙设备就是硬件形式的防火墙，包过滤路由器是嵌有防火墙固件的路由器，而代理服务器等软件就是软件形式的防火墙。

1. 主要指标——吞吐量

网络中的数据是由一个个数据包组成的，防火墙对每个数据包的处理要耗费资源。吞吐量是指在没有帧丢失的情况下，设备能够接受的最大速率。其测试方法是：在测试中以一定速率发送一定数量的帧，并计算待测设备传输的帧，如果发送的帧与接收的帧数量相等，那么就将发送速率提高并重新测试；如果接收帧少于发送帧则降低发送速率重新测试，直至得出最终结果。吞吐量测试结果以比特/秒或字节/秒表示。

吞吐量和报文转发率是关系防火墙应用的主要指标，一般采用 FDT（Full Duplex Throughput）来衡量，指 64 字节数据包的全双工吞吐量，该指标既包括吞吐量指标也涵盖了报文转发率指标。

2. 主要类型

（1）网络层防火墙

网络层防火墙可视为一种 IP 封包过滤器，运作在底层的 TCP/IP 协议堆栈上。我们可以以枚举的方式，只允许符合特定规则的封包通过，其余的一概禁止穿越防火墙（病毒除外，防火墙不能防止病毒侵入）。这些规则通常可以经由管理员定义或修改，不过某些防火墙设备可能只能套用内置的规则。

我们也能以另一种较宽松的角度来制定防火墙规则，只要封包不符合任何一项"否定规则"就予以放行。操作系统及网络设备大多已内置防火墙功能。

较新的防火墙能利用封包的多样属性来进行过滤，例如：来源 IP 地址、来源端口号、目的 IP 地址或端口号、服务类型（如 HTTP 或是 FTP）。也能经由通信协议、TTL 值、来源的网域名称或网段等属性来进行过滤。

（2）应用层防火墙

应用层防火墙是在 TCP/IP 堆栈的"应用层"上运作，使用浏览器时所产生的数据流或是使用 FTP 时的数据流都是属于这一层。应用层防火墙可以拦截进出某应用程序的所有封包，并且封锁其他的封包（通常是直接将封包丢弃）。理论上，这一类的防火墙可以完全阻绝外部的数据流进到受保护的机器里。

防火墙借由监测所有的封包并找出不符规则的内容，可以防范电脑蠕虫或是木马程序的快速蔓延。不过就实现而言，这个方法既繁且杂（软件有成千上万种），所以大部分的防火墙都不会考虑以这种方法设计。

XML 防火墙是一种新型态的应用层防火墙。根据侧重不同，可分为：包过滤型防火墙、应用层网关型防火墙、服务器型防火墙。

（3）数据库防火墙

数据库防火墙是一款基于数据库协议分析与控制技术的数据库安全防护系统。基于主动防御机制，实现数据库的访问行为控制、危险操作阻断、可疑行为审计。

数据库防火墙通过 SQL 协议分析，根据预定义的禁止和许可策略让合法的 SQL 操作通过，阻断非法违规操作，形成数据库的外围防御圈，实现 SQL 危险操作的主动预防、实时审计。

数据库防火墙面对来自于外部的入侵行为，提供 SQL 注入禁止和数据库虚拟补丁包功能。

其主要优点如下。

① 防火墙能强化安全策略。

② 防火墙能有效地记录 Internet 上的活动。

③ 防火墙限制暴露用户点。防火墙能够用来隔开网络中一个网段与另一个网段。这样，能够防止影响一个网段的问题通过整个网络传播。

④ 防火墙是一个安全策略的检查站。所有进出的信息都必须通过防火墙，防火墙便成为安全问题的检查点，使可疑的访问被拒绝于门外。

9.4.2　个人计算机实现信息安全目标的途径

随着计算机科技的飞速发展，社会的发展已经离不开信息网络，网络给社会打来了机遇与挑战，同时新引进的科技和软件，网络黑客的恶意攻击或是电脑病毒同样给人们带来了安全隐患，有些重要的个人信息或是商业机密不小心就会被人盗取进而非法利用，所以，保护信息安全尤为重要。

1. 加强信息安全意识

个人的安全意识是导致个人信息安全的一个重要的原因，为此，每个网络系统用户都应该加强计算机安全管理意识，强化计算机管理，采取建立入网访问控制，建立档案信息加密制度，建立网络的权限控制模块，建立分层管理和多级安全层次和级别等措施，以此来适应不同层次的网络安全管理需求。此外，还需要对网络使用规范和管理制度进行规范，这样才能从内外两个方面促使个人网络用户加强信息安全意识。

2. 使用反病毒技术

当前影响个人信息安全的一个重要因素就是计算机病毒、木马等，当前计算机普及度增加，病毒入侵的方式更加多样。在这样的情况下，为了更好地对个人用户信息安全予以保证，应该及时制定反病毒策略，加强安全防御，制定个人病毒防护措施；安装正版杀毒软件，并保证及时更新，采用桌面型计算机反病毒软件。

3. 完善入侵检测技术

主动避免攻击是个人计算机安全防护重要的方法，为此，需要采用入侵检测技术，其和防火墙存在着一定的差别，是防火墙的重要补充，个人用户应该积极应用入侵检测技术，这样才能对黑客的攻击进行有效地检测和防御，更好地保证个人计算机信息安全。

4. 健全防火墙技术

防火墙技术是我们比较熟悉的，作为一种实用性安全技术，其在内部网络和外内网络之间建立了一个有效的安全凭证，对于那些非法用户的侵入能够进行有效地防御，进而阻止其对信息资源的非法访问，防止保密信息非法输出。这样就起到了很好地隔离作用，对黑客的攻击进行了最大限度地阻挡。

5. 实行访问控制

用户为了避免常用信息库的访问，可以通过访问控制技术来设置权利访问，这样就能有效地避免信息文件被随意删除、修改等，使得网络资源得到了有效地保护。

6. 养成操作规范

个人用户的计算机操作规范对于信息安全也有着很大的影响，为此，应该注意如下几个方面内容：其一，设置安全密码，为了保证个人计算机信息安全，应该设置登录密码、进行文件加密，密码要包括字母、数字和字符，且需要定期更换。其二，及时更新系统和杀毒软件，用户要做好系统的升级，及时进行补丁更新和安装，避免系统漏洞产生；对个人计算机的杀毒软件要进行及时的数据库更新，保证其敏锐性；浏览器程序应该保持更新，增加网络浏览的安全性。其三，不要在系统盘上存放文件数据，以防被窃取、盗用等。其四，合理使用通信工具，对于陌生人发来的链接、文件应该谨慎对待，不要随意接收、打开，对于自己的个人隐私、密码要避免透露。其五，做好数据备份工作，数据备份是十分重要的环节，这样即使遭到了攻击也能减少对个人工作、生活的影响，迅速恢复系统。

7. 确保软件和系统安全

计算机的应用软件以及操作系统对计算机信息安全至关重要，在第一次进行操作系统安装的时候，应该用原版安装光盘，及时进行补丁升级，当安装完成之后，为保证系统的安全性，应该对操作系统进行合理的设置，诸如开启防火墙功能，阻止弹出窗口，利用加载项管理来对个人隐私予以保护，关闭网络共享等措施。

8. 采用密码技术防护

计算机信息安全防护方法中，密码技术是最核心的，是网络安全的重要保障。通过密码技术，能够更好地进行数据信息的传输，不但可以进行加密传送、数字签名，还能进行完整性验证。一个重要的内容就是加密处理所有的重要信息，这样才能有效地防止信息的泄露、破坏、篡改等行为，更好地保证个人计算机信息安全。

第10章
基础信息管理与数据库

数据库技术是信息社会的重要基础技术之一，是计算机科学领域中发展最为迅速的分支。数据库技术是一门综合性技术，它涉及操作系统、数据结构、程序设计等方面的知识。学好数据库及信息管理技术的基础知识，会为学习计算机的后续课程打下良好的基础。

10.1 数据库的概念

10.1.1 数据库技术的发展

早期的计算机用于科学计算，因此没有专门的数据管理软件。当海量数据出现后，为了有效地管理和利用这些海量数据，就产生了数据管理技术。随着计算机软、硬件的发展和数据规模的不断扩大，人们对数据处理的要求不断提高，而数据管理技术的发展也经历了以下四个阶段：人工管理阶段、文件系统阶段、数据库阶段和高级数据库阶段。

1. 人工管理阶段

在 20 世纪 50 年代中期以前，计算机的外部设备只有磁带机、卡片机和纸带穿孔机等，没有可以直接存取的磁盘设备。数据处理采取批处理方式，没有专门用于数据管理的软件。计算机主要用于科学计算，所涉及的数据在相应的应用程序中进行管理，数据与程序之间不具有独立性，如图 10.1 所示。

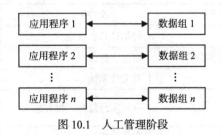

图 10.1 人工管理阶段

2. 文件系统阶段

在 20 世纪 50 年代后期至 60 年代后期，磁盘和磁鼓等外部存储设备的出现和操作系统中提供的文件管理功能，使得计算机在信息管理方面的应用得到了迅速的发展，数据管理技术也提高到一个新的水平，如图 10.2 所示。该阶段的主要特点是：数据独立于程序，可以重复使用；实现了文件的长期保存和按名存取。

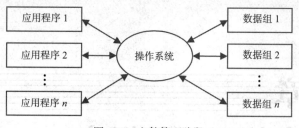

图 10.2　文件管理阶段

3. 数据库系统阶段

在 20 世纪 70 年代发展起来的数据库技术进一步克服了文件系统的缺陷，提供了对数据进行管理的更有效、更方便的功能。该阶段（如图 10.3 所示）的主要特点是：具有较高的逻辑数据独立性；提供了数据库的创建、模拟以及对数据库的各种控制功能；用户界面友好，便于使用。

图 10.3　数据库管理阶段

4. 高级数据库阶段

自 20 世纪 80 年代以来，以分布式数据库和面向对象数据库技术为代表，数据管理技术进入了高级数据库阶段。此后，根据数据管理应用领域不断扩大，如知识库、多媒体数据库、工程数据库、统计数据库、模糊数据库、主动数据库、空间数据库、并行数据库以及数据仓库等新型数据库系统如雨后春笋般大量涌现，为数据管理和信息的共享与利用带来了极大的方便。该阶段的主要特点是：传统的数据库技术与通信技术、多媒体技术、并行处理技术以及人工智能技术等相结合，并拓大量数据库技术新的分支和应用领域。

表 10.1 对数据管理 3 个阶段的进行了比较。

表 10.1　　　　　　　　　　　　　　　　数据管理 3 个阶段的比较

比较项目	人工管理阶段	文件系统阶段	数据库系统阶段
应用背景	科学计算	科学计算、管理	大规模管理
硬件背景	无直接存放存储阶段	磁盘、磁鼓	大容量磁盘
软件背景	没有操作系统	有文件系统	有数据管理系统
处理方式	批处理	联机实行处理、批处理	联机实行处理、分布处理、批处理
数据管理者	用户（程序员）	文件系统	数据管理系统
数据面向的对象	某一应用程序	某一应用	现实世界
数据的共享程度	不独立、完全依赖于程序	独立性差	具有高度的物理独立性和一定的逻辑独立性

比较项目	人工管理阶段	文件系统阶段	数据库系统阶段
数据的结构化	无结构	记录内有结构、整体无结构	整体结构化、用数据模型描述
数据控制能力	应用程序自己控制	应用程序自己控制	由数据库管理系统提供数据安全性、和完整性、并发控制和恢复能力

10.1.2　数据库与数据库系统

数据（Data），数据库（DataBase，DB），数据库管理系统（DataBase Management System，DBMS），数据库系统（DataBase System，DBS）是与数据库技术密切相关的四个基本概念，下面对四个概念进行介绍。

1. 数据

数据是描述事物的符号记录。除了常用的数字数据外，文字（如名称），图形，图像，声音等信息，也都是数据。日常生活中，人们使用交流语言（如汉语）去描述事物。在计算机中，为了存储和处理这些事物，就要抽出对这些事长年累月感兴趣的特征组成一个记录来描述。例如，在学生信息管理系统中，可以对学生的编号、姓名、性别、年龄等情况作这样的一个描述：（20090110070232，张三，男，19）。

数据与其语义是不可分的。对于上面一个信息，如果我们了解其语义的人会得到如下信息：学生的编号为 20090110070232，学生的姓名是：张三，学生的性别是：男，学生的年龄是：19。但是我们如果不了解其语义，则无法理解其含义。因此，数据的形式本身并不能完全表达其内容，需要经过语义解释。

2. 数据库

数据库是以文件的形式按照某种特定结构存储在数字存储设备上的相关数据的集合。它不仅包括描述事物的数据本身，而且还包括相关数据之间的关系。数据库是与一个特定组织各项应用有关的全部数据的集合，可供多用户共享，数据库中的数据按一定的数据模型组织、描述和储存，具有尽可能小的冗余度、较高的数据独立性和易扩展性。

数据库具有两个比较突出的特点。

● 把在特定的环境中与某应用程序相关的数据及其联系集中在一起，并按照一定的结构形式存储，即集成性。

● 数据库中的数据能被多个应用程序的用户所使用，即共享性。

3. 数据库管理系统

数据库管理系统是数据库系统的核心组成部分，是对数据进行管理的大型系统软件，用户在数据库系统中的一些操作，如数据定义、数据操纵、数据查询和数据控制，都是由数据库管理系统来实现的。Access、Visual Foxpro、SQL Server、Oracle 等都是数据库管理系统，数据库管理系统主要包括以下几个功能。

（1）数据定义

DBMS 提供定义语言（Data Definition Language，DDL），用户通过它可以方便地对数据库中的数据对象（包括表、视图、索引、存储过程等）进行定义，定义相关的数据库系统的结构和有关的约束条件。

（2）数据操纵

DBMS 提供数据操纵语言（Data Manipulation Language，DML），通过 DML 操纵数据实现对数据库的一些基本操作，如查询、插入、删除和修改等。其中，国际标准数据库操作语言——SQL 语言，就是 DML 的一种。

（3）数据库的运行管理

这一功能是数据库管理系统的核心所在。DBMS 通过对数据库在建立、运用和维护时提供统一管理和控制，以保证数据安全、正确、有效地正常运行。DBMS 主要通过数据的安全性控制、完整性控制、多用户应用环境的并发性控制和数据库数据的系统备份与恢复四个方面来实现对数据库的统一控制功能。

（4）数据库的建立和维护功能

数据库的建立和维护功能包括数据库初始数据的输入、转换功能、数据库的转储、恢复功能、重组织功能和性能监视、分析功能等。

4. 数据库系统

数据库系统是指在计算机系统中引入数据库后的系统，主要有数据库（及相关硬件）、数据库管理系统及开发工具、应用系统、数据库管理员和用户这几部分。其中，在数据库的建立、使用和维护的过程要有专门的人员来完成，这些人就被称为数据库管理员（DataBase Administrator，DBA）。

数据库系统可以用图 10.4 表示。数据库系统在整个计算机系统中的地位如图 10.5 所示。

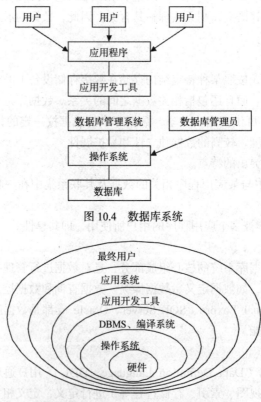

图 10.4　数据库系统

图 10.5　数据库系统在计算机系统中的地位

10.1.3　数据库系统的体系结构

考察数据库系统的结构可以有多种不同的层次或不同的角度，从数据库管理系统角度看，其内部采用三级模式结构，即：外模式、内模式和概念模式，如图 10.6 所示。外模式与概念模式之间的映射以及概念模式与内模式之间的映射由数据库管理系统来实现，内模式与数据库物理存储之间的转换则由操作系统来完成；从数据库最终用户角度看，数据库系统的结构分为集中式（又可有单用户结构、主从式结构）、分布式结构、客户/服务器结构和并行结构，这是数据库系统外部的体系结构。下面主要介绍数据库系统的三级模式结构。

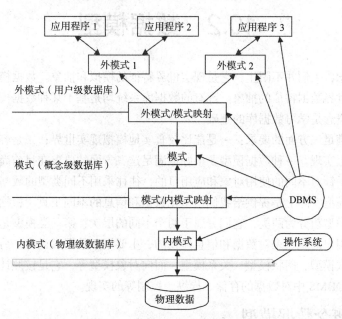

图 10.6　数据库系统的体系结构

1. 外模式

外模式是应用程序与数据库系统之间的接口，描述的是应用程序所需要的那部分数据库结构，是概念模式的逻辑子集。用户可以使用数据定义语言（DDL）和数据操纵语言（DML）来定义数据库的结构和对数据库进行操纵。对于用户而言，只需要按照所定义的外模式进行操作，而无需了解概念模式和内模式等的内部细节。

2. 概念模式

概念模式是数据库整体逻辑结构的完整描述，包括：概念记录模型、记录长度之间的联系、所允许的操作以及数据的完整性、安全性约束等数据控制等方面的规定。

3. 内模式

内模式是数据库内部数据存储结构的描述，即物理描述。它定义了数据库内部记录类型、索引和文件的组织方式以及数据控制方面的细节。

4. 外模式/概念模式映像

在外模式和概念模式之间存在着外模式/概念模式映像，它用于保持外模式与概念模式之间的对应性。当数据库的概念模式（即整体逻辑结构）需要改变时，只需要对外模式/概念模式映像进行修改，而使外模式保持不变。这样可以尽量不影响外模式和应用程序，使得数据库具有逻辑数据独立性。外模式/概念模式映像由数据库管理系统来实现。

5. 概念模式/内模式映像

在概念模式和内模式之间存在着概念模式/内模式映像，它用于保持概念模式与内模式之间的对应性。当数据库的内模式（如内部记录类型、索引和文件组织方式以及数据控制等）需要改变时，只需要对概念模式/内模式映像进行修改，而使概念模式保持不变。这样可以尽量不影响概念模式以及外模式和应用程序，使得数据库具有物理数据独立性。概念模式/内模式映像同样是由数据库管理系统来实现的。

10.2　数据模型

模型这个概念，人们并不陌生，它是现实世界特征的模拟和抽象。数据模型也是一种模型，它能实现对现实世界数据特征的抽象。现有的数据库系统均是基于某种数据模型的。因此，了解数据模型的基本概念是学习数据库的基础。

数据模型应满足三方面的要求：一是能比较真实地模拟现实世界；二是容易为人所理解；三是便于在计算机上实现。一种数据模型要很好地满足这三方面的要求在目前尚有困难。在数据库系统设计过程中，针对不同的使用对象和应用目的，往往采用不同类型的数据模型。

不同的数据模型实际上是提供给我们模型化数据和信息的不同工具。根据模型应用的不同目的，可以将这些模型粗分为两类，它们分属于两个不同的层次：第一类模型是概念模型，也称信息模型，它是按用户的观点来对数据和信息建模的，主要用于数据库设计。另一类模型是数据模型，主要包括层次模型、网状模型、关系模型、面向对象模型等，它是按照计算机系统对数据建模，主要用于在 DBMS 中对数据的存储、操纵、控制等的实现。

10.2.1　概念数据模型

概念模型一般应具有以下能力。

（1）具有对现实世界的抽象与表达能力：能对现实世界本质的，实际的内容进行抽象的而忽略现实世界中非本质的和与研究主题无关的内容。

（2）完整、精确的语义表达力，能够模拟现实世界中本质的、与研究主题有关的各种情况。

（3）易于理解和修改。

（4）易于向 DBMS 所支持的数据模型转换，现实世界抽象成信息世界的目的，是为了用计算机处理现实世界中的信息。

概念模型，作为从现实世界到机器（或数据）世界转换的中间模型，不考虑数据的操作，而只是用比较有效的、自然的方式来描述现实世界的数据及其联系。最著名、最实用的概念模型设计方法是 P·P·S·Chen 于 1976 年提出的"实体—联系模型"（Entity-Relationship Approach），简称 E-R 模型。

（1）实体（Entity）

信息世界中的任何客观事物称为实体，实体可以是人或物，也可以是具体的或抽象的事件。

（2）属性（Attribute）

实体所具有的特性称为属性。一个实体可用若干属性来刻画。每个属性都有特定的取值范围即值域（Domain），值域的类型可以是整数型、实数型、字符型等。

（3）联系（Relationship）

现实世界事物内部及事物之间的联系在信息世界中反映为实体内部的联系和实体间的联系。表 10.2 是现实事物的联系在信息世界的反映。表中用矩形表示实体，矩形内可写上实体名字；用菱形表示联系，菱形内写上联系名。在实际的应用中，我们用椭圆形表示属性，椭圆内可写上属性的名称，为了简化表示，通常可以省略实体的属性。下面我们以一个具体的实例来说明 E-R 图。以某高校教学情况为例建立概念模型，其中涉及的实体有学生、老师、课程，实体间的联系包括选课、授课联系。具体的联系包括：（1）学校开设若干门课程；（2）每位教师可以教授任意门课程；（3）每门课程只有一位老师授课；（4）每个学生可以选修任意门课程；（5）每门课程可由任意名学生选修。结合表的分析，我们可以画出如图 10.7 所示的学校教学情况 E-R 图，从该图中我们可以清晰地看出三个实体的属性与联系。

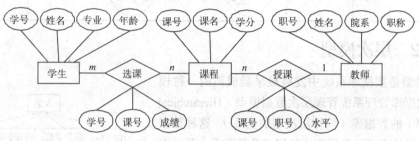

图 10.7　学校教学情况 E-R 图

表 10.2　　　　　　　　　　　　　　　现实事物的联系在信息世界的反映

"联系"分类	定义	举例
1:1（一对一联系） A—1—◇—1—B	如果对于实体集 A 中的每个实体，实体集 B 中至多有一个（可以没有）与之相对应，反之亦然，则称实体集 A 与实体集 B 具有一对一联系	观众与座位、乘客与车票、病人与病床、学校与校长
1:n（一对多联系） A—1—◇—n—B	如果对于实体集 A 中的每个实体，实体集 B 中有 n 个实体（n≥0）与之相对应，反过来，实体集 B 中的每个实体，实体集 A 中至多只有一个实体与之联系，则称实体集 A 与实体集 B 具有一对多联系	城市与街道、宿舍与学生、父亲与子女、班级与学生

续表

"联系"分类	定义	举例
m:n(多对多联系) 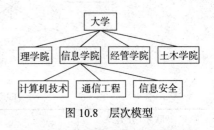	如果对于实体集 A 中的每个实体，实体集 B 中有 n 个实体（n≥0）与之相对应，反过来，实体集 B 中的每个实体，实体集 A 中也有 m 个实体（m≥0）与之联系，则称实体集 A 与实体集 B 具有多对多联系	学生与课程、工厂与产品、商店与顾客

10.2.2　层次模型

层次模型是数据库系统中发展最早最成熟的一种模型。层次数据库管理系统管理层次数据模型（Hierarchical Data Model）的数据库（简称层次型数据库），这种数据库使用树形结构来表示数据库中的记录及其联系。其特点是：（1）有且仅有一个结点无父结点，该结点称为根；（2）根以外的其他节点有且只有一个双亲结点，有且仅有一个根节点；（3）所有结点都可以有若干个子结点。图

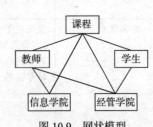

图 10.8　层次模型

10.8 是一个层次模型的实例，一所大学由几个学院组成，学院根据专业所属情况分为了几个系。

层次数据模型这种结构方式反映了现实世界中数据的层次关系，如机关、企业、学校等机构中的行政隶属关系以及商品的分类等，比较简单、直观。在层次模型中，通过指针来实现记录之间的联系，查询效率较高。层次模型表示 1:n 联系非常简便，这是它的突出优点，但是它不能直接表示 m:n 的联系。因此，需要使用其他的数据模型来描述实体间更复杂的联系。

10.2.3　网状模型

网状数据库管理系统管理网状数据模型（Network Data Model）的数据库（简称网状型数据库），这种类型的数据库使用有向图（网络）来表示数据库中的记录及其联系。在网状模型中的结点有两个限制：（1）至少有一个结点有多于一个双亲结点；（2）可以有一个以上的结点无双亲结点。这样，在网状数据模型中任何两个结点间都可以有关系，从而能够描述客观世界中实体的多对多（M:N）联系。图 10.9 是网状模型的实例，该模型体现了课程与教师、学生及所属学院之间的关系。

图 10.9　网状模型

10.2.4　关系模型

关系数据库管理系统管理关系数据模型（Relational Data Model）的数据库（简称关系型数

据库），它使用二维表格的形式来表示数据库中的数据及其联系。在关系数据模型中，每一张二维表格称为关系，二维表中每一行称为该关系的一个元组（相当于一个记录），二维表的每一列称为关系的一个属性（相当于一个数据项）。关系中每一列的数据总是取自一个集合，这个集合称为字段（或域），二维表的首行称为关系框架。表 10.3 中的学生成绩表就是一个关系模型的实例，表名即为关系名，列名学号、姓名、成绩等即为属性名，表中的每一行表示一条记录。

表 10.3　　　　　　　　　　　学生成绩表

学号	姓名	所在学院	宿舍	课程号	课程名	成绩
20122110120206	袁丽丽	软件学院	47-504	CX001	大学物理	85
20122110120206	袁丽丽	软件学院	47-504	CX002	程序设计语言	80
20120610040118	汪小琴	信息学院	13-402	CX001	大学物理	90
20120610040118	汪小琴	信息学院	13-402	CX002	程序设计语言	95
20120610040126	李凡	信息学院	17-204	CX003	大学英语	75

　　关系模型是在层次模型和网状模型之后发展起来的一种逻辑数据模型，由于它具有严格的数据理论基础且其表示形式更加符合现实世界中人们的常用形式。典型的关系型数据库系统有 DB2、Oracle、Sybase、Informix 以及在微型机中广泛使用的 Access、Visual FoxPro、Delphi 等。

10.3　关系数据库

　　关系数据库系统是支持关系数据模型的数据库系统。30 年来，关系数据库系统的研究取得了辉煌的成就。关系方法从实验室走向了社会，涌现出许多性能良好的商品化关系数据库管理系统（RDBMS）。

10.3.1　关系术语

　　我们在 10.2.4 小节中简单介绍了关系模型，该模型是目前数据库的主体，下面详细介绍模型中所涉及的数据结构和基本术语。

　　（1）关系(relation)：一个关系对应一个二维表，二维表名就是关系名。

　　（2）属性(attribute)和值域(domain)：在二维表中的列(字段)，称为属性。属性的个数称为关系的元数，列的值称为属性值；属性值的取值范围称为值域。

　　（3）关系模式(relationschema)：在二维表中的行定义(记录的型)，即对关系的描述称为关系模式，一般表示为：关系名(属性 1，属性 2，…，属性 n)

　　（4）元组(tuple)：在二维表中的一行(记录的值)，称为一个元组。关系模式和元组的集合通称为关系。

　　（5）分量(component)：元组中的一个属性值。

　　（6）候选码(candidatekey)或候选键：如果在一个关系中，存在多个属性(或属性组合)都能用来惟一标识该关系的元组，这些属性(或属性组合)都称为该关系的候选码或候选键。

　　（7）主码(primarykey)或主键：在一个关系的若干个候选码中指定一个用来唯一标识该关系的元组，这个被指定的候选码称为该关系的主码或主键。

　　（8）主属性(primaryattribute)和非主属性(nonprimaryattribute)：关系中包含在任何一个候选码

中的属性称为主属性或码属性，不包含在任何一个候选码中的属性称为非主属性或非码属性。

（9）外码(foreignkey)或外键：当关系中的某个属性(或属性组)虽然不是该关系的主码或只是主码的一部分，但却是另一个关系的主码时，称该属性(或属性组)为这个关系的外码。

（10）参照关系(referencingrelation)与被参照关系(target relation)：参照关系也称从关系，被参照关系也称主关系，它们是指以外码相关联的两个关系。以外码作为主码的关系成为被参照关系；外码所在的关系称为参照关系。

10.3.2 关系代数

关系代数的运算可分为两类：传统的集合运算和专门的关系运算。传统的集合运算将关系看成是元组的集合，其运算是从关系的"水平"方向，即行的角度来进行，包括并、交、差、广义笛卡尔积；专门的关系运算不仅涉及行而且涉及列，包括选择、投影、连接、除。

1. 传统的集合运算

传统的集合运算是以数据集合论为基础的，运算中将每个关系都可以看作是若干元组（行）的集合，下面分别解释交、并、差，广义笛卡尔积。

（1）交（intersection）运算：将两个关系中的公共元组构成新的关系。设 R 和 S 均为 n 目关系，关系 R 与 S 的交记作：

$$R \cap S = \{t|t \in R \land t \in S\}$$

其结果仍为 n 目关系，由既属于 R 又属于 S 的元组组成，如图 10.10 所示。

图 10.10　交运算图

（2）并（union）运算：将两个关系中的所有元组构成新的关系，并且运算的结果中必须消除重复值。设 R 和 S 均为 n 目关系，关系 R 与 S 的并记作：

$$R \cap S = \{t|t \in R \lor t \in S\}$$

其结果仍为 n 目关系，由既属于 R 又属于 S 的元组组成，如图 10.11 所示。

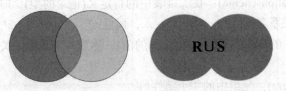

图 10.11　并运算图

（3）差（difference）运算：运算结果是由属于一个关系并且不属于另一个关系的元组构成的新关系，就是从一个关系中减去另一个关系，关系 R 与 S 的差记作：

$$R - S = \{t|t \in R \land t \notin S\}$$

其结果关系仍为 n 目关系，由属于 R 而不属于 S 的所有元组组成，如图 10.12 所示。

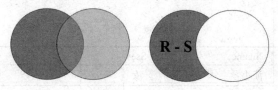

图 10.12　差运算图

（4）广义笛卡儿积（Extended Cartesian Product）：设两个关系 R 和 S 的属性列数分别是 r 和 s，R 和 S 的广义笛卡尔积是一个（$r+s$）个属性列的元组的集合，每一个元组的前 r 个分量来自 R 的一个元组，后 s 个分量来自 S 的一个元组。笛卡尔积记为 R×S。形式定义为：

$$R \times S = \{t \mid t = <t_r, t_s> \wedge t_r \in R \wedge t_s \in S\}$$

下面用一个具体的实例来解释广义笛卡儿积的运算。

R×S

A	B	C	D	E	F
a1	b1	c1	d1	e2	f2
a1	b1	c1	d1	e3	f2
a1	b1	c1	d2	e2	f1
a1	b2	c2	d1	e2	f2
a1	b2	c2	d1	e3	f2
a1	b2	c2	d2	e2	f1
a2	b2	c1	d1	e2	f2
a2	b2	c1	d1	e3	f2
a2	b2	c1	d2	e2	f1

R

A	B	C
a1	b1	c1
a1	b2	c2
a2	b2	c1

S

D	E	F
d1	e2	f2
d1	e3	f2
d2	e2	f1

2. 专门的关系运算

专门的关系运算主要包括：对单个关系进行垂直分解(投影操作)或水平分解(选择操作)和对多个关系的结合(连接操作)等。

（1）选择（Select）运算：是按照给定条件从指定的关系中挑选出满足条件的元组构成新的关系，这个新的关系是原关系的一个子集。形式定义为：

$$\sigma_g(R) = \{r \mid r \in R \wedge g(r)\text{为真}\} \text{ 或 } R[g] = \{r \mid r \in R \wedge g(r)\text{为真}\}$$

表达式中 R 是关系名；g 为一个逻辑表达式，由逻辑运算符 ∧ 或 and（与）、∨ 或 or（或）、~ 或 not（非）连接各算术比较表达式组成；σ 为选择运算符。选择运算是从行的角度进行的运算，下列我们用具体实例来解释该运算，假设有如下的关系 Student，第一行中我们对每个字段做出的中文解释，实际关系中只有英文。

学号 Sno	姓名 Sname	性别 Ssex	年龄 Sage	所在学院 Sdept
20122110120206	袁丽丽	女	20	软件学院
20120610040118	汪小琴	女	19	信息学院
20120610040126	李凡	男	18	信息学院
20122110120216	张立强	男	19	软件学院

① $\sigma_{Sdept='信息学院'}(Student)$ ，表示在关系 Student 中，查询所在系为'IS'的所有学生，执行结果为：

Sno	Sname	Ssex	Sage	Sdept
20120610040118	汪小琴	女	19	信息学院
20120610040126	李凡	男	18	信息学院

② $\sigma_{Sage<20}(Student)$ 或 $\sigma_{4<20}(Student)$ ，表示在关系 Student 中，查询年龄小于 20 岁的学生，执行结果为：

Sno	Sname	Ssex	Sage	Sdept
20120610040118	汪小琴	女	19	信息学院
20120610040126	李凡	男	18	信息学院
20122110120216	张立强	男	19	软件学院

③ $\sigma_{Sage<20\wedge Ssex='女'}(Student)$ ，在②小题的基础上加了一个性别为女的限定条件，执行结果为：

Sno	Sname	Ssex	Sage	Sdept
20120610040118	汪小琴	女	19	信息学院

（2）投影（Projection）运算：是从给定的关系中保留指定的属性子集而删去其余属性的操作。设定某关系 R(X)，X 是 R 的属性集，A 是 X 的一个子集，则 R 在 A 上的投影可表示成：

$$\pi_A(R) = \{t[A] \,|\, t \in R\}$$

其中 $t[A]$ 表示只取元组 t 中相应 A 属性中的分量，投影操作主要是从列的角度进行运算。下列我们用具体实例来解释该运算，假设有如下的学生关系 Student：

Sno	Sname	Ssex	Sage	Sdept
20122110120206	袁丽丽	女	20	软件学院
20120610040118	汪小琴	女	19	信息学院
20120610040126	李凡	男	18	信息学院
20122110120216	张立强	男	19	软件学院

$\pi_{Sname, Sdept}(Student)$ ，则表示在 Student 关系上学生姓名和所在学院两个属性上的投影，即查询学生的姓名和所在学院，执行结果为：

Sname	Sdept
袁丽丽	软件学院
汪小琴	信息学院
李凡	信息学院
张立强	软件学院

（3）联接（Join）运算：联接运算是从两个关系的笛卡儿积中选取属性间满足一定条件的元

组，可记作：

$$R \underset{A\theta B}{\triangleright\triangleleft} S = \{t \mid t =<t_r,t_s> \wedge t_r \in R \wedge t_s \in S \wedge t_r[A]\theta t_s[B]\}$$

其中 A 是关系 R 中的属性组，B 是关系 S 中的属性组，它们的属性可比较，θ 为算术比较运算符（即 <，≤，=，>，≥，≠）。下列我们用具体实例来解释该运算：

S

B	E
b1	3
b2	7
b3	10
b3	2
b5	2

R

A	B	C
a1	b1	5
a1	b2	6
a2	b3	8
a2	b4	12

$R \underset{C<E}{\triangleright\triangleleft} S$

A	R.B	C	S.B	E
a1	b1	5	b2	7
a1	b1	5	b3	10
a1	b2	6	b2	7
a1	b2	6	b3	10
a2	b3	8	b3	10

从执行结果可以看出，将关系 R 的 C 列中小于关系 S 的 E 列元组进行了连接，得到了一种满足用户要求的新关系。

10.4　数据库的设计

10.4.1　数据库设计概述

1. 概念及准则

首先介绍数据库设计的概念，及由此而产生的数据库设计准则。Access 数据库是所有相关对象的集合，包括表、查询、窗体、报表、宏、模块、Web 页等。每一个对象都是数据库的一个组成部分，其中，表是数据库的基础，它记录数据库中的全部数据内容。而其他对象只是 Access 提供的用于对数据库进行维护的工具而已。正因为如此，设计一个数据库的关键，就集中在建立数据库中的基本表上。

关系型数据库不管设计得好坏，都可以存取数据，但是不同的数据库在存取数据的效率上有很大的差别。为了更好地设计数据库中的表，下面提供几条一般规则供大家讨论。

（1）字段唯一性。即表中的每个字段只能含有唯一类型的数据信息。在同一字段内不能存放两类信息。

（2）记录唯一性。即表中没有完全一样的两个记录。在同一个表中保留相同的两具记录是没有意义的。要保证记录的唯一性，就必须建立主关键字。

（3）功能相关性。即在数据库中，任意一个数据表都应该有一个主关键字段，该字段与表中记录的各实体相对应。这一规则是针对表而言的，它一方面要求表中不能包含该表无关的信息，另一方面要求表中的字段信息要能完整地描述某一记录。

（4）字段无关性。即在不影响其他字段的情况下，必须能够对任意字段进行修改（非主关键字段）。所有非主关键字段都依赖于主关键字，这一规则说明了非主关键字段之间的关键是相互独立的。

这些内容涉及关系模型与规范化问题，这里不作理论分析，我们将在数据库原理中学习和讨论。

2. 一般步骤

按照上面几条原则，可以设计一个比较好的数据库及基本表。当然数据库的设计远不止这些，还需要设计者的经验和对实际事务的分析和认识。不过可以就这几条规则总结出创建数据库的一般步骤。

（1）明确建立数据库的目的。即用数据库做哪些数据的管理，有哪些需求和功能。然后再决定如何在数据库中组织信息以节约资源，怎样利用有限的资源以发挥最大的效用。

（2）确定所需要的数据表。在明确了建立数据库的目的之后，就可以着手把信息分成各个独立的主题，每一个主题都可以是数据库中的一个表。

（3）确定所需要的字段。确定在每个表中要保存哪些信息。在表中，每类信息称作一个字段，在表中显示为一列。

（4）确定关系。分析所有表，确定表中的数据和其他表中的数据有何关系。必要时，可在表中加入字段或创建新表来明确关系。

（5）改进设计。对设计进一步分析，查找其中的错误。创建表，在表中加入几个实际数据记录，看能否从表中得到想要的结果。需要时可调整设计。

10.4.2　Access 2010 的认识

Access 2010 是美国微软公司开发的一个基于 Windows 操作系统的关系数据库管理系统，是 Microsoft 办公软件包 Office 2010 的一部分。与 Access 2003 版本相比，Access 2007 的工作界面发生了重大变化，在 Access 2007 中引入了两个主要的工作界面组件：功能区和导航窗格。功能区取代了以前版本中的菜单区和工具栏，导航窗格取代并扩展了数据库窗口的功能。而在 Access 2010 中，不仅对功能区进行了多处更改，而且还新引入了第三个工作界面组件 Microsoft Office Backstage 视图。

一个数据库可以包含多个表。数据库将自身的表与窗体、报表、宏和模块等一起存储在单个数据库文件中。数据库是数据库对象的容器，数据库正是利用它的六大对象进行工作的。表作为六大数据库对象之一，是数据库中存储数据的唯一对象。设计良好的表结构，对整个数据库系统的高效运行至关重要。Access 2010 是一个面向对象的，采用事件驱动的新型关系型数据库管理系统。以 Access 2010 格式创建的数据库文件扩展名为.accdb，早期版本创建的数据库文件扩展名为.mdb。

Access 2010 提供了表生成器、查询生成器、宏生成器、报表设计器等许多可视化的操作工具，以及数据库向导、表向导、查询向导、窗体向导、报表向导等多种向导，可以使用户很方便地构建一个功能完善的数据库系统。Access 2010 采用了一种全新的用户界面，如图 10.13 所示。

图 10.13　Access 2010 用户界面

启动 Access 2010 后，启动界面上就可以看到可用模板，在 Backstage 视图的中间窗格中是各种数据库模板。选择"样本模板"选项，可以显示当前 Access 2010 系统中所有的样本模板。Access 2010 提供的每个模板都是一个完整的应用程序，具有预先建立好的表、窗体、报表、查询、宏和表关系等。如果模板设计满足需要，则通过模板建立数据库以后，便可以立即利用数据库开始工作；否则可以使用模板作为基础，对所建立的数据库进行修改，创建符合需求的数据库。

Access 2010 所提供的对象均存放在同一个数据库文件（.accdb）中。Access 2010 中各对象的关系如图 10.14 所示。

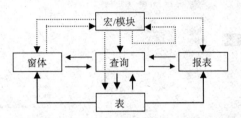

图 10.14　Access 2010 中各对象的关系图

下面对 Access 2010 每一类对象进行简单介绍。

（1）表：表是 Access 2010 中所有其他对象的基础，因为表存储了其他对象用来在 Access 2010 中执行任务和活动的数据。每个表由若干记录组成，每条记录都对应于一个实体，同一个表中的所有记录都具有相同的字段定义，每个字段存储着对应于实体的不同属性的数据信息。

（2）查询：数据库的主要目的是存储和提取信息，在输入数据后，信息可以立即从数据库中获取，也可以在以后再获取这些信息，查询是数据库操作的一个重要内容。

（3）窗体：窗体向用户提供一个交互式的图形界面，用于进行数据的输入、显示及应用程序的执行控制。在窗体中可以运行宏和模块，以实现更加复杂的功能，在窗体中也可以进行打印。

（4）报表：报表用来将选定的数据信息进行格式化显示和打印。报表可以基于某一数据表，也可以基于某一查询结果，这个查询结果可以是在多个表之间的关系查询结果集。报表在打印之前可以预览。另外，报表也可以进行计算，如求和、求平均值等。在报表中还可以加入图表。

（5）宏：宏是若干个操作的集合，用来简化一些经常性的操作。用户可以设计一个宏来控制一系列的操作，当执行这个宏时，就会按这个宏的定义依次执行相应的操作。宏可以用来打开并执行查询、打开表、打开窗体、打印、显示报表、修改数据及统计信息、修改记录、修改数据表中的数据、插入记录、删除记录、关闭数据库等操作，也可以运行另一个宏或模块。

（6）模块：模块是用 Access 2010 所提供的 VBA（Visual Basic for Application）语言编写的程序段。模块有两种基本类型：类模块和标准模块。模块中的每一个过程都可以是一个函数过程或一个子程序。模块可以与报表、窗体等对象结合使用，以建立完整的应用程序。

10.4.3　Access 数据库的建立

（1）创建空数据库

先创建一个空数据库，然后再添加表、查询、窗体、报表等对象，这种方法很灵活，但是需要分别定义每个数据库元素。具体操作步骤如下：①启动 Access 2010 程序，进入 Backstag 视图，在左侧导航窗格中单击"新建"命令，然后在中间窗格中单击"空数据库"选项。②在右侧窗格中的"文件名"文本框中输入新建文件的名称"教职工"，单击"创建"图标按钮，如图 10.15 所示。若要改变新建数据库的位置，可以单击文件名右侧的文件夹图标，弹出"文件新建数据库"对话框，选择文件的存放位置，接着在"文件名"文本框中输入文件名，单击"确定"即完成创建空白数据库。还有一种方式是利用模板创建数据库，单击"样本模板"选项，从列出的模板中选择需要的模板。

图 10.15　创建空数据库

（2）在数据库中创建一个数据表。表的建立，创建 Access 数据表常用的方法有四种：①使用"表"模板创建表；②使用"表设计"创建表；③使用"SharePoint 列表"创建表；④使用"字段"模板创建表。我们这里采用最常用的"表设计"方法，选择选项卡中的"创建"，单击"表设计"，如图 10.16 所示。

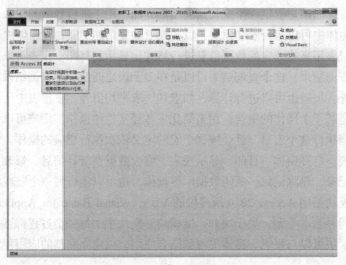

图 10.16　选择"表设计"

（3）确定表结构。单击"表设计"后，显示如图 10.17 所示的界面，我们可以开始设计表的字段以及字段的数据类型。字段名中可以使用大写或小写，或大小写混合的字母。字段名可以修改，但一个表的字段在其他对象中使用了，修改字段将带来一致性的问题。Access 2010 为字段提供了十二种数据类型，如文本、备注、数字、货币等类型。对于某一具体数据而言，可以使用的数据类型可能有多种，例如工资编号可以使用数字型，也可使用文本型，但只有一种是最合适的。

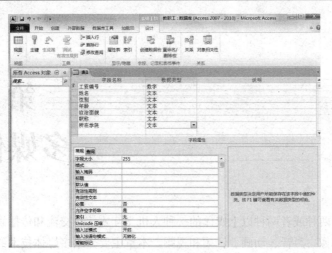

图 10.17　确定表结构

（4）对表内容的输入。完成表结构的设计后，单击左上角"保存"按钮，弹出如图 10.18 所示的对话框，提示对表名称进行修改，修改后单击"确定"按钮，我们就建立了一个"基本信息"的空表，接下来可以在如图 10.19 所示的界面中对数据进行录入。如果暂时不打算录入数据，也可以不录入，后续设计中可以根据需要对"基本信息"表进行录入。

图 10.18　修改表名称

图 10.19　录入表中的数据

Access 2010 的其他数据对象，如查询、窗体、报表、宏等的设计在这里就不详细介绍了，有兴趣的读者可以结合 Access 2010 相关资料进行学习。

第11章
多媒体技术

　　多媒体是融合两种或者两种以上媒体的一种人机交互式信息交流和传播媒体，使用的媒体包括文字、图形、图像、声音、动画、音频和视频。本章主要介绍多媒体技术的基本概念、应用环境，多媒体的表示方式以及多媒体技术的研究内容和应用前景。通过本章的学习，能理解多媒体技术的基本概念和基本知识，了解多媒体计算机的构成，掌握多媒体信息的表示，并了解多媒体技术的应用领域及其发展趋势，为后续课程的学习和实际应用打下基础。

11.1　概述

11.1.1　媒体

　　在计算机应用领域中，媒体主要包括两种含义，一是指存储信息的实体，如磁带、磁盘、光盘和半导体存储器等，二是指信息的载体，如文字（数字）、声音、图形、图像、动画及视频等。多媒体计算机技术中的媒体指的是后者。

　　由于信息被人们感觉、加以表示、使之显现、实现存储或传输的载体各有不同，因此媒体可分为五类：感觉媒体、表示媒体、表现媒体、存储媒体、传输媒体，媒体之间的关系如图 11.1 所示。

　　感觉媒体：直接作用于人的器官，使人能直接产生感觉的一类媒体，如声音、图形、图像和文本等。

　　表示媒体：为了能更有效地加工、处理和传输感觉媒体而人为研究和构造出来的一种媒体，如语音编码、图像编码和文本编码等表示媒体。

　　表现媒体：指感觉媒体和用于通信的电信号之间转换用的一类媒体，可分为输入显示媒体和输出显示媒体两种。如显示器、扬声器、打印机等输出类表现媒体，以及键盘、鼠标器、扫描器等输入表现媒体。

　　存储媒体：用于存放数字化的表示媒体的存储介质。

　　传输媒体：用来将表示媒体从一处传递到另一处的物理传输介质，如同轴电缆、光缆、双绞线、无线电链路等传输媒体。

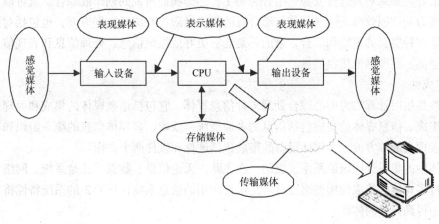

图 11.1　各种媒体之间的关系图

11.1.2　多媒体

1．多媒体的概念

多媒体（Multimedia）——是相对于单媒体而言的，是指一种把多种不同的媒体，如文字、声音、图形、图像、动画及视频等，综合集成在一起而产生的一种传播和表现信息的全新载体。关于多媒体的概念，国内外也产生了不同的定义。有代表性的几种解释如下。

① 计算机交互式综合处理多种媒体信息——文本、图形、图像和声音，使多种信息建立逻辑连接，集成为一个系统并且具有交互性。

② 多媒体是以下两种以上媒体组成的结合体：文本、图形、动画、静态视频、动态视频、声音。这就意味着电视节目、动画片、个人视话（AV）表现都可以被看作是多媒体。

③ 多媒体是传统的计算媒体——文字、图形、图像以及逻辑分析方法等与视频、音频以及交互式应用的结合体。

④ 多媒体技术就是能对多种载体（媒介）上的信息和多种存储体（媒质）上的信息进行处理的技术。

⑤ 多媒体是声音、动画、文字、图像和录像等各种媒体的组合。多媒体系统是指用计算机和数字通信网技术来处理和控制多媒体信息的系统。

2．多媒体的特征

多媒体的关键特性在于包含信息载体的多样性，交互性和集成性这 3 个方面，这是多媒体的主要特征，也是在多媒体研究中必须解决的主要问题。在多媒体发展的早期，这 3 个特性是显而易见的。但随着多媒体应用的深入和发展，许多设备与设施都具备了不同层次的多媒体水平，例如我们一般不再通过字符命令来操作计算机了，但多媒体的这 3 个特性仍然是最关键的，只是又融入了更深层次的理解。

① 信息载体的多样性

信息载体的多样性是相对于计算机而言的，即指信息媒体的多样性。多媒体就是要把计算机处理的信息多样化或多维化，从而改变计算机信息处理的单一模式，使人们能交互地处理多种信息。

多媒体的信息多维化不仅仅指输入，还指输出。但输入和输出不一定都是一样的。对于应用而言，前者称为获取，后者称为表现。如果两者完全一样，这只能称之为记录和重放，从效果上来并不是很好。如果对其进行变换、组合和加工，亦即我们所说的创作或综合，就可以大大丰富信息的表现力和增强效果。这些创作与综合有的仅仅局限在对信息数据方面，也包括对设备、系统、网络等多种要素的重组和综合，目的都是能够更好地组织信息、处理信息和表现信息，从而使用户更全面、更准确地接收信息。

② 集成性

集成性是指以计算机为中心综合处理多种信息媒体，它包括信息媒体的集成和处理这些媒体的设备的集成。信息媒体的集成包括信息的多通道统一获取、多媒体信息的统一组织和存储、多媒体信息表现合成等方面。多媒体设备的集成包括硬件和软件两个方面。

多媒体中的集成性应该说是系统级的一次飞跃。无论信息、数据、还是系统、网络、软硬件设施，通过多媒体的集成性构造出支持广泛信息应用的信息系统，1+1>2 的系统特性将在多媒体信息系统中得到充分的体现。

③ 交互性

多媒体的交互性是指用户可以与计算机的多种信息媒体进行交互操作，从而为用户提供了更加有效地控制和使用信息的手段。

从数据库中检录出某人的照片、声音及文字材料，这是多媒体的初级交互应用；通过交互性使用户介入到信息过程中（不仅仅是提取信息），才达到了中级交互应用水平，当我们完全地进入到一个与信息环境一体化的虚拟信息空间自由遨游时，这才是交互式应用的高级阶段，这就是虚拟现实（Virtual Reality）。人机交互不仅仅是一个人机界面的问题，对于媒体的理解和人机通信过程可以看成是一种智能的行为，它与人类的智能活动有着密切的关系。

11.1.3 多媒体技术应用领域

多媒体技术应用领域集文字、声音、图像、视频、通信等多项技术于一体，采用计算机的数字记录和传输传送方式，对各种媒体进行处理，具有广泛的应用。

1. 数据压缩，图像处理的应用

多媒体计算机技术是面向三维图形、环绕立体声和彩色全屏幕运动画面的处理技术。而数字计算机面临的是数值、文字、语言、音乐、图形、动画、图像、视频等多种媒体的问题，它承载着由模拟量转化成数字量信息的吞吐、存储和传输。数字化了的视频和音频信号的数量之大是非常惊人的，它给存储器的存储容量、通信干线的信道传输率以及计算机的速度都增加了极大的压力，解决这一问题，单纯用扩大存储器容量、增加通信干线的传输率的办法是不现实的。数据压缩技术为图像、视频和音频信号的压缩，文件存储和分布式利用，提高通信干线的传输效率等应用提供了一个行之有效的方法，同时使计算机实时处理音频、视频信息，以保证播放出高质量的视频、音频节目成为可能。国际标准化协会，国际电子学委员会，国际电信协会等国际组织，于20世纪90年代制定了三个重要的有关视频图像压缩编码的国际标准：JPEG 标准、H.261 标准、MPEG 标准。

2. 音频信息处理的应用

在多媒体技术中，存储声音信息的文件格式主要有：WAV 文件、VOC 文件、MIDI 文件、AIF 文件、SON 文件及 RMI 文件等。音频信息处理方面的应用分为如下三个方面。

① 音频信息录制编辑：把音乐和语音加到多媒体应用中，是我们研究音频处理技术的目的，11.4.1 小节将介绍常用的音频信息录制编辑软件。

② 语音识别：语音的识别长久以来一直是人们的美好梦想，让计算机听懂人说话是发展人

机语音通信和新一代智能计算机的主要目标。随着计算机的普及、越来越多的人在使用计算机，如何给不熟悉计算机的人提供一个友好的人机交互手段，是人们感兴趣的问题，而语音识别技术就是其中最自然的一种交流手段。

③ 文语转换：世界上已研制出汉、英、日、法、德等语种的文语转换系统，并在许多领域得到了广泛应用。清华大学计算机系研发的 Sonic 文语转换系统，利用汉语词库进行分词，并且根据语音学研究的成果建立了语音规则，对汉语中的某些常见语音现象进行了处理。系统采用 PSOLA 算法修改超音段语音特征，提高了言语输出的质量。

3. 数据库和基于内容检索的应用

多媒体信息检索技术的应用使多媒体信息检索系统、多媒体数据库，可视信息系统、多媒体信息自动获取和索引系统等应用逐渐变为现实。基于内容的图像检索、文本检索系统已成为近年来多媒体信息检索领域中最为活跃的研究课题，基于内容的图像检索是根据其可视特征，包括颜色、纹理、形状、位置、运动、大小等，从图像库中检索出与查询描述的图像内容相似的图像，利用图像可视特征索引，可以大大提高图像系统的检索能力。

随着多媒体技术的迅速普及，Web 上将大量出现多媒体信息，例如，在遥感、医疗、安全、商业等部门中每天都不断产生大量的图像信息。这些信息的有效组织管理和检索都依赖基于图像内容的检索。目前，这方面的研究已引起了广泛的重视，并已有一些提供图像检索功能的多媒体检索系统软件问世。例如，由 IBM 公司开发的 QBIC 是最有代表性的系统，它通过友好的图形界面为用户提供了颜色、纹理、草图、形状等多种检索方法；美国加州大学伯克利分校与加州水资源部合作进行了 Chabot 计划，以便对水资源部的大量图像提供基于内容的有效检索手段。此外还有麻省理工学院的 Photobook，可以利用 Face，Shape，Texture，Photobook 分别对人脸图像、工具和纹理进行基于内容的检索，在 Virage 系统中又进一步发展了将多种检索特征相融合的手段。澳大利亚的 New South Wales 大学已开发了 NUTTAB 系统，用于食品成份数据库的检索。

4. 著作工具的应用

多媒体创作工具是电子出版物、多媒体应用系统的软件开发工具，它提供组织和编辑电子出版物和多媒体应用系统各种成分所需要的重要框架，包括图形、动画、声音和视频的剪辑。制作工具的用途是建立具有交互式的用户界面，在屏幕上演示电子出版物及制作好的多媒体应用系统以及将各种多媒体成分集成为一个完整而有内在联系的系统。

用多媒体创作工具可以制作各种电子出版物及各种教材、参考书、导游和地图、医药卫生、商业手册及游戏娱乐节目，主要包括多媒体应用系统，演示系统或信息查询系统，培训和教育系统，娱乐、视频动画及广告，专用多媒体应用系统，领导决策辅助系统，饭店信息查询系统，导游系统，歌舞厅点歌结算系统，商店导购系统，生产商业实时监测系统以及证券交易实时查询系统等。

5. 通信及分布式多媒体技术的应用

人类社会逐渐进入信息化时代，社会分工越来越细，人际交往越来越频繁，群体性、交互性、分布性和协同性将成为人们生活方式和劳动方式的基本特征，其间大多数工作都需要群体的努力才能完成。但在现实生活中影响和阻碍上述工作方式的因素太多，如打电话时对方却不在。随着多媒体计算机技术和通信技术的发展，两者相结合形成的多媒体通信和分布式多媒体信息系统较好地解决上述问题。主要涉及如下五个方面。

① 计算机支持的协同工作系统(CSCW)：CSCW 系统具有非常广泛的应用领域，它可以应

用到远程医疗诊断系统、远程教育系统、远程协同编著系统、远程协同设计制造系统以及军事应用中的指挥和协同训练系统等。

② 多媒体会议系统：它是一种实时的分布式多媒体软件应用的实例，它参与实时音频和视频这种现场感的连续媒体，可以点对点通信，也可以多点对多点的通信，而且还充分利用其他媒体信息，如图形标注、静态图像、文本等计算数据信息进行交流，对数字化的视频、音频及文本、数据等多媒体进行实时传输，利用计算机系统提供的良好的交互功能和管理功能，实现人与人之间的"面对面"的虚拟会议环境。

③ 视频点播（VOD）和交互电视（ITV）系统：它是根据用户要求播放节目的视频点播系统，具有提供给单个用户对大范围的影片、视频节目、游戏、信息等进行几乎同时访问的能力。在 VOD 应用技术的支持和推动下，网络在线视频、在线音乐、网上直播为主要项目的网上休闲娱乐、新闻传播等服务得到了迅猛发展，各大电视台、广播媒体和娱乐业公司纷纷推出网上节目，虽然目前由于网络带宽的限制，视频传输的效果还远不能达到人们所预期的满意程度，但还是受到了越来越多的用户的青睐。

④ CAI 及远程教育系统：根据一定的教学目标，在计算机上编制一系列的程序，设计和控制学习者的学习过程，使学习者通过使用该程序，完成学习任务，这一系列计算机程序称为教育多媒体软件或称为 CAI（Computer Assist Instruction，计算机辅助教学）。CAI 的应用，使学生真正打破了明显的校园界限，改变了传统的"课堂教学"的概念，突破时空的限制，接受到来自不同国家、教师的指导，可获得除文本以外更丰富、直观的多媒体教学信息，共享教学资源，它可以按学习者的思维方式来组织教学内容，也可以由学习者自行控制和检测，使传统的教学由单向转向双向，实现了远程教学中师生之间、学生与学生之间的双向交流。

⑤ 地理信息系统（GIS）：地理信息系统（GIS）获取、处理、操作、应用地理空间信息，主要应用在测绘、资源环境的领域。与语音图像处理技术比较，地理信息系统技术的成熟相对较晚，软件应用的专业程度相对也较高，随着计算机技术的发展，地理信息技术逐步形成为一门新兴产业。

11.2　多媒体计算机系统

多媒体计算机系统是指能对文本、图形、图像、动画、视频、音频等多媒体信息进行逻辑互连、获取、编辑、存储和播放的一个计算机系统。这个系统通常由多媒体硬件系统、多媒体软件系统（系统软件、应用软件）组成。

11.2.1　多媒体硬件系统及设备

1. 多媒体的硬件系统

一个典型的多媒体硬件配置环境如图 11.2 所示。多媒体硬件的核心是计算机，CPU 是计算机的"心脏"，多媒体对计算机的内存也要求很高，理想的多媒体计算机需要大量的内存。在一般场合下，内存超过某个特定值（一般为 32MB）以后，增大内存并不能使计算机运算速度显著提高，但内存太小则肯定会降低运算速度。为了能够显示高质量的图像，多媒体计算机必须选用高分辨率和显示多种颜色的显示器。CD-ROM 驱动器是多媒体应用的关键设备之一。虽然 CD-ROM 并不是多媒体的必需设备，和软盘、硬盘一样，也是存储和恢复数据的一种介质，但由于光盘容量大（一张光盘容量超过 600MB）、成本低、携带方便、信息稳定等优点，已成为存储多媒体信息的最佳介质。音频是多媒体信息的重要成分，也是多媒体最重要的标志之一。计算机主要借助音频扩展卡来处理音频信息，它可以把话筒送来的模拟音频信号转换成数字信号，用计算机来处理数字化的音频信号，也可以把计算机中的数字信号转换成模拟信号送到扬声器。计算机配备上视频扩展卡，还能够录制和演播视频信号。 视频卡大致可分为 3 类，分别是视频采集卡、视频回放卡和电视接收卡。视频采集卡又可分为高质量视频采集卡、高质量的 AVI 采集卡和普通视频采集卡。高质量视频采集卡适用于影视、卫星广播、多媒体开发商等领域；高质量的 AVI 采集卡适用于商业演示、CD-ROM 片、录像带制作等；普通视频采集卡适用于对图像质量要求不太高的多媒体演示系统等视频应用。视频回放卡（解压卡），主要功能是播放 CD-I、Video CD、Karaoke CD、Photo CD 等格式的影碟/光盘。电视接收卡（TV 卡），主要用于接收电视信号，以便在计算机上观看电视节目。

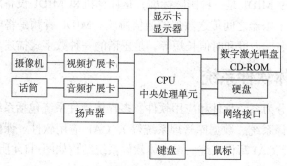

图 11.2 多媒体的硬件配置

2. 常用多媒体设备

常用多媒体设备如图 11.3 所示，下面我们简单介绍几个常用设备。

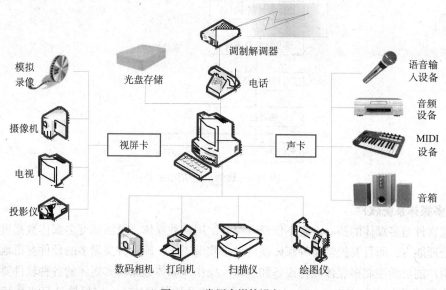

图 11.3 常用多媒体设备

① 扫描仪：扫描仪是一种图像输入设备。利用光电转换原理，通过扫描仪光电管的移动或

原稿的移动，把黑白或彩色的原稿信息数字化后输入到计算机中。它还用于文字识别、图像识别等新的领域。

②　数码照相机：数码照相机使用电荷耦合器件作为成像部件，它把进入镜头照射于电荷耦合器件上的光影信号转换为电信号，再经模/数转换器处理得到数字信息，并把这些信息存储在相机内的存储介质中。

③　触摸屏：触摸屏是一种坐标定位装置，属于输入设备。作为一种特殊的计算机外设，它提供了简单、方便、自然的人机交互方式。通过触摸屏，用户可直接用手向计算机输入坐标信息。

④　彩色打印机：如果需要获得接近照片效果的高质量打印，可选择激光彩色打印机。激光彩色打印机使用 4 个鼓，处理过程极其复杂。主要由着色装置、有机光导带、打印机控制器、激光器、传送鼓、传送滚筒及熔合固化装置构成。

⑤　MIDI 音频设备：MIDI 是一种国际标准，是计算机和 MIDI 设备之间进行信息交换的一整套规则，包括各种电子乐器之间传送数据的通信协议。MIDI 音频是将电子乐器键盘上的弹奏信息记录下来，包括键名、力度和时值长短等，是乐谱的一种数字式描述。

11.2.2　多媒体软件系统

多媒体软件系统可分为系统软件和应用软件。多媒体软件系统包括系统软件和多媒体应用软件（操作系统、语言编译系统、数据库管理系统等）、CAI 应用软件、课件、工具软件、课件写作系统、CAI 专用语言、CAI 写作系统。多媒体软件系统结构如图 11.4 所示。

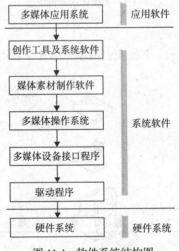

图 11.4　软件系统结构图

1．多媒体系统软件

系统软件是多媒体的核心，它不仅具有综合使用各种媒体，灵活调度多媒体数据进行媒体的传输和处理能力，而且要控制各种媒体硬件设备和谐工作，即将种类繁多的硬件有机地组织到一起，使用户能灵活控制多媒体硬件设备和组织、操作多媒体数据。多媒体的各种软件要运行于多媒体操作系统平台（如 Windows）上，故操作系统是软件的核心。多媒体计算机系统主要的系统软件有：多媒体设备驱动程序、多媒体操作系统、媒体素材制作软件、多媒体创作工具和开发环境。

① 多媒体驱动程序与多媒体设备接口程序：多媒体驱动程序是多媒体计算机中直接和硬件打交道的软件，每一种多媒体硬件需要一个相应的设备驱动软件，如随声卡一起包装出售的就有相应的声卡驱动程序。多媒体设备接口程序是高层软件和驱动程序之间的接口软件，为高层软件建立虚拟设备。

② 多媒体操作系统：是多媒体计算机系统软件的核心和基本软件平台，是在传统操作系统的功能基础上，增加处理声音、图像、视频等多媒体功能，并能控制与这些媒体有关的输入、输出设备。目前 PC 上的多媒体操作系统主要有微软公司的 Windows XP，Windows 8，Windows 10 等，另外还有 Philips 和 Sony 公司的 CD-RTOS（CD 实时操作系统）、Apple 公司在 Macintosh 上的 Quick Time 等。

③ 媒体素材制作软件：是为多媒体应用程序进行数据准备的软件，主要是多媒体数据的采集软件，主要包括数字化声音的录制和编辑软件、MIDI 信息的录制与编辑软件、全运动视频信息的采集软件、动画生成和编辑软件、图像扫描及预处理软件等。

④ 多媒体创作工具及系统软件：用于创作和编辑生成多媒体特定领域的应用软件，是多媒体专业设计人员在多媒体操作系统平台上进行开发的软件工具，与一般编程工具不同的是，多媒体创作工具能够对声音、文本、图形和图像等多种媒体信息流进行控制、管理和编辑，按用户要求生成多媒体应用软件。目前的多媒体创造工具有三种档次：高档适用于影视系统的专业编辑、动画制作和生成特技效果；中档用于培训、教育和娱乐节目制作；低档可用于商业信息的简介、简报、家庭学习材料，电子手册等系统的制作。

2. 多媒体应用软件

多媒体应用软件是在多媒体创作平台上设计开发的面向应用领域的软件系统，通常由应用领域专家和多媒体开发人员共同协作、配合完成。开发人员利用开发平台、创作工具制作组织各种多媒体素材，生成最终的多媒体应用程序，并在应用中测试，完善，最终成为多媒体产品，例如各种多媒体教学系统、多媒体数据库，声像俱全的电子图书等。多媒体应用软件广泛用于教育培训、电子出版、影视特技、电视会议、咨询服务、演示系统等各个方面。

11.3　数据表示与数据压缩

11.3.1　多媒体数据表示

在计算机中所处理的对象除了数值和字符以外，还包含大量的图形、图像、声音和视频等多媒体数据。要使计算机能够处理这些多媒体数据，必须先将它们转换成二进制信息。

1. 图形和静态图像

图形文件的格式是指计算机存储这幅图的方式与压缩方法，要针对不同的程序和使用目的来选择格式，不同图形处理程序也有各自内部格式。常见的图形文件格式有以下几种。

（1）BMP 文件：BMP 是 Windows 系统下最常用的图像格式之一，该格式图像文件不损失原始图像的任何信息，是原始图像的最真实再现，故一般用于原始图像的无失真保存，但文件尺寸比较大。

（2）TIFF（TIF）文件：TIFF 是一种复杂、灵活、全面的图像格式。TIFF 也不损失原始图像的信息，适合于跨平台使用。TIFF 图像格式是印刷中最常用的图像格式之一，它能够保存各种图像特效处理的效果。

（3）JPG 文件：采用 JPEG 有损压缩方法存储的文件。JPG 图像格式具有最优越的压缩性能，是 Internet 中的主流图像格式。但它是以牺牲一部分的图像数据来达到较高的压缩率，故印刷用的图像不宜采用此格式。

（4）GIF 文件：GIF 格式的图像文件是通用的图像格式，是一种压缩的 8 位图像文件。正因为它是经过压缩的，而且又是 8 位的，所以这种格式是网络传输使用最频繁的文件格式，速度要比传输其他格式的图像文件快得多。

（5）PNG 文件：PNG 是一种优秀的网页设计用图像格式。它继承了 GIF 与 JPG 图像格式的主要优点，以数据流的形式保存图像，将图像数据压缩到了极限但却保存了所有与图像品质有关的信息，适合于网络传输。所以，PNG 是网页图像的最佳选择。

（6）PCX 文件：PCX 图像格式是由 Zsoft 公司在 20 世纪 80 年代初期设计的，专用于存储该公司开发的 PC Paintbrush 绘图软件所生成的图像画面数据。PCX 是最早支持彩色图像的一种文件格式，目前已成为较为流行的图像文件格式。

（7）WM 文件：WM 是一种矢量图形格式，Word 中内部存储的图片或绘制的图形对象属于这种格式。无论放大还是缩小，图形的清晰度不变，WMF 是一种清晰简洁的文件格式。

（8）PSD、PDD 文件：它们是 Photoshop 专用的图像文件格式。

（9）EPS 文件：CorelDraw、FreeHand 等软件均支持 EPS 格式，它属于矢量图格式，输出质量非常高，可用于绘图和排版。

（10）TGA 文件：TGA 是由 TrueVision 公司设计，可支持任意大小的图像。专业图形用户经常使用 TGA 点阵格式保存具有真实感的三维有光源图像。

2. 音频

通常，声音用一种模拟的连续波形表示。通过采样可将声音的模拟信号数字化，即在捕捉声音时，要以固定的时间间隔对波形进行离散采样。这个过程将产生波形的振幅值，以后这些值可重新生成原始波形。采样后的声音以文件方式存储，常见的声音文件格式有以下几种。

（1）WAV 格式：WAV 文件也称为波形文件，是 Microsoft 公司开发的一种声音文件格式，被 Windows 系统及其应用程序所广泛支持。它依照声音的波形进行储存，因此要占用较大的存储空间。

（2）WMA（Windows Media Audio）格式：WMA 是 Microsoft 公司定义的一种流式声音格式。采用 WMA 格式压缩的声音文件比起由相同文件转化而来的 MP3 文件要小得多，但在音质上却毫不逊色。

（3）MP3 格式：MP3 即 MPEG Audio Layer 3 的缩写，是人们比较熟知的一种数字音频格式。MP3 具有很高的压缩率，是目前便携音乐播放器支持的最常见的一种音乐格式。

（4）RA（Real Audio）格式：RA 是 Real Network 公司推出的一种流式声音格式。这是一种在网络上很常见的音频文件格式，但是为了确保在网络上传输的效率，在压缩时声音质量损失较大。

（5）MID 格式：MID 是通过数字化乐器接口（Musical Instrument Digital Interface，MIDI）输入的声音文件的扩展名，这种文件只是像记乐谱一样地记录下演奏的符号，所以其体积是所有音频格式中最小的。

3. 视频与动画

视频（Video）是图像数据的一种，若干有联系的图像数据连续播放便形成了视频。视频容易让人想到电视，但电视视频是模拟信号，计算机视频是数字信号。计算机视频图像可来自录像机、摄像机等视频信号源的影像，这些视频图像使多媒体应用系统表现力更强。

动画（Animation）与视频一样，也与运动着的图像有关，它们的实现原理是一样的，两者的不同在于视频是对已有的模拟信号进行数字化的采集，形成数字视频信号，其内容通常是真实事件的再现，而动画里的场景和各帧运动画面的生成一般都是在计算机里绘制而成的。常见的视频与动画文件格式有以下几种。

（1）AVI 格式：AVI（Audio Video Interleaved）叫做音视频交错格式，就是可以将视频和音频交织在一起进行同步播放。它对视频文件采用有损压缩方式，压缩比较高，是目前比较流行的视频文件格式。

（2）MOV 格式：MOV 文件格式是美国 Apple 公司在 Quick Time for Windows 视频处理软件所选用的视频文件格式，具有较高的压缩比率和较完美的视频清晰度。

（3）MPG 文件：PC 上全屏幕活动视频的标准文件为 MPG 格式文件。它是使用 MPEG 方法进行压缩的全运动视频图像。目前许多视频处理软件都能支持该格式，如超级解霸软件。

（4）DAT 文件：DAT 文件是 VCD 数据文件的格式，也是基于 MPEG 压缩方法的一种文件格式。

（5）ASF 格式：ASF（Advanced Streaming Format）即高级流格式，是 Microsoft 公司推出的一种可以直接在 Internet 上观看的视频文件格式。由于它使用了 MPEG-4 的压缩算法，所以压缩率和图像的质量都不错。

（6）WMV 格式：WMV（Windows Media Video）也是 Microsoft 公司推出的一种流媒体格式，从 ASF 格式升级延伸而来。在同等视频质量下，WMV 格式的体积非常小，因此很适合在网上播放和传输。

（7）RM 格式：RM（Real Media）格式是由 Real Networks 公司开发的一种能够在低速率的网上实时传输的流媒体文件格式，可以根据网络数据传输速率的不同制定不同的压缩比率，从而实现在低速率的广域网上进行影像数据的实时传送和实时播放。

（8）SWF 格式：SWF 格式是 Flash 的动画文件。Flash 是 Micromedia 公司推出的一种动画制作软件，它制作出一种后缀名为.swf 的动画，这种格式的动画能用比较小的体积来表现丰富的多媒体形式，并且可以嵌入到网页中。

11.3.2　数据压缩和编码技术标准

数据压缩技术是多媒体技术中的关键技术，利用了信息之间的相关性和冗余性（空间冗余和时间冗余）。要达到满意的画面质量和音频听觉效果，计算机要对信息进行实时处理，实时处理的关键问题是解决庞大的视频、音频数据的传输、读入和存储，即对这些数据进行压缩处理。

例如，计算机屏幕的分辨率为 640×480，色彩为 24 位（3Byte）色，则一幅图像所占的数据量为 640×480×3Bytes = 0.9MB，若以每秒 25 帧的速度播放画面，则每秒的数据量 = 0.9MB×25/s = 22.5MB/s，这样的未经压缩的数据传输速率，已超过 CD-ROM 和硬盘的传输能力，在网络上传输就更难了。另外，若按 44.1kHz 的采样频率和 16 位的采样精度，对每分钟双声道立体声音频信号进行采样，得到数字音频信号的数据量约为 10MB 左右。而一张 CD-ROM 的容量约为 650MB，则一张 CD-ROM 只能存储 70 分钟的双声道立体声音乐信息或存储 30 秒左右的视频图像。

由此可见，高效实时地压缩音频和视频信号是为了减少多媒体信息的存储量和传输量，这是多媒体技术的关键。

1. 多媒体数据压缩方法

多媒体数据压缩方法根据不同的依据可产生不同的分类，最常用的是根据质量有无损失分为无损压缩和有损压缩。

无损压缩是指使用压缩后的数据进行重构（或者叫做还原，解压缩），重构后的数据与原来的数据完全相同，主要用于要求重构的信号与原始信号完全一致的场合。一个很常见的例子是磁盘文件的压缩。根据目前的技术水平，无损压缩算法一般可以把普通文件的数据压缩到原来的 1/2～1/4。一些常用的无损压缩算法有霍夫曼（Huffman）算法和 LZW（Lenpel-Ziv & Welch）压缩算法。

有损压缩是指使用压缩后的数据进行重构，重构后的数据与原来的数据有所不同，但不影响人对原始资料表达的信息造成误解，适用于重构信号不一定非要和原始信号完全相同的场合。例如，图像和声音的压缩就可以采用有损压缩，因为其中包含的数据往往多于我们的视觉系统和听觉系统所能接收的信息，丢掉一些数据而不至于对声音或者图像所表达的意思产生误解，但可大大提高压缩比。

2. 静态图像压缩编码的国际标准

联合图像专家小组（Joint Photographic Experts Group，JPEG）多年来一直致力于标准化的工作。他们开发研制出连续色调、多级灰度、静止图像的数字压缩编码方法，这个压缩编码方法称为 JPEG 算法。JPEG 算法被确定为 JPEG 国际标准，它是国际上彩色、灰度、静止图像的第一个国际标准。

3. 运动图像压缩编码的国际标准

在国际标准化组织和国际电工委员会（IEC）的领导下，运动图像专家小组 MPEG（Motion Picture Experts Group）经过数十年卓有成效的工作，为多媒体计算机系统、运动图像压缩编码技术的标准化和实用化作出了巨大的贡献。常用的 MPEG 标准有以下几个。

（1）MPEG-Ⅰ视频压缩技术。是针对运动图像的数据压缩技术，包括帧内图像数据压缩和帧间图像数据压缩，其图像质量是家用录像机的质量，分辨率为 360×240 的 30 帧/秒的 NTSC 式和 360×288 的 25 帧/秒的 PAL 制式。

（2）MPEG-Ⅱ标准。该标准克服并解决了 MPEG-Ⅰ不能满足日益发展的多媒体技术、数字电视技术、多媒体分辨率和传输率等方面技术要求的缺陷，推出了运动图像及其伴音的通用压缩技术标准，分辨率为 720×480 的 30 帧/秒的 NTSC 制式和 720×576 的 25 帧/秒的 PAL 制式。

（3）MPEG-Ⅳ标准。该标准与高清晰度电视有关。

（4）MPEG-Ⅶ标准。是一个低数据率的电视节目标准，主要用于交互式多媒体场合。

4. 音频压缩编码的国际标准

多媒体应用中常用的音频压缩标准是 MPEG-Ⅰ中的音频压缩算法。它是第一个高保真音频数据压缩的国际标准。该标准提供三个独立的压缩层次供用户选择。

（1）第一层。主要用于数字录像机，压缩后的数据速率为每通道 384KB/s。

（2）第二层。主要用于数字广播的音频编码、CD-ROM 上的音频信号以及 VCD 的音频编码，压缩后的数据速率为每通道 256KB/s~192KB/s。

（3）第三层。它的音质最差，Internet 上常见的 MP3 和 Microsoft 公司的 Windows Media 文件格式就是在这一层进行压缩的语音或音乐，压缩后的数据速率为每通道 128KB/s~112KB/s。

11.4　常用多媒体工具软件

11.4.1　声音的处理软件

（1）Windows 自带的录音机

用户可以在执行如下操作启动该系统：开始→程序→附件→娱乐→录音机。这个应用程序就像一部录音机，可以将存储在计算机的声音文件播放出来，还可以对声音文件进行编辑音效，如回音、混音、插入声音片段等，如图 11.5 所示。当然其最为常用的功能是进行外置录音。

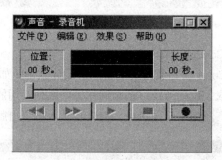

图 11.5　Windows 自带的录音机

（2）音频编辑软件 Adobe Audition

Adobe 推出的 Adobe Audition 软件，是一个完整的、应用于运行 Windows 系统的多音轨唱片工作室。该产品此前叫做 Cool Edit Pro 2.1，在 2003 年 5 月从 Syntrillium Software 公司成功购买。Adobe Audition 提供了高级混音、编辑、控制和特效处理能力，是一个专业级的音频工具，允许用户编辑个性化的音频文件，创建循环，引进了 45 个以上的 DSP 特效以及高达 128 个音轨。

（3）声音编辑软件

从最早的 Cubase，到 Cubase SX，再到如今最新的 Cubase SX 4，由 Steinberg 推出的这一款软件系统给无数音乐人和录音工程师带来了工作上的福音，至今在 PC 上很少有声音编辑软件能像 Cubase SX 那样强大、稳定、高效和具有丰富的插件资源。Cubase SX 满足了音乐工作的任何需求。自带的音频插件很多，功能强大。Cubase SX 支持所有的 VST 效果插件和 VST 软音源，自带的软音源有 3 个，分别是 A1 模拟合成器，B1 贝司合成器和 D1 鼓采样器。

声音处理软件有很多，除上述以外，如还有 Wave Studio、Goldwave、AudioEditor、Wavedit、Cool Edit、Premiere、WinDAC32 等软件，都可以对声音进行理想的编辑操作。

11.4.2　图形图像处理软件

（1）点阵图形处理软件 Adobe Photoshop

Photoshop（如图 11.6 所示）是目前世界上最著名、应用最为广泛的图形图像处理软件之一。它提供了强大的有关图片处理的功能。它除了可以用来对图像进行各种编辑处理外，还可以对图像进行修补与修复。另外，用户还可以执行本软件中的"图像/调整"命令，轻松对那些曝光不足、亮度不够、严重偏色的图像进行校正。

图 11.6　Adobe Photoshop

（2）矢量图形处理软件 CorelDRAW

CorelDRAW 是加拿大 Corel 公司开发的矢量图形设计软件（如图 11.7 所示）。CorelDRAW 还集成了图像编辑、图像抓取、位图转换、动画制作等一系列实用的程序，构成了一个高级矢量图形设计和编辑的软件包，广泛用于平面设计、包装装潢、彩色出版与多媒体制作等领域。

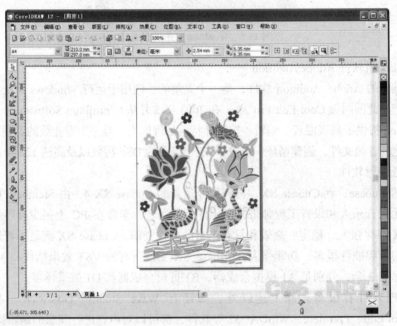

图 11.7　CorelDRAW

声音处理软件有很多，除上述以外，还有 PhotoImpact、Fireworks 等，它们在图像处理和网页制作方面的能力也相当不错，其中提供了大量的模板和组件，适合于非专业多媒体设计者。

11.4.3　动画制作软件

（1）Flash

Flash 是 Macromedia 公司出品的一款动画制作工具，能够方便地将声音和图像制作成动画，并在动画中提供了与观众交互的功能，可以通过单击按钮、选择菜单来控制动画的播放。

（2）3DS MAX

Autodesk 公司推出的 3DS MAX 三维动画制作软件（如图 11.8 所示），其功能非常强大，已被广泛运用于专业三维动画设计及影视创作等领域，在影视广告、建筑装潢、机械制造、生化研究、军事科技、医学治疗、教育娱乐、电脑游戏、抽象艺术和事故分析等方面有广泛的应用。其准标文件格式为.3ds，是集多种媒体信息为一体的三维平面的多媒体开发工具。

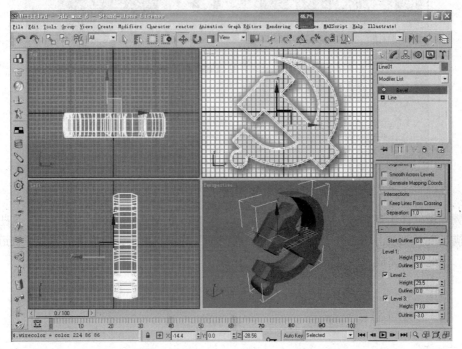

图 11.8　3DS MAX

11.4.4　视频编辑软件

（1）Adobe Premiere

对多媒体应用系统的开发者来说，将模拟视频信号进行数字化采样后，还应对视频文件进行编辑或加工，然后才能在多媒体应用系统中使用。因此，视频处理是多媒体应用系统创作过程中不可缺少的环节。目前最常用的视频处理软件就是 Adobe Premiere。Adobe Premiere 可以配合多种硬件进行视频捕获和输出，并提供各种精确的视频编辑工具，能产生电视级质量的视频文件，并能为多媒体应用系统增添精彩的创意效果。

（2）RealProducer/Helix Producer

由 Real 公司官方出品的新一代 Real 格式音频、视频文件制作软件，它可将 WAV、MOV、AVI、AU、MPEG 等多媒体文件压制成 Real 影音流媒体文件（rmvb、ra、rm、ram...），以利于网络上的传送与播放，并支持 Real8、Real9 和 Real10 格式。此外还可以对压缩的 Real 格式文件进行剪裁、设定多种采样率等，是最专业、最强大的 Real 格式媒体制作工具。附带的 Real 媒体编辑器更是可以切割、合并 Real 媒体文件或修改剪辑信息，非常方便。其压缩速度不是最快的，但压缩质量绝对是最好的（如图 11.9 所示）。

图 11.9　Helix Producer

　　视频编辑软件还有 Corel VideoStudio、Windows Movie Maker、Sony Vegas 等，这些软件都能基本满足视频要求，均提供"故事板"和"时间轴"的编辑模式，但提供的视音频轨道数目非常有限，因此很难完成一些复杂的视音频编辑任务。

第 12 章
网页制作技术

　　网页的制作在过去可能是一件非常复杂的事情，但是现在利用网页工具来制作，就能事半功倍。本章主要介绍网页制作的基本概念，基本工具，并以 Dreamweaver CS6 为例介绍设计和制作网页的基本方法。通过本章的学习，能理解网页与网站的基本概念，了解 HTML，掌握 Dreamweaver 网页制作相关技术，并了解网站的维护及其发展趋势，为后续课程的学习和实际应用打下基础。

12.1　网页与网站

12.1.1　网页与网站的概念

　　（1）网页

　　网页是构成网站的基本元素，是承载各种网站应用的平台。通俗地说，网站就是由网页组成的，如果只有域名和虚拟主机而没有制作任何网页的话，客户将无法访问网站。网页是一个文件，它可以存放在世界某个角落的某一台计算机中，是万维网中的一"页"，是超文本标记语言格式（标准通用标记语言的一个应用，文件扩展名为.html 或.htm）。网页通常用图像档来提供图画，通过网页浏览器来阅读。

　　（2）网站

　　网站(WebSite)是一个存放网络服务器上的完整信息的集合体。它包含一个或多个网页，这些网页以一定的方式链接在一起，成为一个整体，用来描述一组完整的信息或达到某种期望的宣传效果。有的网站内容众多，如新浪、搜狐等门户网站；有的网站只有几个页面，如个人网站。平常我们所听说的"新浪""搜狐""网易"等，即是俗称的"网站"。而当我们访问这些网站的时候，最直接访问的就是"网页"了。这许许多多的网页组成了整个站点，也就是网站。

12.1.2　网页的主要元素

　　网页由文本、图像、动画、超级链接等基本元素构成，本小节将对这些基本元素进行简单介绍，为后面各章中运用这些元素制作网页奠定基础。

　　（1）文本：一般情况下，网页中最多的内容是文本，可以根据需要对其字体、大小、颜色、底纹、边框等属性进行设置。建议用于网页正文的文字一般不要太大，也不要使用过多的字体，中文文字一般可使用宋体，大小一般使用 9 磅或 12 像素左右即可。

（2）图像：丰富多彩的图像是美化网页必不可少的元素，用于网页上的图像一般为 JPG 格式和 GIF 格式。网页中的图像主要用于点缀标题的小图片，介绍性的图片，代表企业形象或栏目内容的标志性图片，用于宣传广告等多种形式。

（3）超级链接：超级链接是 Web 网页的主要特色，是指从一个网页指向另一个目的端的链接。这个"目的端"通常是另一个网页，也可以是下列情况之一：相同网页上的不同位置、一个下载的文件、一副图片、一个 E-mail 地址等。超级链接可以是文本、按钮或图片，鼠标指针指向超级链接位置时，会变成小手形状。

（4）导航栏：导航栏是一组超级链接，用来方便地浏览站点。导航栏一般由多个按钮或者多个文本超级链接组成。

（5）动画：动画是网页中最活跃的元素，创意出众、制作精致的动画是吸引浏览者眼球的最有效方法之一。但是如果网页动画太多，也会物极必反，使人眼花缭乱，进而产生视觉疲劳。

（6）表格：表格是 HTML 中的一种元素，主要用于网页内容的布局，组织整个网页的外观，通过表格可以精确地控制各网页元素在网页中的位置。

（7）框架：框架是网页的一种组织形式，将相互关联的多个网页的内容组织在一个浏览器窗口中显示。例如在一个框架内放置导航栏，另一个框架中的内容可以随单击导航栏中的链接而改变。

（8）表单：表单是用来收集访问者信息或实现一些交互作用的网页，浏览者填写表单的方式是输入文本、选中单选按钮或复选框、从下拉菜单中选择选项等。

网页中除了上述这些最基本的构成元素外，还包括横幅广告、字幕、悬停按钮、日戳、计算器、音频、视频、Java Applet 等元素。

12.1.3　常用网页制作工具简介

（1）Microsoft FrontPage：使用 FrontPage 制作网页，可以真正体会到"功能强大，简单易用"的含义。Microsoft FrontPage 带有图形和 GIF 动画编辑器，支持 CGI 和 CSS。向导和模板都能使初学者在编辑网页时感到更加方便。Microsoft FrontPage 最强大之处是其站点管理功能。在更新服务器上的站点使用它时，不需要创建更改文件的目录。它是现有网页制作软件中唯一既能在本地计算机上工作，又能通过 FTP 直接对远程服务器上的文件进行工作的软件。

（2）Dreamweaver：Dreamweaver 是美国 MACROMEDIA 公司（已被 Adobe 公司收购）开发的集网页制作和管理网站于一身的所见即所得网页编辑器，它是第一套针对专业网页设计师特别发展的视觉化网页开发工具，利用它可以轻而易举地制作出跨越平台限制和跨越浏览器限制的充满动感的网页。利用 Dreamweaver 的可视化编辑功能，用户可以快速地创建页面而无需编写任何代码。借助 Dreamweaver 还可以使用服务器语言（例如 ASP、ASP.NET、ColdFusion 标记语言、JSP 和 PHP）生成支持动态数据库的 Web 应用程序。

（3）Flash 互动网页制作工具：是一款功能非常强大的交互式矢量多媒体网页制作工具。能够轻松输出各种各样的动画网页，它不需要特别繁杂的操作，也比 Java 小巧精悍。但它的动画效果、互动效果、多媒体效果十分出色。而且还可以在 Flash 动画中封装 MP3 音乐、填写表单等；并且由于 Flash 编制的网页文件比普通网页文件要小得多，所以大大加快了浏览速度。这是一款十分适合动态 Web 制作的工具。

（4）Adobe Pagemill：Pagemill 功能不算强大，但使用起来很方便，适合初学者制作较为美观，但不是非常复杂的主页。Pagemill 创建多框架页十分方便，可以同时编辑各个框架中的内容。Pagemill 在服务器端或客户端都可创建和处理 Image Map 图像，它也支持表单的创建。Pagemill 允许在 HTML 代码上编写和修改，支持大部分常见的 HTML 扩展，还提供拼写检错、搜索替换等文档处理工具。

（5）HomeSite：HomeSite 是一个小巧而全能的 HTML 代码编辑器，有丰富的帮助功能，支持 CGI 和 CSS 等，并且可以直接编辑 Perl 程序。HomeSite 具有良好的站点管理功能，链接确认向导可以检查一个或多个文档的链接状况。HomeSite 更适合进行比较复杂和精美页面的设计。如果用户希望完全控制页面制作的进程，那么 HomeSite 是最佳选择。

（6）Visual Studio.Net：程序编辑器应当支持相应程序的自动语法检查，最好还应当支持程序的调试与编译。Visual Studio.Net 内置有 VB.Net、VC++.Net、C#等程序开发工具，集程序的调试、编译等功能于一身，并且还提供了详细的帮助，这是任何一款其他软件都不能比拟的。但是，由于 Visual Studio.Net 本身带有的部件太多，需要计算机有比较高的配置，否则运行速度非常缓慢。

（7）EditPlus：任意文本编辑器都可以用于编写动态网站应用程序，最常见的文本编辑器就是 Windows 自带的记事本。但是毕竟记事本的功能太少，远远不能满足程序编写的要求。EditPlus 是目前非常流行的一款功能强大的文本编辑器，该软件功能强大、易于使用、兼容性强，支持几乎所有程序语言的代码色彩显示。它的缺点就是不支持程序的调试。

个人网站制作者还需了解 W3C 的 HTML4.0 规范、CSS 层叠样式表的基本知识、JavaScript、VBScript 的基本知识。对于常用的一些脚本程序如 ASP、CGI、PHP 也要有适当了解，还要熟练使用图形处理工具和动画制作工具以及矢量绘图工具，并能部分了解多种图形图像动画工具的基本用法，熟练使用 FTP 工具以及拥有相应的软硬件和网络知识也是必备的。

12.1.4 HTML 语言简介

HTML 是创建 Web 页面的基本框架语言，它利用标记（tag）来描述网页的字体、大小、颜色及页面布局。自 1990 年以来 HTML 就一直被用作 WWW 上的信息表示语言，用于描述网页的格式设计和它与 WWW 上其他网页的链接信息。

用 HTML 编写的超文本称为 HTML 文件，它能独立于各种操作系统平台。HTML 文件是一个放置了标签的 ASCII 文件，可以使用任何一种文本编辑器来编辑，它的扩展名必须是".html"或".htm"，上一节的"Welcome.htm"就是一个最简单的 HTML 文件。

HTML 使用描述性的标记符，即标签，来指明文档的不同内容。起始标签用角括号括起来的特定字符串表示特定的含义，结束标签还需要在特定字符串前面增加一个斜线"/"，其余部分和起始标签相同。一个标准的 HTML 页面应该包含几个重要的标签，如<html>和</html>标签、<head>和</head>标签、<body>和</body>标签等。

HTML 的格式没有具体要求，但建议写成缩排格式，以便检查。HTML 标签不区分大小写，但在默认情况下，ASP.NET 中系统提供的 HTML 标签都用小写字母表示。

HTML 标签可以分为两类：单标签和双标签。

（1）单标签。只需单独使用就能完整地表达意思的标签。这类标记的语法如下。

<标签名称>

（2）双标签。由"始标签"和"尾标签"两部分构成，必须成对使用，其中"始标签"告诉 Web 浏览器从此处开始执行该标记所表示的功能，而"尾标签"告诉 Web 浏览器在这里结束该功能。"始标签"前加一个斜杠（/）即成为"尾标签"。这类标记的语法如下。

```
<标签>内容</标签>
```

其中"内容"部分就是要被这对标签施加作用的部分。例如，下面这段代码的作用就是以粗体字显示标签间的内容。

```
<b>这是一个简单的 HTML 页面的例子。</b>
```

大多数标签都拥有一些属性，大部分属性都有默认值，利用这些属性可以定制各种效果。设置和改变属性时，将"属性名=属性值"放在单标签和双标签的始标签内，其格式如下。

```
<标签名字  属性1=属性值1  属性2=属性值2 … >
```

各属性之间无先后次序，属性也可省略（即取默认值）。

下面是另一个例子，其中用到了两类标签和标签属性设置，其运行结果如图 12.1 所示。

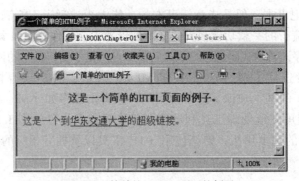

图 12.1　简单的 HTML 页面的例子

```
<html>
<!--标题-->
<head>
<title>一个简单的 HTML 例子</title>
</head>
<body bgcolor="#ccccff" text="#cc0000">
<p align=center>
<b>这是一个简单的 HTML 页面的例子。</b>
</p>
<!--超级连接-->
这是一个到<a href ="http://www.ecjtu.edu.cn">华东交通大学</a>的超级链接。
</body>
</html>
```

与其他程序设计语言一样，在 HTML 文本的适当位置上增加注释语句能提高文本的可读性，编译器将不解读注释部分，即注释不在浏览器窗口中显示出来。注释语句的格式如下。

```
<!-- 注释语句 -->
```

从上述例子可以知道，一个基本的 HTML 文档就是按一定的规则将标记组织起来的一种结构文件。这个规则就是 HTML 文档的基本结构，可以表示如下。

```
<HTML>
<HEAD>
<TITLE>标题文字</TITLE>
</HEAD>
<BODY>文本、图像、动画、HTML 指令等</BODY>
</HTML>
```

HTML 文档是一种树形（层次）结构。<HTML>标记是文档的根，其他的 HTML 标记全部包括在 <HTML>...</HTML> 以内。<HTML> 下面有两大分支：<HEAD>...</HEAD> 和 <BODY>...</BODY>。其中<BODY>...</BODY>分支为文档的主体，主体中的内容将显示在客户端的浏览器中。<BODY>内又包括若干分支，如用 H1、H2 等表示字体字号，P、DIV、FORM 等表示块元素。而在<HEAD>...</HEAD>段中除<TITLE>...</TITLE>包括的内容将作为窗口的标题显示在最上方外，其余部分主要是关于文档的说明以及某些共用的脚本程序。<HEAD>与 <BODY>为独立的两个部分，不能互相嵌套。

一个基本的 HTML 文档通常包含以下三对顶级标记。

（1）HTML 标记：<HTML>...</HTML>

HTML 标记是全部文档内容的容器，<HTML>是开始标记，</HTML>是结束标记，它们分别是网页的第一个标记和最后一个标记，其他所有 HTML 代码都位于这两个标记之间。HTML 标记告诉浏览器或其他程序等这是一个网页文档，应该按照 HTML 规则对标记进行解释。<HTML>...</HTML>标记是可选的，但最好不要省略这两个标记，以保持 Web 文档结构的完整性。

（2）首部标记：<HEAD>...</HEAD>

首部标记用于提供与网页有关的各种信息。在首部标记中，可以使用<TITLE>和</TITLE>标记来指定网页的标题，使用<STYLE>和</STYLE>标记来定义 CSS 样式表，使用<SCRIPT>和 </SCRIPT>标记来插入脚本等。

（3）正文标记：<BODY>...</BODY>

正文标记包含了文档的内容，文字、图像、动画、超链接以及其他 HTML 对象均位于该标记中。

12.2 认识 Dreamweaver

12.2.1 Dreamweaver CS6 工作环境

在学习 Dreamweaver CS6 之前，先来了解一下它的工作环境，便于以后的使用，Dreamweaver CS6 的工作界面主要由菜单栏、文件工具栏、文件窗口、状态区、"属性"面板和面板组等组成，如图 12.2 所示。

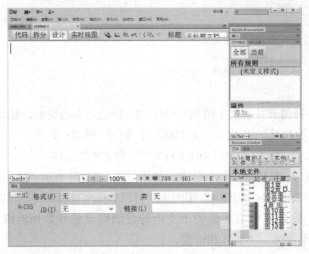

图 12.2　Dreamweaver CS6 工作界面

12.2.2　Dreamweaver CS6 功能菜单

（1）菜单栏

在菜单栏中主要包括"文件""编辑""查看""插入""修改""格式""命令""站点""窗口"和"帮助"10 个菜单，如图 12.3 所示。单击任意一个菜单，都会弹出下拉菜单，使用下拉菜单中的命令基本上能够实现 Dreamweaver CS6 的所有功能，菜单栏中还包括一个工作界面切换器和一些控制按钮。

Dw　文件(F)　编辑(E)　查看(V)　插入(I)　修改(M)　格式(O)　命令(C)　站点(S)　窗口(W)　帮助(H)

图 12.3　菜单栏

① 文件：在该下拉菜单中包括了"新建""打开""关闭""保存"和"导入"等常用命令，用于查看当前文件或对当前文件进行操作。

② 编辑：在该下拉菜单中包括了"拷贝""粘贴""全选""查找和替换"等用于基本编辑操作的标准菜单命令。

③ 查看：在该下拉菜单中包括了设置文件的各种视图命令，如"代码"视图和"设计"视图等，还可以显示或隐藏不同类型的页面元素和工具栏。

④ 插入：用于将各种网页元素插入到当前文件中，包括"图像""媒体"和"表格"等。

⑤ 修改：用于更改选定页面元素或项的属性，包括"页面属性""合并单元格"和"将表格转换为 AP Div"等。

⑥ 格式：用于设置文本的格式，包括"缩进""对齐"和"样式"等。

⑦ 命令：提供对各种命令的访问，包括"开始录制""扩展管理"和"应用源格式"等。

⑧ 站点：用于创建和管理站点。

⑨ 窗口：提供对 Dreamweaver CS6 中所有面板、检查器和窗口的访问。

⑩ 帮助：提示对 Dreamweaver CS6 帮助文件的访问。

（2）文件工具栏

使用文件工具栏可以在文件的不同视图之间进行切换，如"代码"视图和"设计"视图等，在工具栏中还包含各种查看选项和一些常用的操作，如图 12.4 所示。

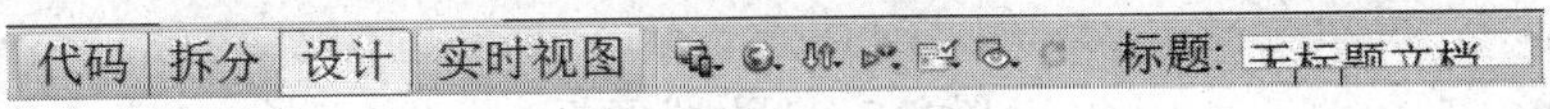

代码 拆分 设计 实时视图　　　　　　　标题：无标题文档

图 12.4　文件工具栏

文件工具栏中的常用按钮的功能如下。

① "代码"按钮：单击该按钮，仅在文件窗口中显示和修改 HTML 源代码。

② "拆分"按钮：单击该按钮，可在文件窗口中同时显示 HTML 源代码和页面的设计效果。

③ "设计"按钮：单击该按钮，仅在文件窗口中显示网页的设计效果。

④ "在浏览器中预览/调试"按钮：单击该按钮，在弹出的下拉菜单中选择一种浏览器，用于预览和调试网页。

⑤ "文件管理"按钮：单击该按钮，在弹出的下拉菜单中包括"消除只读属性""获取""上传"和"设计备注"等命令。

⑥ "检查浏览器兼容性"按钮：单击该按钮，在弹出的下拉菜单中包括"检查浏览器兼容性""显示所有问题"和"设置"等命令。

⑦ "标题"文本框：用于设置或修改文件的标题。

（3）文件窗口

文件窗口用于显示当前创建和编辑的文件，在该窗口中，可以输入文字、插入图片和表格等，也可以对整个页面进行设置，通过单击文件工具栏中的"代码"按钮、"拆分"按钮、"设计"按钮或"实时视图"等按钮，可以分别在窗口中查看代码视图、拆分视图、设计视图或实时显示视图，如图 12.5 所示。

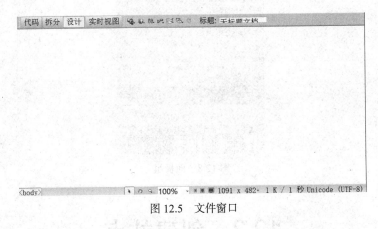

图 12.5　文件窗口

（4）状态区

状态区位于文件窗口的底部，提供与用户正在创建的文件有关的其他信息。在状态区中包括卷标选择器、窗口大小弹出菜单和下载指示器等功能，如图 12.6 所示。

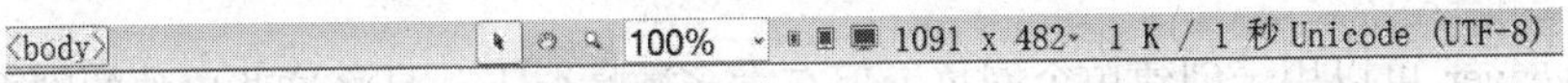

<body>　　　　　　100%　　　　1091 x 482· 1 K / 1 秒 Unicode (UTF-8)

图 12.6　状态区

（5）"属性"面板

"属性"面板是网页中非常重要的面板，用于显示在文件窗口中所选元素的属性，并且可以对选择的元素的属性进行修改，该面板中的内容因选定的元素不同会有所不同，如图 12.7 所示。

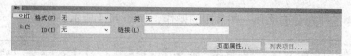

图 12.7　"属性"面板

（6）面板组

面板组位于工作窗口的右侧，用于帮助用户监控和修改工作，其中包括"插入"面板、"CSS 样式"面板和"组件"面板等，如图 12.8 所示。

① 打开面板

如果需要使用的面板没有在面板组中显示出来，则可以使用"窗口"菜单将其打开，具体的操作步骤如下。

步骤 1：在菜单栏中单击"窗口"菜单，在弹出的下拉菜单中选择需要打开的面板，在这里选择"资源"。

步骤 2：打开"资源"面板。如果要关闭该面板，再次在菜单栏中执行"窗口|资源"命令即可。

② 关闭与打开全部面板

按 F4 键，即可关闭工作界面中所有的面板。再次按 F4 键，关闭的面板又会显示在原来的位置上。

图 12.8　面板组

12.3　创建站点

12.3.1　新建本地站点

Dreamweaver 可以用于创建单个网页，但在大多数情况下，是将这些单独的网页组合起来成为站点。Dreamweaver CS6 不仅提供了网页编辑特性，而且带有强大的站点管理功能。

Dreamweaver 站点是一种管理网站中所有关联文件的工具，通过站点可以实现将文件上传到网络服务器、自动跟踪和维护、管理文件以及共享文件等功能。严格地说，站点也是一种文件的组织形式，由文件和文件所在的文件夹组成，不同的文件夹保存不同的网页内容，如 images 文件夹用于存放图片，这样便于以后管理与更新。

在开始制作网页之前，最好先定义一个新站点，这是为了更好地利用站点对文件进行管理，也可以尽可能减少错误，如链接出错、路径出错等。使用 Dreamweaver 的向导创建本地站点的具体操作步骤如下。

（1）打开 Dreamweaver CS6，在菜单栏中选择"站点|新建站点"命令，弹出"站点设置对象"对话框，在对话框中输入站点的名称。单击对话框中的"浏览文件夹"按钮，选择需要设为站点的目录，如图 12.9 所示。

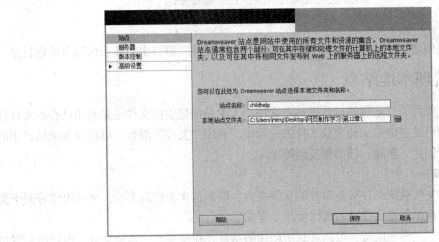

图 12.9　设置站点名称和本地站点的文件夹

（2）单击"服务器"选项，在弹出的对话框中单击"添加新服务器"按钮 ✚，如图 12.10 所示，即可弹出配置服务器的对话框。

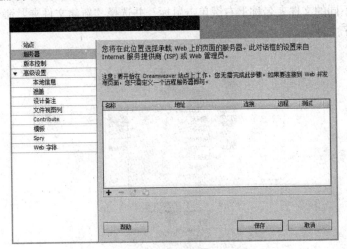

图 12.10　"服务器"选项页

（3）在对话框中可以设置服务器的名称、连接方式等，设置完成后单击"保存"即可，如图 12.11 所示。

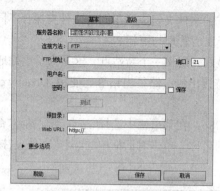

图 12.11　配置服务器

（4）本地站点创建完成，在"文件"面板中的"本地文件"窗口中会显示该站点的根目录。

12.3.2　管理本地站点

创建站点的主要目的就是有效地管理站点文件。无论是创建空白文件还是利用已有的文件创建站点时，都需要对站点中的文件夹或文件进行操作。利用"文件"面板，可以对本地站点中的文件夹和文件进行创建、删除、移动和复制等操作。

1. 添加文件夹

站点中的所有文件被统一存放在单独的文件夹内，根据包含文件的多少，又可以细分到子文件夹里。在本地站点中创建文件夹的具体操作步骤如下。

步骤 1：打开"文件"面板，可以看到所创建的站点。在面板的"本地文件"窗口中右键单击站点名称，弹出快捷菜单，选择"新建文件夹"命令，如图 12.12 所示。

步骤 2：新建文件夹的名称处于可编辑状态，可以为新建的文件夹重新命名，将新建文件夹命名为"效果"。

步骤 3：在不同的文件夹名称上右键单击鼠标，并选择"新建文件夹"命令，就会在所选择的文件夹下创建子文件夹。

图 12.12　新建文件夹

2. 添加文件

文件夹创建完成后，就可以在文件夹中创建相应的文件了，创建文件的具体操作步骤如下。

步骤 1：打开【文件】面板，在准备新建文件的文件夹上单击鼠标右键，在弹出的快捷菜单中选择【新建文件】命令，如图 12.13 所示。

步骤 2：新建文件的名称处于可编辑状态，可以为新建的文件重新命名。新建的文件名默认为"untitled.html"，可将其改为"index.html"，如图 12.14 所示。

图 12.13 选择"新建文件"命令

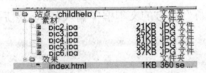

图 12.14 重命名文件

3. 重命名文件或文件夹

下面介绍如何重命名文件，具体操作步骤如下。

步骤 1：在"文件"面板中，选中要重命名的文件或文件夹。

步骤 2：单击鼠标右键，在弹出的菜单中选择"编辑|重命名"命令，如图 12.15 所示。或者双击该文件或文件夹，即可为该文件重新命名。

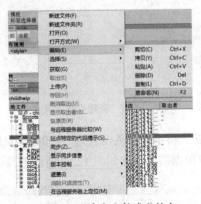

图 12.15 重命名文件或文件夹

关于文件与文件夹的删除操作，其操作非常简单，这里就不详细介绍了。

12.4 使用 Dreamweaver 制作网页

12.4.1 创建文本和图像混排的网页

（1）启动 Dreamweaver CS6 软件，打开项目创建窗口。

（2）在菜单栏中执行"文件|新建"命令，打开"新建文件"对话框，在"空白页"的"页面类型"项目列表中选择"HTML"，然后在右边的"布局"列表中选择"无"。

（3）单击"创建"按钮，新建 HTML 网页文件，创建一个空白的 HTML 网页文件。

（4）将光标插入到网页文件标题的下面，并输入文本"关爱儿童"。

（5）选中输入的文本，在"属性"面板中单击"CSS"按钮 ▶CSS，然后在"字体"文本框中选择"Times New Roman"（如图 12.16 所示），按 Enter 键，弹出"新建 CSS 规则"对话框（如图 12.17 所示），在"选择器名称"下方的文本框中输入名称，然后单击"确定"按钮。

图 12.16 "属性"面板

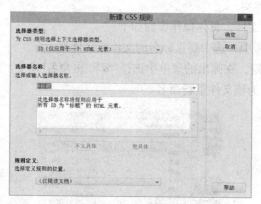

图 12.17 新建 CSS 规则

（6）单击"页面属性"按钮，将字体颜色设置为"#900"，字体大小设置为"36px"，背景颜色设置为"#FF9"。另外还可以根据需要设置如图 12.18 所示的其他属性。

图 12.18 页面属性

（7）执行"插入|图像"命令，在弹出的对话框中打开素材中"关爱儿童.jpg"图片，然后单击"确定"按钮。在"弹出的图像标签辅助功能属性"对话框中单击"确定"即可完成插入图片。

（8）选中图片，右键单击鼠标，在弹出的快捷菜单中执行"对齐|左对齐"命令，即可将图片混排于文本中。

（9）在图片的下方添加一段文字说明，设计后的效果图如图 12.19 所示。

图 12.19　文本和图像混排的效果图

12.4.2　网页中超链接的应用

在一个文档中可以创建以下几种类型的链接。

① 链接到其他文档或者文件（例如图片、影片或声音文件等）的链接。

② 命名锚记链接，此类链接跳转至文档内的特定位置。

③ 电子邮件链接，此类链接新建一个已填好收件人地址的空白电子邮件。

④ 空链接和脚本链接，此类链接用于在对象上附加行为，或者创建执行 JavaScript 代码的链接。

下面解释制作具有图像链接的网页，即当单击图像中的某一处时，网页会转到它所链接的网页，效果如图 12.20 所示。具体步骤如下。

图 12.20　图像链接的效果图

（1）按上例创建一个名为"超链接"的网页，在网页中插入图片，并调整图片的大小和位置。

（2）选择图片，单击"属性"下面的□，然后在图片中选择区域的大小，如图 12.21 所示。

图 12.21　选择链接的区域

（3）在所选区域单击右键，出现如图 12.22 所示的选择列表，单击"链接"后，在链接的文本框中选择"介绍.html"，并在单击"替换"后文本框中写上"了解我……"。

图 12.22　选择"链接"

（4）选择"保存"命令，按快捷键 F12，观看在浏览器中的效果，如图 12.20 所示，当鼠标移到刚才所选的区域时，就会显示"了解我……"，单击它网页就会转到链接的网页。

12.4.3　网页中动画的应用

在网页中可以插入的 Flash 对象有：Flash 动画、Flash 按钮和 Flash 文本等。Flash 技术是传递基于矢量的图形和动画的首选解决方案，其特点是文件小且网上传输速度快。在网页中插入 Flash 动画的具体操作步骤如下。

（1）新建网页文件，执行"插入｜媒体｜SWF"，在弹出的"选择文件"对话框中选择一个".swf"格式的视频文件，然后单击"确定"按钮，即可插入 Flash 动画（如图 12.23 所示）。

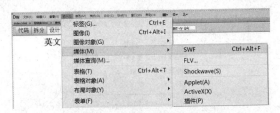

图 12.23　插入 Flash 动画

（2）插入 Flash 动画后，在设计视图中可以看到如图 12.23 所示效果，这个效果看不到动画的情景，保存后可按 F12 键在浏览器中查看效果，如图 12.25 所示。

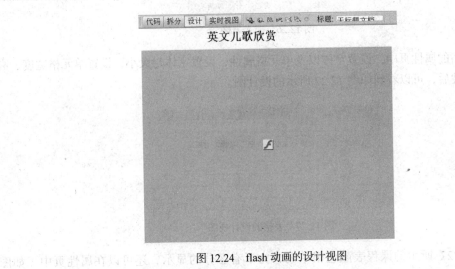

图 12.24　flash 动画的设计视图

图 12.25　动画的效果图

12.4.4　表格的应用

表格在网页制作的应用很广泛，本小节介绍一个课表的表格制作过程，具体步骤如下。

（1）新建一个"表格.html"网页，执行"插入|表格"命令，弹出如图 12.26 所示的对话框，在该对话框中，根据要设定表格的实际情况选择行数、列数、表格宽度等属性，单击"确定"按钮后建立一个空表。

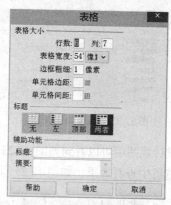

图 12.26 插入表格

（2）在表格的属性页中，设置字体以及单元格属性，设置字体与大小，设置单元格宽度、高度，设定好属性后，可以看到如图 12.27 所示的设计图。

图 12.27 表格的设计视图

（3）图 12.27 所示的课程表颜色很单调，为了有区分的显示，还可以在属性页中（如图12.28 所示）设置背景颜色，设置完所有单元格的背景颜色后，选择"保存"命令，按快捷键F12，观看在浏览器中的效果，如图 12.29 所示。

图 12.28 表格属性页

图 12.29 表格的效果图

12.5　网站的发布与维护

12.5.1　网站测试

1．测试服务器的安装

并非所有网站都需要本地测试服务器。如果页面只包含静态 HTML、CSS 和 JavaScript，无需测试服务器即可在实时视图中直接测试页面，或者在浏览器中预览它们。当使用了 ASP、ColdFusion、PHP 或 JSP 等服务器端技术时，就需要测试服务器。服务器处理动态代码并将它转换为可在实时视图或浏览器中显示的 HTML 输出。

网站设计工作室或大型网站开发组织通常会在称为登台服务器的专用机器上测试站点，这些服务器可通过本地网或 Internet 访问。但是，对于个人开发人员一般不需要这样做。最简单的解决方案是通过以下方法在本地计算机上创建一个测试环境：安装一个 Web 服务器，负责处理网页，再安装一个应用程序服务器，能处理显示在网页中的动态数据。

这些服务器并非单独的机器，而是可以安装在任何适当计算机上的软件，如：ASP 使用 Microsoft IIS，PHP 一般使用 Apache Web 服务器，但也可以安装在 IIS 中。Apache 和 IIS 是免费的。本小节使用的就是 Microsoft IIS，下面介绍在 Windows 7 中 IIS 的安装过程。

（1）打开 Windows 8 控制面板，单击"程序和功能"命令，在弹出的"程序和功能"窗口中单击左侧的"启用或关闭 Windows 功能"超链接，在弹出的"Windows 功能"窗口中选择需要的功能，用户可以根据自己的实际情况选择，一般情况下可按图 12.30 选择，单击"确定"按钮后开始安装 IIS。

图 12.30　Windows 功能

（2）IIS 安装完成后，要对其进行必要的配置。单击"控制面板"→"所有控制面板项"，单击"管理工具"，在弹出的"管理工具"窗口中双击"Internet 信息服务（IIS）管理器"选项，如图 12.31 所示。

图 12.31　管理工具中的 IIS 管理器

（3）弹出"Internet 信息服务（IIS）管理器"窗口，右键单击"Default Web Site"，选择"管理网站"→"浏览"（如图 12.32 所示），显示如图 12.33 所示界面，就表示 IIS 安装成功了。

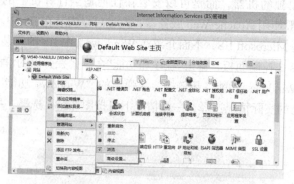

图 12.32　（IIS）管理器窗口

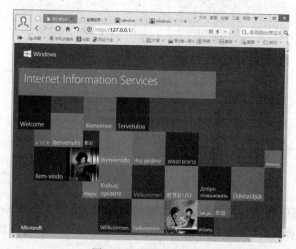

图 12.33　IIS 测试页面

在本机上测试，地址通常为 http://localhost/或 http://127.0.0.1。

2．本地测试与在线测试

在本地机器上进行测试的基本方法是用浏览器浏览网页，从网站的首页开始，一页一页地测试，以保证所有的网页都没有错误。在不同的操作系统以及不同的浏览器下网页可能会出现不同的效果，甚至无法浏览，就算是同一种浏览器但在不同的分辨率显示模式下，也可能出现不同的效果。解决办法就是使用目前较主流的操作系统（如 Windows、Linux）和浏览器（如 Microsoft Internet Explorer、Firefox）进行浏览观察。本地测试的另一项重要工作就是要保证各链接的正确跳转，一般应将网页的所有资源相对于网页"根目录"来进行定位，即使用相对路径来保证上传到远程服务器上后能正确使用。本地测试还涉及一些工作，如检查网页的大小、脚本程序能否正确运行等。特别是如果使用的是其他网站提供的免费网页空间，则需要对该网站提供的服务做一个详细的了解，如提供的网页空间的大小是否有限制，是否有限定必须更新的时间期限，允不允许使用 CGI、ASP、PHP、JSP 等动态网页技术等。

网站上传到服务器后，就可以到浏览器里去观赏它们，但工作并没有结束。下面要做的工作就是在线测试网站，这是一项十分重要又非常烦琐的工作。在线测试工作包括测试网页外观、测试链接、测试网页程序、检测数据库和测试下载时间等。

12.5.2　网站的发布

1．域名注册和空间租用

Internet 域名如同商标，是用户在因特网上的标志之一。域名是 Internet 上的一个服务器或者一个网络系统的名字，由若干英文字母和数字组成，由"."分割成几部分。域名具有唯一性，即在全世界不会出现重复的域名。从技术上来讲，域名只是 Internet 中用于解决地址对应问题的一种方法。它可以分为顶层、第二层、子域等。

网站要在 Internet 上存在，不仅需要一个用于访问网站的域名，还需要有一个存储网站内容的空间。如果本地计算机就是一个 Web 服务器，则可以将网站通过本地开设的 Web 服务器进行发布。但是对于大多数用户来讲，在本地开设 Web 服务器不仅成本高，而且维护起来比较麻烦，所以大多数用户都是到网上寻找主页空间。现在空间免费的越来越少，大部分是收费的，并且价格差别也比较大，用户可以根据自己的需要选择合适的服务器和运营商。空间根据不同的要求，分为静态网页空间和动态网页空间，前者可以存储普通的 HTML 页面，后者可以存储 ASP、JSP 等采用服务器技术的网页。

2．Dreamweaver 中网站的测试与发布

Dreamweaver CS6 中的站点定义过程的变化旨在仅当需要时才提示提供信息，从而帮助用户更快地开始使用。相对于以前版本，"基本"和"高级"选项卡已删除，Dreamweaver CS6 只有一个对话框。下面我们介绍一下网站如何测试与发布。

（1）选择"站点→新建站点"，在"站点名称"文本框中为站点键入一个名称 test1，单击"本地站点文件夹"文本框旁的文件夹图标，选择要存储本地版网站的文件夹，单击"保存"按钮，如图 12.34 所示。

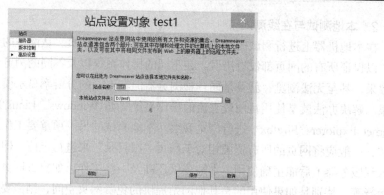

图 12.34　基本站点定义

（2）添加"测试服务器"，在"站点设置"对话框的"服务器"部分，单击加号按钮添加测试服务器定义，如图 12.35 所示。

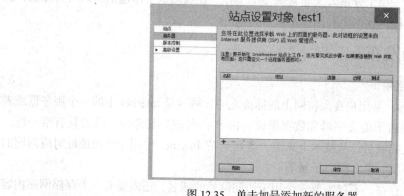

图 12.35　单击加号添加新的服务器

（3）将打开一个新对话框，可在其中定义服务器详细信息。测试服务器和远程服务器都使用这个对话框，如图 12.36 所示。要设置本地测试服务器，请从"连接方式"选项中选择"本地/网络"。"服务器名称"自行设定，Dreamweaver CS6 允许为一个站点定义多个服务器，因此，这标识了定义属于哪个服务器。单击"服务器文件夹"文本字段右侧的文件夹图标，导航到测试服务器根内部的文件夹，IIS 使用 wwwroot。最后键入测试服务器的 Web URL，这是访问测试服务器时需要输入浏览器的 URL。如果选择测试服务器根作为"服务器文件夹"的值，"Web URL"的值通常为 http://localhost/或 http://127.0.0.1。

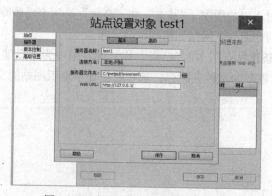

图 12.36　本地服务器连接的基本选项

（4）单击对话框顶部的"高级"按钮（如图 12.37 所示），这将显示远程服务器和测试服务器选项。我们现在设置测试服务器，因此可以忽略顶部的选项，从"服务器型号"下拉列表中选择服务器技术。

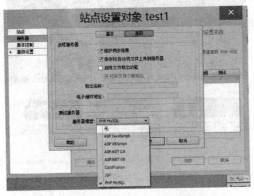

图 12.37　测试服务器选择服务器技术

（5）单击"保存"按钮，返回主"站点设置"对话框，此时列出了测试服务器，选中"测试"复选框，如图 12.38 所示。对话框左下角的四个图标此时应当都处于活动状态。除了添加新服务器，还可以单击减号图标删除当前选中的服务器。单击铅笔图标可编辑选定服务器。最后一个图标允许复制服务器定义。如果大多数服务器详细信息都相同，此图标很实用。可以复制现有定义，然后编辑它。

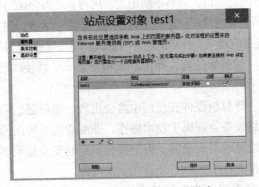

图 12.38　确认此服务器用于测试

（6）单击"保存"，关闭"站点设置"对话框。在"文件"面板组中对前面已经建好的站点进行测试发布，单击发布按扭，看到如图 12.39 所示效果表示测试成功。

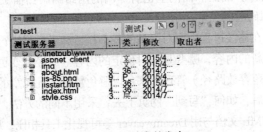

图 12.39　站点的发布

（7）打开 IE 浏览器，输入 http://localhost/或 http://127.0.0.1，将会运行该站点中已制作好的

"index.html"，如图 12.40 所示，表示网站发布成功。

图 12.40　主界面的运行

服务器的文档根位于 C:\inetpub\wwwroot，它等同于 http://localhost/。为了在本地测试环境中测试多个站点，将站点的"服务器文件夹"定义为 C:\inetpub\wwwroot，对于多个站点的测试与维护不利。因此，一般要使用测试服务器根的子文件夹，如本节中我们可以将子文件夹取名为 Test1，"Web URL"就为 http://localhost/ Test1/。

12.5.3　网站的维护

建站容易维护难。对于网站来说，只有不断地更新内容，才能保证网站的生命力，否则网站不仅不能起到应有的作用，反而会对网站形象造成不良影响。作为初学者，建立的网站一般都很简单，体会不到维护的重要性，但还是应建立一种维护网站的意识。网站维护一般从如下五个方面进行。

（1）服务器软件维护：包括服务器、操作系统和 Internet 联接线路等，以确保网站的 24 小时不间断正常运行。

（2）服务器硬件维护：计算机硬件在使用中常会出现一些问题，同样，网络设备也同样影响企业网站的工作效率，网络设备管理属于技术操作，非专业人员的误操作有可能导致整个企业网站瘫痪。没有任何操作系统是绝对安全的。维护操作系统的安全必须不断地留意相关网站，及时地为系统安装升级包或者打上补丁。

（3）网站安全维护：随着黑客人数日益增长和一些入侵软件猖獗，网站的安全日益遭到挑战，像 SQL 注入、跨站脚本、文本上传漏洞等，而网站安全维护也成日益重视的模块。而网站安全的隐患主要是源于网站的漏洞存在，而世界上不存在没有漏洞的网站，所以网站安全维护关键在于早发现漏洞和及时修补漏洞。而网上也有专门的网站漏洞扫描工具，而发现漏洞要及时修补，特别采用一些开放源码的网站。

（4）网站内容更新：在建设过程中要对网站的各个栏目和子栏目进行尽量细致的规划，在此基础上确定哪些是经常要更新的内容，哪些是相对稳定的内容。对经常变更的信息，尽量用结构化的方式（如建立数据库、规范存放路径）管理起来，以避免数据杂乱无章的现象。要选择合适的网页更新工具。信息收集起来后，如何"写到"网页上去，采用不同的方法，效率也会大大不同。比如使用 Notepad 直接编辑 HTML 文档与用 Dreamweaver 等可视化工具相比，后者的效率自然高得多。

（5）制定维护规定：制定相关网站维护的规定，将网站维护制度化、规范。加强留言板、客户的电子邮件、投票调查的程序进行维护。